北京市高等教育精品教材立项项目

示范性职业技术学院建设项目系列教材

高职数学导学及习题详解

（高等数学部分）

总 主 编　冯素芬　赵光耀

本 册 主 编　赵光耀

本册副主编　魏树国　郭振海

应急管理出版社

·北 京·

图书在版编目（CIP）数据

高职数学导学及习题详解．高等数学部分／冯素芬，赵光耀总主编；赵光耀本册主编．－－北京：应急管理出版社，2019（2023.8 重印）
北京市高等教育精品教材立项项目
示范性职业技术学院建设项目系列教材
ISBN 978 – 7 – 5020 – 7614 – 6

Ⅰ．①高…　Ⅱ．①冯…　②赵…　Ⅲ．①高等数学—高等职业教育—教学参考资料　Ⅳ．①O1

中国版本图书馆 CIP 数据核字（2019）第 137203 号

高职数学导学及习题详解　高等数学部分
（北京市高等教育精品教材立项项目）
（示范性职业技术学院建设项目系列教材）

总 主 编	冯素芬　赵光耀
本册主编	赵光耀
责任编辑	籍　磊
责任校对	姜惠萍
封面设计	艺铭 DESIGN
出版发行	应急管理出版社（北京市朝阳区芍药居 35 号　100029）
电　　话	010 – 84657898（总编室）　010 – 84657880（读者服务部）
网　　址	www.cciph.com.cn
印　　刷	河北鹏远艺兴科技有限公司
经　　销	全国新华书店
开　　本	787mm×1092mm $^1/_{16}$　**印张** 14　**字数** 335 千字
版　　次	2019 年 7 月第 1 版　2023 年 8 月第 3 次印刷
社内编号	20192543　　　　　　　**定价** 30.00 元

版权所有　违者必究

本书如有缺页、倒页、脱页等质量问题,本社负责调换,电话:010 – 84657880

北京工业职业技术学院

教材编审委员会名单

主　任　陈建民

副主任　吕一中

委　员　胡喜平　胡定军　任凤国　冯海明
　　　　沈　杰　王　强　王怀群　苗耀华
　　　　贾书申

出 版 说 明

　　我院 1994 年被原国家教委确定为全国十所试办五年制高等职业教育学校之一，1999 年开始试办三年制高等职业教育，2000 年被教育部确定为全国首批示范性职业技术学院建设单位。

　　高职教育是培养生产、建设、管理、服务第一线技术应用性人才的教育，教材建设更要重视针对性和实用性，要能够及时反映生产现场的技术发展要求。为此，我院把高职教材建设作为示范性职业技术学院建设重点建设项目之一。根据教育部有关高职高专教材建设精神，结合我院《示范性职业技术学院建设方案》和《示范性职业技术学院建设管理办法》，在总结我院近 10 年来出版自编高职教材的基础上，组织学术水平高、实践能力强、熟悉生产实际、教学经验丰富的教师，通过推荐、遴选，针对我院重点建设专业和主要建设专业的专业课程，编写了本套示范性职业技术学院建设项目系列教材。

　　本系列教材注意吸收新的教学改革成果，吸收生产现场的新工艺、新技术；在尽可能保证学科体系的前提下，突出实用性和岗位针对性，力求充分体现高职特色。

　　由于我们的水平有限，本系列教材在编审和出版中可能存在许多缺点和不足，希望使用教材的教师和广大读者提出宝贵意见，使我们不断提高教材的编写、出版质量，共同为高职教材建设做出贡献。

北京工业职业技术学院教材编审委员会
2002 年 5 月

前　言

　　为了适应我国高等职业教育的迅猛发展，满足高职在校学生的学习以及参加自学考试、成人高考和专升本考试的需要，我们以自考、成考和专升本考试大纲为指导，将全体数学教师多年的教学实践中的体会进行了全面的归纳和总结，编写了这套《高职数学导学及习题详解》，以便于学生自主学习，启发思维，掌握认知规律，形成数学能力。

　　本套教材紧扣高职培养目标，结合学生学习实际，以教会知识、形成能力为目的；重视基础，细而不繁，做到实处；重点面向全体，难点要求适中，因材施教重实际。本套教材分为三个分册，即《初等数学分册》《高等数学分册》和《工程数学分册》；内容分为教学要求、知识疏理、练习题和习题详解四个板块。本教材对于初中五年制和高中三年制、二年制的在校生均可使用。

　　《高职数学导学及习题详解》初等数学分册内容包括：集合·逻辑关系、函数、幂函数·指数函数·对数函数、任意角的三角函数、加法定理及其推论、反三角函数和简单三角方程、平面向量、复数、空间图形、直线册、二次曲线、极坐标与参数方程等。

　　《高职数学导学习题详解》高等数学分册内容包括：函数·极限·连续、导数与微分、中值定理、不定积分、定积分及其应用、常微分方程、多元函数微分学、无穷级数等。

　　《高职数学导学习题详解》工程数学分册内容为线性代数和概率论与数理统计两部分。线性代数包括：行列式、矩阵、线性方程、相似矩阵与二次型；概率论与数理统计包括：概率论的基本概念、随机变量及其分布、数理统计的基本概念、参数估计、假设检验、常用的几种统计方法等。

　　本套教材由冯素芬、赵光耀任总主编；冯素芬总策划，并负责组织实施，赵光耀主审。初等数学分册由冯素芬任主编，孙静、彭淑梅任副主编，参加编写的人员有：李世芳（第一章、第二章、第三章），孙静（第四章、第五章、第六章、第七章），彭淑梅（第八章、第九章），冯素芬（第十章、第十一章、第十二章），刘红梅（第十三章、第十四章）；高等数学分册由赵光耀任主编，魏树国、郭振海任副主编，参加编写的人员有：赵光耀（第一章、第二章、第三章），魏树国（第四章、第五章、第六章），郭振海（第七章、第八章）；工程数学分册由塔怀锁任主编，吴翠兰、叶承汾任副主编，参加编写的人员有：吴翠兰（第一章、第二章、第三章），塔怀锁（第五章、第六章、第七章），叶承汾（第八章、第九章），林硕蕾（第四章、第十章）。

　　在本套教材的编写过程中，得到了全国五年制高职教育公共课开发指导委员会吕一中主任的热情指导，得到了北京工业职业技术学院领导和基础部主任苗耀华、教学质量监控中心主任任凤国等部门领导及专家的大力支持和帮助，在此表示衷心的谢意！

　　由于水平有限，错误和不当之处在所难免，恳请读者批评指正！

编　者
2005 年 12 月

目 录

第一章 函数·极限·连续 ······ (1)
   教学要求 ······ (1)
   知识梳理 ······ (1)
   练习题 ······ (10)
   习题详解 ······ (17)

第二章 导数与微分 ······ (42)
   教学要求 ······ (42)
   知识梳理 ······ (42)
   练习题 ······ (46)
   习题详解 ······ (53)

第三章 中值定理与导数应用 ······ (84)
   教学要求 ······ (84)
   知识疏理 ······ (84)
   练习题 ······ (89)
   习题详解 ······ (95)

第四章 不定积分 ······ (123)
   教学要求 ······ (123)
   知识梳理 ······ (123)
   练习题 ······ (124)
   习题详解 ······ (127)

第五章 定积分及其应用 ······ (141)
   教学要求 ······ (141)
   知识梳理 ······ (141)
   练习题 ······ (143)
   习题详解 ······ (146)

第六章 常微分方程 ······ (159)
   教学要求 ······ (159)
   知识疏理 ······ (159)
   练习题 ······ (161)
   习题详解 ······ (164)

第七章 多元函数微分学 ······ (182)
   教学要求 ······ (182)

知识梳理 ………………………………………………………（182）
　　练习题 …………………………………………………………（184）
　　习题详解 ………………………………………………………（187）
第八章　无穷级数 ……………………………………………………（195）
　　教学要求 ………………………………………………………（195）
　　知识梳理 ………………………………………………………（195）
　　练习题 …………………………………………………………（199）
　　习题详解 ………………………………………………………（204）
参考文献 ………………………………………………………………（215）

第一章 函数·极限·连续

教学要求

一、函数
(1) 理解函数的定义,掌握函数值和函数定义域的求法.
(2) 理解和掌握函数的四种特性.
(3) 熟练掌握基本初等函数的概念、性质和图像.
(4) 理解和掌握复合函数的概念和运算.
(5) 理解和掌握初等函数的概念.
(6) 会建立简单实际问题的函数关系式.

二、极限
(1) 理解函数极限的概念,会求函数在一点处的左右极限,掌握函数在一点处极限存在的充分必要条件.
(2) 熟练掌握极限的四则运算法则.
(3) 理解无穷小量、无穷大量的概念,掌握无穷小量的性质、无穷小量与无穷大量的关系,会运用等价无穷小量代换求极限.
(4) 熟练掌握用两个重要极限求极限的方法.

三、函数的连续性
(1) 理解函数在一点处连续与间断的概念,掌握函数在一点处连续与极限的关系,掌握判断函数(含分段函数)在一点处的连续性的方法.
(2) 会求函数的间断点并确定其类型.
(3) 掌握闭区间上连续函数的性质,会用介值定理判断方程根的存在性.
(4) 理解和掌握初等函数在其定义区间上的连续性,会利用连续性求极限.

知识梳理

一、函数
1. 区间定义
表示变量的取值范围.
(1) 有限区间:设实数 a 和 b,且 $a<b$. 则:
$\{x|a<x<b\}$,称为开区间,记作 (a,b);
$\{x|a\leq x\leq b\}$,称为闭区间,记作 $[a,b]$;

$\{x \mid a \leq x < b\}$,称为半开区间,记作$[a, b)$;

$\{x \mid a < x \leq b\}$,称为半开区间,记作$(a, b]$.

(2) 无限区间:

$[a, +\infty) = \{x \geq a\}$; $(a, +\infty) = \{x > a\}$; $(-\infty, b] = \{x \leq b\}$;

$(-\infty, b) = \{x < b\}$; $(-\infty, +\infty) = \{-\infty < x < +\infty\}$.

2. 函数定义

设 x 和 y 是两个变量,D 是一个给定的非空数集,若对于每一个 $x \in D$,按照某一确定的法则 f,变量 y 总有确定的数值与之对应,则称变量 y 是变量 x 的函数,记作

$$y = f(x), x \in D.$$

其中,x 为自变量,y 为因变量,数集 D 为该函数的定义域.

若 $x_0 \in D$,则称函数 $f(x)$ 在 x_0 处有定义,使函数有定义的实数的全体称为定义域,即定义中的数集 D;称 $f(x_0)$ 为函数值,记作 $y_0 = f(x_0)$.

3. 函数的表示法

(1) 列表法:将自变量 x 的值与对应的函数值 y 列成表格表示其函数关系;

(2) 图像法:用几何图形表示变量 x 与 y 之间的函数关系;

(3) 解析法:用数学表达式表示变量 x 与 y 之间的函数关系.

4. 分段函数

两个变量之间的函数关系有时要用两个或多于两个的数学式子来表达,即对于一个函数,在其定义域的不同部分用不同的数学式子来表达,称为**分段函数**. 例如:

$$f(x) = \begin{cases} 2\sqrt{x}, & 0 \leq x \leq 1, \\ 1 + x, & x > 1. \end{cases}$$

其图像如图 1-1 所示.

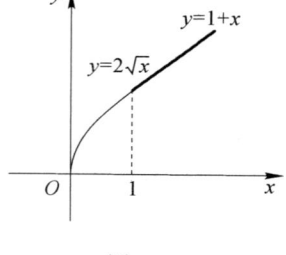

图 1-1

5. 函数的四种特性

(1) 函数的有界性:设函数 $f(x)$ 在区间 I 上有定义,若存在正数 M,使得对于一切 $x \in I$,有

$$|f(x)| \leq M,$$

则称函数 $f(x)$ 在区间 I 上有界;如果这样的 M 不存在,就称函数 $f(x)$ 在区间 I 上无界.

有界性的几何意义:如果函数 $f(x)$ 有界,则其图形必介于两条平行于 x 轴的直线 $y = -M$ 和 $y = M$ ($M > 0$) 之间.

(2) 函数的单调性:设函数 $f(x)$ 在区间 I 上有定义,若对于 I 中任意两点 x_1 和 x_2,当 $x_1 < x_2$ 时,恒有:

① $f(x_1) < f(x_2)$,则称函数 $f(x)$ 在区间 I 上单调增加;

② $f(x_1) > f(x_2)$,则称函数 $f(x)$ 在区间 I 上单调减少.

单调增加和单调减少的函数统称为单调函数;区间 I 称为函数的单调区间. 如图 1-2 所示.

(3) 函数的奇偶性:设函数 $f(x)$ 的定义域 D 关于原点对称. 若对任意 $x \in D$,有:

① $f(-x) = f(x)$,则称 $f(x)$ 为偶函数;

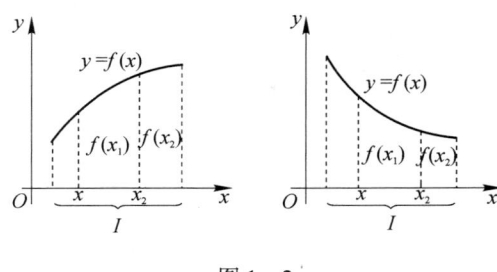

图 1-2

② $f(-x) = -f(x)$,则称 $f(x)$ 为奇函数.

奇函数的图形关于坐标原点对称,偶函数的图形关于 y 轴. 如图 1-3 所示.

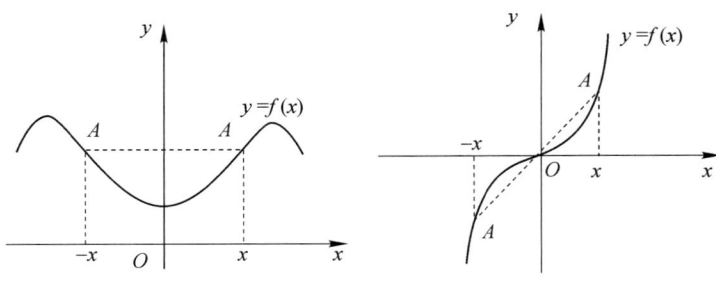

图 1-3

(4) 函数的周期性:设函数 $f(x)$ 的定义域为 D. 若存在一个正数 T,使得对于任意 $x \in D$ 有 $x \pm T \in D$,且
$$f(x+T) = f(x)$$
恒成立,则称 $f(x)$ 为周期函数,T 称为 $f(x)$ 的周期. 通常称周期函数的周期是指最小正周期,如图 1-4 所示.

6. 反函数

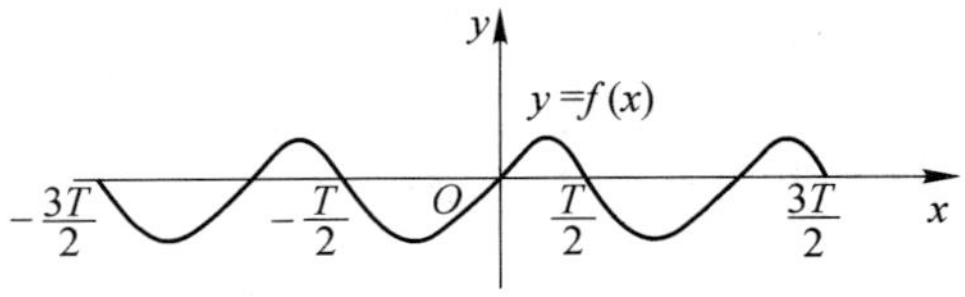

定义:已知函数
$$y = f(x), \quad x \in D, y \in Z,$$
若对每一个 $y \in Z$,D 中只有一个 x 值,使得
$$f(x) = y$$
成立,这就以 Z 为定义域确定了一个函数,这个函数称为函数 $y = f(x)$ 的反函数,记作

图 1-4

$$x = f^{-1}(y), \quad y \in Z.$$

按照习惯记法,通常用 x 表示自变量,y 表示因变量,函数 $y = f(x)$ 的反函数记作
$$y = f^{-1}(x), \quad x \in Z.$$

单调函数必有反函数,并且单调增加函数的反函数是单调增加的,单调减少函数的反函数是单调减少的.

在同一直角坐标系中,函数 $f(x)$ 与其反函数 $y = f^{-1}(x)$ 的图形关于直线 $y = x$ 对称,如图 1-5 所示.

7. 基本初等函数

(1) 幂函数 $y = x^\alpha$, (α 为实数).

常用幂函数:

$\alpha = -1, y = \dfrac{1}{x}, x \in (-\infty, 0) \cup (0, +\infty)$;

$\alpha = \dfrac{1}{2}, y = \sqrt{x}, x \in [0, +\infty)$; $\alpha = 1, y = x, x \in (-\infty, +\infty)$;

$\alpha = 2, y = x^2, x \in (-\infty, +\infty)$; $\alpha = 3, y = x^3, x \in (-\infty, +\infty)$.

其图形如图 1-6 所示.

(2) 指数函数 $y = a^x$ ($a > 0, a \neq 1$), 定义域 $(-\infty, +\infty)$, 值域 $(0, +\infty)$. 当 $a > 1$ 时, 该函数是单调增加的; 当 $0 < a < 1$ 时, 该函数是单调减少的. 因为 $a^0 = 1$, 所以, 函数过点 $(0, 1)$, 且图形总位于 y 轴的上侧(图 1-7).

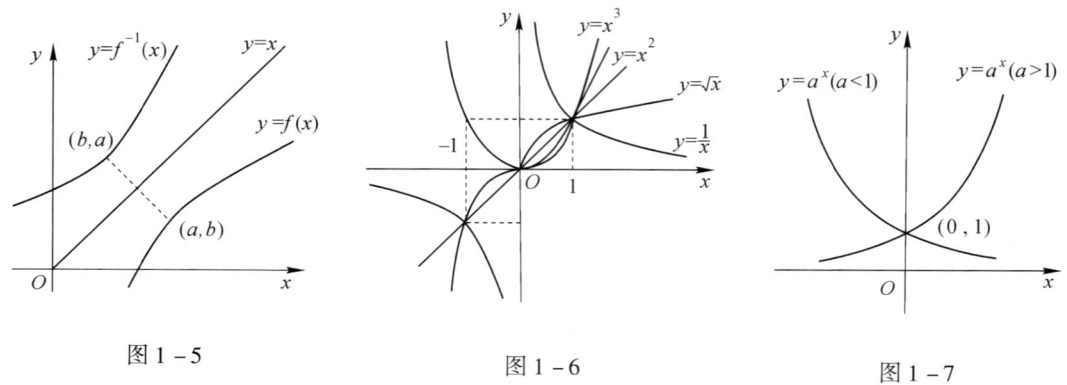

图 1-5   图 1-6   图 1-7

(3) 对数函数 $y = \log_a x$ ($a > 0, a \neq 1$), 定义域 $(0, +\infty)$, 值域 $(-\infty, +\infty)$. 当 $a > 1$ 时, 该函数是单调增加的; 当 $0 < a < 1$ 时, 该函数是单调减少的. 因为 $\log_a 1 = 0$, 所以, 函数过点 $(1, 0)$, 且它的图形总位于 x 轴的右侧(图 1-8).

(4) 三角函数: 三角函数的解析式、定义域、值域及性质见表 1-1. 其图形如图 1-9 所示.

另外, 正割函数 $y = \sec x = \dfrac{1}{\cos x}$; 余割函数 $y = \csc x = \dfrac{1}{\sin x}$.

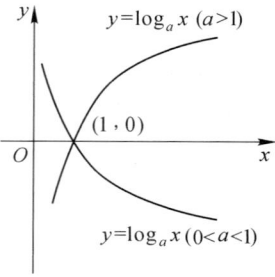

图 1-8

表 1-1

函数	解析式	定义域	值域	周期	有界性
正弦函数	$y = \sin x$	$(-\infty, +\infty)$	$[-1, 1]$	2π	$|\sin x| \leq 1$
余弦函数	$y = \cos x$	$(-\infty, +\infty)$	$[-1, 1]$	2π	$|\cos x| \leq 1$
正切函数	$y = \tan x$	$x \neq n\pi + \dfrac{\pi}{2}$ $n = 0, \pm 1, \pm 2 \cdots$,	$(-\infty, +\infty)$	π	无界
余切函数	$y = \cot x$	$x \neq n\pi$ $n = 0, \pm 1, \pm 2 \cdots$,	$(-\infty, +\infty)$	π	无界

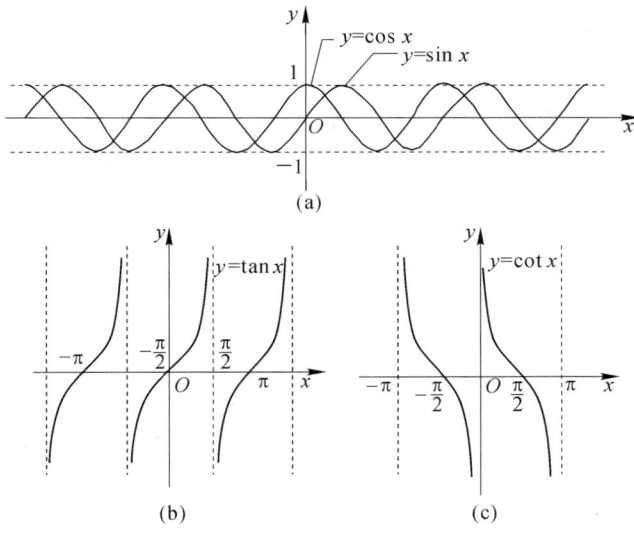

图 1-9

(5) 反三角函数:反三角函数的解析式、定义域、值域及性质见表 1-2.

表 1-2

函数	解析式	定义域	值域	单调性
反正弦函数	$y=\arcsin x$	$[-1,1]$	$\left[-\dfrac{\pi}{2},\dfrac{\pi}{2}\right]$	递增
反余弦函数	$y=\arccos x$	$[-1,1]$	$[0,\pi]$	递减
反正切函数	$y=\arctan x$	$(-\infty,+\infty)$	$\left(-\dfrac{\pi}{2},\dfrac{\pi}{2}\right)$	递增
反余切函数	$y=\operatorname{arccot} x$	$(-\infty,+\infty)$	$(0,\pi)$	递减

其图形如图 1-10 所示.

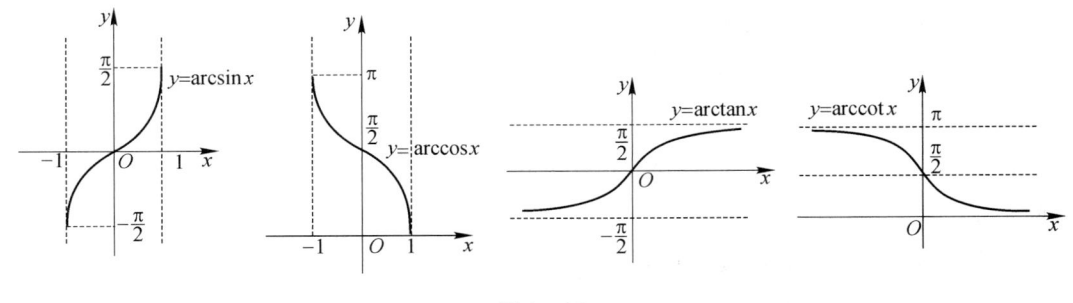

图 1-10

以上五类函数统称为基本初等函数.

8. 复合函数

定义:设函数 $y=f(u)$, $u\in U$, 而函数 $u=\varphi(x)$ 的值域为 U^*, 则当 $U\cap U^*\neq\varnothing$ 时,通过 u 的联系,x 也是 y 的函数,则称 y 是 x 的复合函数,记作

$$y = f[\varphi(x)].$$

其中,变量 u 称为中间变量.

9. 初等函数

由常数和基本初等函数经过有限次的四则运算和有限次的复合步骤所构成并可以用一个式子表示的函数,称为**初等函数**.

二、极限

1. 数列的极限

(1) 数列定义:如果按照某个法则,对于每一个 $n \in N^+$,对应着一个确定的实数 x_n,这些实数按照下标 n 从小到大排列得到一个序列

$$x_1, x_2, \cdots, x_n \cdots$$

叫做**数列**,简记为 $\{x_n\}$.

(2) 数列极限定义:设数列 $\{x_n\}$,若存在常数 a,使得当 n 无限增大时,x_n 总趋向于确定的常数 a,则称数列 $\{x_n\}$ 以 a 为极限,记作

$$\lim_{n\to\infty} x_n = a \text{ 或 } x_n \to a(n\to\infty),$$

此时,也称数列收敛于 a;否则,称数列是发散的.

(3) 收敛数列的性质:

① 极限的唯一性.如果数列 $\{x_n\}$ 收敛,那么它的极限唯一.

② 收敛数列的有界性.如果数列 $\{x_n\}$ 收敛,那么数列 $\{x_n\}$ 一定有界.

2. 函数的极限

(1) 当 $x \to x_0$ 时 $f(x)$ 的极限定义:

① **定义**:设函数 $f(x)$ 在点 x_0 的某个邻域内有定义(在 x_0 处可以没有定义),当 $x \to x_0$ 时,函数 $f(x)$ 总趋向于确定的常数 A,则称函数 $f(x)$ 当 x 趋向于 x_0 时以 A 为极限,记作

$$\lim_{x\to x_0} f(x) = A \text{ 或 } f(x) \to A(x\to x_0).$$

若当 $x \to x_0^-$(从 x_0 的左侧趋向于 x_0,即 $x < x_0$)时,函数 $f(x)$ 趋向于确定的常数 A,则称函数 $f(x)$ 以 A 为左极限,记作

$$f(x_0^-) = \lim_{x\to x_0^-} f(x) = A \text{ 或 } f(x) \to A(x\to x_0^-).$$

若当 $x \to x_0^+$(从 x_0 的右侧趋向于 x_0,即 $x > x_0$)时,函数 $f(x)$ 趋向于确定的常数 A,则称函数 $f(x)$ 以 A 为右极限,记作

$$f(x_0^+) = \lim_{x\to x_0^+} f(x) = A \text{ 或 } f(x) \to A(x\to x_0^+).$$

左极限和右极限统称为单侧极限.

② 全极限存在的充分必要条件是:左右极限各自存在且相等. 即

$$\lim_{x\to x_0} f(x) = A \Leftrightarrow \lim_{x\to x_0^-} f(x) = A = \lim_{x\to x_0^+} f(x).$$

3. 当 $x \to \infty$ 时 $f(x)$ 的极限定义

① **定义**:设函数 $f(x)$ 在 $|x| > a(a>0)$ 时有定义,若当 $x \to \infty$ 时,函数趋向于常数 A,则称函数 $f(x)$ 当 x 趋向于无穷时以 A 为极限,记作

$$\lim_{x\to\infty} f(x) = A \text{ 或 } f(x) \to A(x\to\infty).$$

若 $x \to -\infty$ 时,函数 $f(x)$ 以 A 为极限,记作 $\lim\limits_{x \to -\infty} f(x) = A$.

若 $x \to +\infty$ 时,函数 $f(x)$ 以 A 为极限,记作 $\lim\limits_{x \to +\infty} f(x) = A$.

以上两个极限称为单侧极限.

② 极限 $\lim\limits_{x \to \infty} f(x)$ 存在的充分必要条件是两个单侧极限各自存在且相等,即

$$\lim_{x \to \infty} f(x) = A \Leftrightarrow \lim_{x \to -\infty} f(x) = A = \lim_{x \to +\infty} f(x).$$

4. 无穷小量与无穷大量

(1) 无穷小量:以零为极限的变量称为无穷小量,简记为无穷小,记作

$$\lim_{\substack{x \to x_0 \\ (x \to \infty)}} f(x) = 0.$$

无穷小与函数极限的关系:是在自变量的同一变化过程 $x \to x_0$(或 $x \to \infty$)中,函数 $f(x)$ 具有极限 A 的充分必要条件所示 $f(x) = A + \alpha$,其中 α 是无穷小,即

$$\lim f(x) = A \Leftrightarrow f(x) = A + \alpha \ (\alpha \to 0).$$

(2) 无穷小的性质:

① 有限个无穷小的和是无穷小.

② 有限个无穷小的乘积是无穷小.

③ 常数与无穷小的乘积是无穷小.

(3) 无穷大量:绝对值无限增大的变量称为无穷大量,简记为无穷大,记作

$$\lim_{\substack{x \to x_0 \\ (x \to \infty)}} f(x) = \infty.$$

(4) 无穷小与无穷大的关系:在自变量的同一变化过程 $x \to x_0$(或 $x \to \infty$)中,如果 $f(x)$ 为无穷大,则 $\dfrac{1}{f(x)}$ 为无穷小;反之,若 $f(x)$ 为无穷小,且 $f(x) \neq 0$,则 $\dfrac{1}{f(x)}$ 为无穷大.

(5) 无穷小的比较:设 $\alpha(\alpha \neq 0)$ 和 β 是同一变化过程中的无穷小.

若 $\lim \dfrac{\beta}{\alpha} = 0$,则称 β 是比 α 高阶的无穷小,记作 $\beta = 0(\alpha)$;

若 $\lim \dfrac{\beta}{\alpha} = \infty$,则称 β 是比 α 低阶的无穷小;

若 $\lim \dfrac{\beta}{\alpha} = C(C \neq 0)$,则称 β 与 α 是同阶的无穷小;

若 $\lim \dfrac{\beta}{\alpha} = 1$,则称 β 与 α 是等价无穷小,记作 $\alpha \sim \beta$.

(6) 利用等价无穷小求极限法则:设 $\alpha \sim \alpha'$,$\beta \sim \beta'$,且 $\lim \dfrac{\beta}{\alpha}$ 存在,则

$$\lim \frac{\beta}{\alpha} = \lim \frac{\beta'}{\alpha'}.$$

5. 极限四则运算法则

设 $\lim f(x) = A$,$\lim g(x) = B$,则

(1) $\lim [f(x) \pm g(x)] = \lim f(x) \pm \lim g(x) = A \pm B$;

(2) $\lim [f(x) \cdot g(x)] = \lim f(x) \cdot \lim g(x) = A \cdot B$;

(3) $\lim Cf(x) = C \lim f(x) = CA$;

(4) $\lim \dfrac{f(x)}{g(x)} = \dfrac{\lim f(x)}{\lim g(x)} = \dfrac{A}{B} \quad (B \neq 0)$;

(5) $\lim f^n(x) = [\lim f(x)]^n = A^n$ ($n \in N^+$).

6. 两个重要的极限

(1) $\lim\limits_{x \to 0} \dfrac{\sin x}{x} = 1$.

常见变形形式：$\lim\limits_{x \to 0} \dfrac{\tan x}{x} = 1$；$\lim\limits_{x \to 0} \dfrac{\arcsin x}{x} = 1$；$\lim\limits_{\varphi(x) \to 0} \dfrac{\sin \varphi(x)}{\varphi(x)} = 1$.

(2) $\lim\limits_{x \to \infty} \left(1 + \dfrac{1}{x}\right)^x = e$.

常见变形形式：$\lim\limits_{x \to 0}(1+x)^{\frac{1}{x}} = e$；$\lim\limits_{\varphi(x) \to \infty}\left[1 + \dfrac{1}{\varphi(x)}\right]^{\varphi(x)} = e$；$\lim\limits_{\varphi(x) \to 0}[1+\varphi(x)]^{\frac{1}{\varphi(x)}} = e$.

7. 复合函数的极限法则

设函数 $y = f[\varphi(x)]$ 是由 $y = f(u)$ 与函数 $u = \varphi(x)$ 复合而成，$f[\varphi(x)]$ 在点 x_0 的去心邻域内有定义，若 $\lim\limits_{x \to x_0}\varphi(x) = u_0$，$\lim\limits_{u \to u_0}f(u) = A$，且在该去心邻域内有 $\varphi(x) \neq u_0$，则
$$\lim\limits_{x \to x_0} f[\varphi(x)] = \lim\limits_{u \to u_0} f(u) = A.$$

三、函数的连续性

1. 函数在一点处连续的定义

(1) 设函数 $y = f(x)$ 在 x_0 的某个邻域内有定义，如果
$$\lim\limits_{\Delta x \to 0} \Delta y = \lim\limits_{\Delta x \to 0}[f(x_0 + \Delta x) - f(x_0)] = 0,$$
则称函数 $y = f(x)$ 在点 x_0 处连续，称 x_0 为函数的连续点.

(2) 如果函数 $y = f(x)$ 满足：

① 在 x_0 的某个邻域内有定义；

② 极限 $\lim\limits_{x \to x_0} f(x)$ 存在；

③ $\lim\limits_{x \to x_0} f(x) = f(x_0)$.

则称函数 $y = f(x)$ 在点 x_0 处连续.

(3) 左右连续的概念：

若 $\lim\limits_{x \to x_0^-} f(x) = f(x_0)$，则称函数 $f(x)$ 在点 x_0 左连续；

若 $\lim\limits_{x \to x_0^+} f(x) = f(x_0)$，则称函数 $f(x)$ 在点 x_0 右连续.

函数 $f(x)$ 在点 x_0 连续的充分必要条件是，函数 $f(x)$ 在点 x_0 既左连续，又右连续，即
$$\lim\limits_{x \to x_0} f(x) = f(x_0) \Leftrightarrow \lim\limits_{x \to x_0^-} f(x) = f(x_0) = \lim\limits_{x \to x_0^+} f(x).$$

若函数 $f(x)$ 在区间 (a,b) 内的每一点都连续，则称函数 $f(x)$ 在开区间 (a,b) 内连续，或称函数 $f(x)$ 为区间内的连续函数，区间 (a,b) 为函数 $f(x)$ 的连续区间；对于闭区间 $[a,b]$，如果在端点处有
$$\lim\limits_{x \to a^+} f(x) = f(a), \lim\limits_{x \to b^-} f(x) = f(b),$$
则称函数 $f(x)$ 在闭区间 $[a,b]$ 上连续.

2. 函数间断点

(1) 间断点 使函数不连续的点，称为间断点. 如果函数 $f(x)$ 在点 x_0 的某去心邻域内有定义，且若函数 $f(x)$ 有下列三种情形之一：

① 在 $x = x_0$ 处没有定义；

② 虽在 $x = x_0$ 处有定义，但 $\lim\limits_{x \to x_0} f(x)$ 不存在；

③ 虽在 $x = x_0$ 处有定义，且 $\lim\limits_{x \to x_0} f(x)$ 存在，但 $\lim\limits_{x \to x_0} f(x) \neq f(x_0)$.

则函数 $f(x)$ 在点 x_0 不连续，点 x_0 称为函数 $f(x)$ 的不连续点或间断点.

（2）函数间断点的分类　　间断点分成第一类和第二类间断点，其分类可以通过左右极限来区分，具体分类为

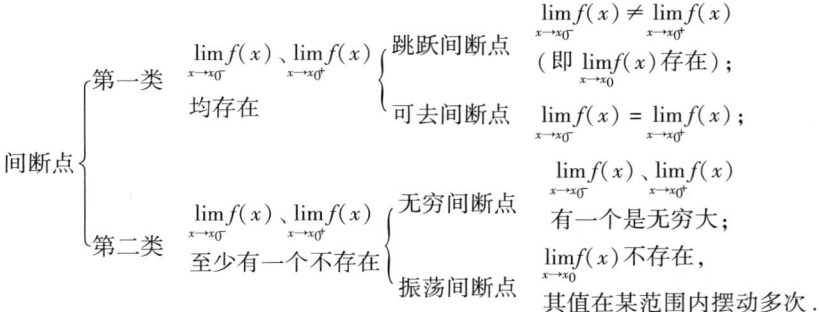

3. 连续函数的运算

（1）连续函数的和、差、积、商的连续性　　设函数 $f(x)$ 和 $g(x)$ 在点 x_0 连续，则它们的和（差）$f(x) \pm g(x)$、积 $f(x) \cdot g(x)$ 和商 $\dfrac{f(x)}{g(x)}$（当 $g(x_0) \neq 0$ 时）都在点 x_0 连续.

（2）反函数的连续性　　如果函数 $y = f(x)$ 在区间 I_x 上单调增加（或单调减少）且连续，那么，它的反函数 $x = f^{-1}(y)$ 也在对应的区间 $I_y = \{y \mid y = f(x), x \in I_x\}$ 上单调增加（或单调减少）且连续.

（3）复合函数的连续性　　设函数 $u = \varphi(x)$ 在点 x_0 连续，且 $\varphi(x_0) = u_0$，而函数 $y = f(u)$ 在点 u_0 连续，那么，复合函数 $y = f[\varphi(x)]$ 在点 x_0 也连续.

4. 初等函数的连续性

（1）基本初等函数在它们的定义域内都是连续的.

（2）一切初等函数在其定义区间内都是连续的.

5. 闭区间上连续函数的性质

（1）有界性与最大值最小值定理　　在闭区间上连续的函数在该区间上有界且一定取得它的最大值和最小值.

（2）零点定理　　设函数 $f(x)$ 在闭区间 $[a, b]$ 上连续，且 $f(a)$ 与 $f(b)$ 异号（即 $f(a) \cdot f(b) < 0$），那么，在开区间 (a, b) 内至少存在一点 ξ，使

$$f(\xi) = 0 \quad (a < \xi < b).$$

该定理的几何解释如图 1-11(a) 所示.

（3）介值定理　　设函数 $f(x)$ 在闭区间 $[a, b]$ 上连续，且在区间的端点处取不同的函数值，即

$$f(a) = A \text{ 及 } f(b) = B,$$

那么，对于 A 与 B 之间的任意一个数 C，在开区间 (a, b) 内至少存在一点 ξ，使得

$$f(\xi) = C \quad (a < \xi < b).$$

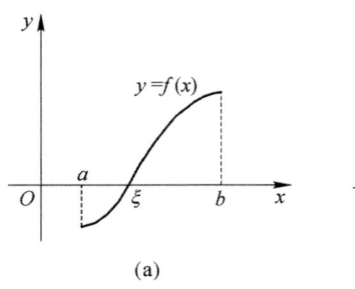
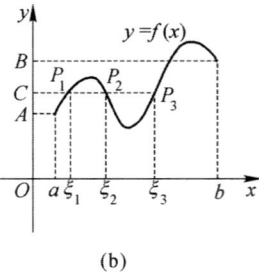

图 1-11

该定理的几何解释如图 1-11(b) 所示.

6. 曲线的渐近线

若曲线 $y=f(x)$ 上的点 $P(x,y)$ 沿曲线无限远离原点时,点 P 与某条定直线的距离趋于零,则称该直线是曲线 $y=f(x)$ 的渐近线.

如果 $\lim\limits_{x\to\infty}f(x)=a$,则称直线 $y=a$ 为曲线 $y=f(x)$ 的水平渐近线.

如果 $\lim\limits_{x\to x_0}f(x)=\infty$,则称直线 $x=x_0$ 为曲线 $y=f(x)$ 的铅直渐近线.

练习题

一、是非题

1. $f(x)=x+1$ 与 $g(x)=\sqrt{x^2}+1$ 是同一个函数. ( )

2. $f(x)=5-x$ 与 $g(x)=\dfrac{25-x^2}{5+x}$ 是同一个函数. ( )

3. 已知 $y=f(x)$ 是偶函数,$x=\varphi(t)$ 是奇函数,那么函数 $y=f[\varphi(t)]$ 必是奇函数. ( )

4. $f(x)=\dfrac{1}{x}$ 不是单调函数. ( )

5. 已知 $f(x)$ 是单调增加函数,则 $f[f(x)]$ 也是单调增加的函数. ( )

6. 基本初等函数的和必是初等函数. ( )

7. 常数零是无穷小量. ( )

8. 无穷小量的倒数必定是无穷大量. ( )

9. $f(x)$ 在 x_0 处无定义,则 $f(x)$ 当 $x\to x_0$ 时一定没有极限. ( )

10. 若 $\lim\limits_{x\to x_0}f(x)=A$,则 $f(x_0)=A$. ( )

11. $f(x)$ 在区间 (a,b) 内连续,则对于区间 (a,b) 内的每一点 x_0,当 $x\to x_0$ 时 $f(x)$ 都有极限. ( )

12. 基本初等函数的定义域就是它的连续区间. ( )

13. $f(x)$ 当 $x\to x_0$ 时有极限,则 $f(x)$ 在 x_0 处一定连续. ( )

14. 如果函数 $f(x)$ 在 (a,b) 内连续,则函数 $f(x)$ 必有界. ( )

15. 如果函数 $f(x)$ 在 $[a,b]$ 上有界,则函数 $f(x)$ 必有最大值和最小值. ( )

二、填空题

1. 函数 $f(x) = \sqrt{x^2 - x - 6} + \arcsin\dfrac{2x-1}{7}$ 的定义域是_____.

2. 函数 $f(x) = \dfrac{1}{\ln(x-5)}$ 的定义域是_____.

3. 若 $f(x) = \dfrac{x}{1-x}$,则 $f\left(\dfrac{1}{x}\right) =$ _____.

4. 设 $f(x) = \begin{cases} 1-x, & x<1 \\ 0, & x=1 \\ x-1, & x>1 \end{cases}$,则 $f(0) + f(1) + f(2) =$ _____.

5. 设 $f(x) = \begin{cases} x+1, & x>0 \\ \pi, & x=0 \\ 0, & x<0 \end{cases}$,则 $f\{f[f(-1)]\} =$ _____.

6. 函数 $f(x) = [\arcsin(3x^5 - 1)]^2$ 的复合过程是_____.

7. 设函数 $f(x) = \ln x, g(x) = \sin x$,则 $f[g(x)] =$ _____,$g[f(x)] =$ _____.

8. 若 $f(x) = \dfrac{1}{x}$,则 $f[f(x)] =$ _____.

9. $\lim\limits_{x \to x_0} f(x) = A$ 的充要条件是左右极限_____且_____.

10. 设 $f(x) = \dfrac{x^2 - 1}{|x-1|}$,那么 $\lim\limits_{x \to 1^-} f(x) =$ _____,$\lim\limits_{x \to 1^+} f(x) =$ _____.

11. 设 $f(x) = \begin{cases} -\dfrac{1}{x-1}, & x<0 \\ 0, & x=0 \\ x+1, & x>0 \end{cases}$,则 $\lim\limits_{x \to 0} f(x) =$ _____.

12. 设 $y = x - \arctan x$,则 $\lim\limits_{x \to -\infty}(y - x) =$ _____.

13. 如果 $\lim\limits_{x \to \infty} \dfrac{2x^3 - 3x^2 + 1}{(x-1)(4x^n + 7)} = \dfrac{1}{2}$,则 $n =$ _____.

14. 设 $f(x) = \dfrac{x^2}{(x-1)^2}$,当 $x \to$ _____ $f(x)$ 是无穷大,当 $x \to$ _____ $f(x)$ 是无穷小.

15. 当 $x \to \infty$,$\sin^2 \dfrac{1}{x}$ 与 $\dfrac{1}{x^k}$ 是等价无穷小,则 $k =$ _____.

16. 如果函数 $y = f(x)$ 在 x_0 处连续,那么 $\lim\limits_{x \to x_0}[f(x) - f(x_0)] =$ _____.

17. 如果函数 $y = f(x)$ 在 x_0 处连续,且 $\lim\limits_{x \to x_0} f(x) = \dfrac{1}{3}$,则 $f(x_0) =$ _____.

18. 若函数 $f(x)$ 连续,则 $\lim\limits_{x \to \frac{\pi}{6}} f(x \sin x) =$ _____.

19. 函数 $f(x) = \dfrac{x^2 - 1}{x^2 + 3x + 2}$ 的间断点为_____.

20. 设 $f(x) = \begin{cases} x^2, & x \neq 4 \\ A, & x = 4 \end{cases}$,为使 $f(x)$ 在 $x = 4$ 处连续,则 $A =$ _____.

三、单项选择题

1. 下列各对函数中,表示同一个函数的是(　　).

A. $f(x) = x, g(x) = \sqrt{x^2}$ B. $f(x) = \sqrt{x^2}, g(x) = |x|$

C. $f(x) = 1, g(x) = \dfrac{x}{|x|}$ D. $f(x) = \ln x^2, g(x) = 2\ln x$

2. 函数 $f(x) = \begin{cases} \sqrt{4-x^2}, & |x| \leq 3 \\ x^2 - 4, & 3 < x < 4 \end{cases}$ 的定义域是( ).

     A. $[-3, 4)$ B. $(-3, 4)$ C. $[-4, 4)$ D. $(-4, 4)$

3. 下列函数中定义域为 $[-1, 1]$ 的是( ).

     A. $y = \ln(1 - x^2)$ B. $y = e^{\sin x}$

     C. $y = \sqrt{2 - x^2} + \arcsin x$ D. $y = (1 - x^2)^{-\frac{1}{2}}$

4. 设 $f(x) = \cos^3 x$，则 $f(-x) = ($ $)$.

     A. $-f(-x)$ B. $f(x)$ C. $\dfrac{1}{f(x)}$ D. $-f(x)$

5. 是偶函数且在 $(0, +\infty)$ 内是单调增加的的函数是( ).

     A. $f(x) = \cos x$ B. $f(x) = |x|$ C. $f(x) = 2^x$ D. $f(x) = x^3$

6. 函数 $y = |\sin x|$ 是( ).

     A. 以 2π 为周期的奇函数   B. 以 2π 为周期的偶函数

     C. 以 π 为周期的奇函数   D. 以 π 为周期的偶函数

7. 函数 $y = -\sqrt{x-1}$ 的反函数是( ).

     A. $y = x^2 + 1$ B. $y = x^2 + 1$ $(x \leq 0)$

     C. $y = x^2 + 1$ $(x \geq 0)$ D. 不存在

8. 已知 $f(x) = \ln x + 1, g(x) = \sqrt{x} + 1$，则 $f[g(x)] = ($ $)$.

     A. $\ln(\sqrt{x} + 1) + 1$ B. $\ln\sqrt{x} + 2$ C. $\sqrt{\ln(x+1)} + 1$ D. $\ln\sqrt{x} + 1$

9. 下列 y 能成为 x 的复合函数的是( ).

     A. $y = \ln u, u = -x^2$ B. $y = \dfrac{1}{\sqrt{u}}, u = -x^2 + 2x - 1$

     C. $y = \sin u, u = -x^2$ D. $y = \arccos u, u = 3 + x^2$

10. 设 $f(\sin x) = \cos 2x$，则 $f(x) = ($ $)$.

     A. $1 - x^2$ B. $1 - 2x^2$ C. $1 + 2x^2$ D. $2x^2 - 1$

11. 设 $g(x) = 1 + x$，且当 $x \neq 0$ 时，$f[g(x)] = \dfrac{1-x}{x}$，则 $f\left(\dfrac{1}{2}\right) = ($ $)$.

     A. 0 B. 1 C. 3 D. -3

12. 函数 $y = 1 + x + x^2 + \cdots + x^n (n \in N)$ 是( ).

     A. 基本初等函数   B. 复合函数   C. 初等函数   D. 非初等函数

13. 下列函数中，表达式为基本初等函数的是( ).

     A. $y = \begin{cases} 2x^2, & x > 0 \\ 2x + 1, & x < 0 \end{cases}$ B. $y = x^2$

     C. $y = 2x + \sin x$ D. $y = \tan\sqrt{x}$

14. 当 $x \to 0$ 时，$\cos\dfrac{1}{x}$ 是( ).

     A. 无穷小量   B. 无穷大量   C. 有界函数   D. 无界函数

15. 当 $x \to 1$ 时,下列变量中不是无穷小量的是( ).

   A. $3x^2 - 2x - 1$　　B. $\dfrac{2x^2 - 2x}{x-1}$　　C. $\ln x + \dfrac{x^2-1}{2}$　　D. $\sin \dfrac{\pi}{2} - x$

16. 下列极限值等于 1 的是( ).

   A. $\lim\limits_{x \to \infty} \dfrac{\sin x}{x}$　　B. $\lim\limits_{x \to 1} \dfrac{\sin x}{x}$　　C. $\lim\limits_{x \to 0} x \sin \dfrac{1}{x}$　　D. $\lim\limits_{x \to \infty} x \sin \dfrac{1}{x}$

17. $\lim\limits_{x \to 1}(1-x)\sin \dfrac{1}{1-x} = ($ 　).

   A. 1　　B. -1　　C. 0　　D. 不存在

18. 若 $\lim\limits_{x \to 2} \dfrac{3 - \sqrt{x+a}}{x^2-4} = b$,则( ).

   A. $a = 2, b = -\dfrac{1}{24}$　　B. $a = 7, b = -\dfrac{1}{24}$

   C. $a = 7, b = \dfrac{1}{24}$　　D. $a = 7, b = -24$

19. 若 $\lim\limits_{x \to \infty} \dfrac{(1+a)x^4 + bx^3 + 2}{x^3 + x^2 - 1} = -2$,则( ).

   A. $a = -3, b = 0$　　B. $a = 0, b = -2$

   C. $a = -1, b = 0$　　D. $a = -1, b = -2$

20. 当 $x \to 0$ 时,与 x 是同阶无穷小的是( ).

   A. $1 - \cos 2x$　　B. $\tan^2 x$　　C. $x \arcsin x$　　D. $x^2 + \sin 2x$

21. 下列等式成立的是( ).

   A. $\lim\limits_{x \to \infty}\left(1 + \dfrac{1}{x}\right)^{2x} = e$　　B. $\lim\limits_{x \to \infty}\left(1 + \dfrac{2}{x}\right)^{x} = e$

   C. $\lim\limits_{x \to \infty}\left(1 + \dfrac{1}{2x}\right)^{x} = e$　　D. $\lim\limits_{x \to \infty}\left(1 + \dfrac{1}{x}\right)^{x+2} = e$

22. 若 $\lim\limits_{x \to x_0^-} f(x) = A, \lim\limits_{x \to x_0^+} f(x) = A$,则下列说法正确的是( ).

   A. $f(x_0) = A$　　B. $\lim\limits_{x \to x_0} f(x) = A$

   C. $f(x)$ 在 x_0 点有定义　　D. $f(x)$ 在 x_0 点连续

23. 若 $x = x_0$ 是函数 $f(x)$ 的一个间断点,则( ).

   A. $\lim\limits_{x \to x_0} f(x)$ 不存在　　B. $f(x)$ 在 x_0 处无定义

   C. $\lim\limits_{x \to x_0} f(x) \neq f(x_0)$　　D. 以上三种情况至少有一个发生

24. 函数 $f(x) = \sqrt[3]{x(x-1)} + \dfrac{x^2 - 1}{(x+1)(x-2)}$ 间断点的个数是( ).

   A. 0　　B. 1　　C. 2　　D. 3

25. 对于曲线 $y = \dfrac{x}{x-2}$,下列命题正确的是( ).

   A. 只有一条水平渐近线　　B. 只有一条铅直渐近线

   C. 两种渐近线各有一条　　D. 没有渐近线

四、计算题

1. 求下列函数的定义域:

(1) $y = \dfrac{2}{x^2 - 3x + 2}$; (2) $y = \lg\dfrac{1+x}{1-x}$; (3) $y = \sqrt{x^2 - 9}$;

(4) $y = \dfrac{1}{\ln(x-5)}$; (5) $y = \arcsin(x-3)$; (6) $y = \sqrt{3-x} + \arctan\dfrac{1}{x}$;

(7) $y = \dfrac{1}{\ln(2-x)} + \sqrt{100 - x^2}$; (8) $y = \dfrac{1}{\sqrt{|x|-1}}$;

(9) $y = \sqrt{\ln\dfrac{5x - x^2}{4}}$; (10) $y = \begin{cases} x-1, & x < 0 \\ x, & 0 < x < 1 \\ x^2, & x > 1 \end{cases}$

2. 分解下列各复合函数

(1) $y = \sqrt[3]{3 + 2x}$; (2) $y = e^{\sin^2 \frac{1}{x}}$; (3) $y = \arctan\sqrt{x^2 + 1}$;

(4) $y = \ln\arcsin(x + e^x)$; (5) $y = \sqrt{1 + \sin^2(\log_a x)}$; (6) $y = (3 + x + 2x^2)^3$;

(7) $y = \dfrac{1}{x + \tan x}$; (8) $y = \arctan^2 \dfrac{2x}{1 - x^2}$; (9) $y = (\arcsin\sqrt{1 - x^2})^2$;

(10) $y = \ln[\ln^2(\ln 3x)]$.

3. 下列函数中哪些是偶函数，哪些是奇函数，哪些既非偶函数又非奇函数：

(1) $y = x^2(1 - x^2)$; (2) $y = 3x^2 - x^3$; (3) $y = \dfrac{1 - x^2}{1 + x^2}$;

(4) $y = x(x - 1)(x + 1)$; (5) $y = \sin x - \cos x + 1$; (6) $y = \dfrac{a^x + a^{-x}}{2}$;

(7) $y = \ln(x + \sqrt{1 + x^2})$; (8) $y = x^2 \cos x$.

4. 下列函数中哪些是周期函数，对于周期函数，指出其周期：

(1) $y = \cos(x - 2)$; (2) $y = \cos 4x$; (3) $y = 1 + \sin\pi x$;

(4) $y = 2\sin 3x$; (5) $y = \sin^2 x$; (6) $y = \sin x + \cos x$;

(7) $y = 1 + \tan x$; (8) $y = 2\sin\left(4x + \dfrac{\pi}{3}\right)$; (9) $y = x\sin 2x$.

5. 求下列各极限：

(1) $\lim\limits_{x \to 1} \dfrac{x^2 - 2}{2x^2 + x - 1}$; (2) $\lim\limits_{x \to 2} \dfrac{4x^2 + 5}{x - 2}$; (3) $\lim\limits_{x \to 1} \dfrac{x^2 - 2x + 1}{x^2 - 1}$;

(4) $\lim\limits_{x \to 0} \dfrac{4x^3 - 2x^2 + x}{3x^2 + 2x}$; (5) $\lim\limits_{h \to 0} \dfrac{(x+h)^2 - x^2}{h}$; (6) $\lim\limits_{x \to 2} \dfrac{x^2 - 3x + 2}{x - 2}$;

(7) $\lim\limits_{x \to 1} \dfrac{x^2 - 1}{2x^2 - x - 1}$; (8) $\lim\limits_{x \to 4} \dfrac{x^2 - 16}{\sqrt{x} - 2}$; (9) $\lim\limits_{x \to 4} \dfrac{x - 4}{\sqrt{x + 5} - 3}$;

(10) $\lim\limits_{\Delta x \to 0} \dfrac{\sqrt{x + \Delta x} - \sqrt{x}}{\Delta x}$; (11) $\lim\limits_{x \to 1}\left(\dfrac{2}{x^2 - 1} - \dfrac{1}{x - 1}\right)$; (12) $\lim\limits_{x \to 1}\left(\dfrac{1}{1 - x} - \dfrac{3}{1 - x^3}\right)$;

(13) $\lim\limits_{x \to 4} \dfrac{x^2 - 6x + 8}{x^2 - 5x + 4}$; (14) $\lim\limits_{x \to 1} \dfrac{x^2 - 2x + 1}{x^3 - x}$; (15) $\lim\limits_{x \to 0} \dfrac{\sqrt{1 + x^2} - 1}{x}$;

(16) $\lim\limits_{x \to 4} \dfrac{\sqrt{2x + 1} - 3}{\sqrt{x - 2} - \sqrt{2}}$; (17) $\lim\limits_{x \to 1} \dfrac{\sqrt{3 - x} - \sqrt{1 + x}}{x^2 - 1}$; (18) $\lim\limits_{x \to \infty} \dfrac{x^2 + x - 3}{3(x - 1)^2}$;

(19) $\lim\limits_{x \to \infty} \dfrac{2x^2 - 4}{3x^3 - x + 5}$; (20) $\lim\limits_{x \to \infty} \dfrac{x^2 - 3x + 4}{x + 3}$; (21) $\lim\limits_{x \to \infty}\left(2 - \dfrac{1}{x} + \dfrac{1}{x^2}\right)$;

(22) $\lim\limits_{x\to\infty} \dfrac{x^2-1}{2x^2-x-1}$;

(23) $\lim\limits_{x\to\infty} \dfrac{x^2+x}{x^4-3x^2+1}$;

(24) $\lim\limits_{x\to\infty}\left(1+\dfrac{1}{x}\right)\left(2-\dfrac{1}{x^2}\right)$;

(25) $\lim\limits_{x\to\infty} \dfrac{x^3-x-1}{2x^3+3x^2+1}$;

(26) $\lim\limits_{x\to\infty} \dfrac{4x^2-2x+8}{x^3-5x-7}$;

(27) $\lim\limits_{n\to\infty} \dfrac{\sqrt[3]{n^2+n}}{n+2}$;

(28) $\lim\limits_{n\to\infty} \dfrac{(n+1)(n+2)(n+3)}{5n^3}$;

(29) $\lim\limits_{n\to\infty} \dfrac{2n^2-3n+4}{3n^2+n-5}$;

(30) $\lim\limits_{n\to\infty} \dfrac{\sqrt{3n^3+5n}}{2n^2-3}$;

(31) $\lim\limits_{x\to\infty} \dfrac{(4x-1)^{30}(3x-2)^{20}}{(4x+2)^{50}}$;

(32) $\lim\limits_{x\to+\infty} \dfrac{\sqrt[3]{2x^3+3}}{\sqrt{x^2-2}}$;

(33) $\lim\limits_{x\to+\infty} x(\sqrt{x^2-1}-x)$;

(34) $\lim\limits_{x\to\infty}(\sqrt{x^4+1}-x^2)$;

(35) $\lim\limits_{x\to\infty} \dfrac{\sin x}{x}$;

(36) $\lim\limits_{x\to 0} x\sin\dfrac{1}{x}$;

(37) $\lim\limits_{x\to\infty} \dfrac{\arctan x}{x}$;

(38) $\lim\limits_{x\to 0}(x^2+x)\cos\dfrac{1}{x}$;

(39) $\lim\limits_{x\to\infty} \dfrac{2x+5\sin x}{3x-4\cos x}$;

(40) $\lim\limits_{x\to 0} \dfrac{x^2\sin\dfrac{1}{x}}{\sin x}$;

(41) $\lim\limits_{x\to\infty} \dfrac{x+2}{x^2+1}(\cos x+4)$;

(42) $\lim\limits_{x\to 0^+} \dfrac{\ln x+\sin\dfrac{1}{x}}{\ln x+\cos\dfrac{1}{x}}$;

(43) $\lim\limits_{x\to 0} \dfrac{\sin 3x}{x}$;

(44) $\lim\limits_{x\to 0} \dfrac{\sin 3x}{\sin 4x}$;

(45) $\lim\limits_{x\to 0} \dfrac{\tan 2x+\sin x}{x}$;

(46) $\lim\limits_{x\to\pi} \dfrac{\sin x}{x-\pi}$;

(47) $\lim\limits_{x\to\infty} x\sin\dfrac{1}{x}$;

(48) $\lim\limits_{x\to 0} \dfrac{x+\sin x}{x-2\sin x}$;

(49) $\lim\limits_{x\to 0} \dfrac{2\arctan x}{x}$;

(50) $\lim\limits_{x\to 1} \dfrac{\sin(x^2-1)}{x-1}$;

(51) $\lim\limits_{x\to 0} \dfrac{x(x+3)}{\sin x}$;

(52) $\lim\limits_{x\to 0^+} \dfrac{x}{\sqrt{1-\cos x}}$;

(53) $\lim\limits_{n\to\infty}\left(1+\dfrac{1}{n}\right)^{n+1}$;

(54) $\lim\limits_{n\to\infty}\left(1+\dfrac{x}{n}\right)^{n}$;

(55) $\lim\limits_{x\to\infty}\left(1+\dfrac{2}{x}\right)^{-2x}$;

(56) $\lim\limits_{x\to 0}(1-2x)^{\frac{1}{x}}$;

(57) $\lim\limits_{x\to 0}\left(\dfrac{2-x}{2}\right)^{\frac{2}{x}-1}$;

(58) $\lim\limits_{x\to\infty}\left(\dfrac{x-1}{x+1}\right)^{x}$;

(59) $\lim\limits_{x\to\infty}\left(\dfrac{2x+3}{2x+1}\right)^{x}$;

(60) $\lim\limits_{x\to\infty}\left(1+\dfrac{1}{ex}\right)^{x-e}$;

(61) $\lim\limits_{x\to 0}(1+3\sin x)^{\csc x}$;

(62) $\lim\limits_{x\to\frac{\pi}{2}}(1+2\cot x)^{\tan x}$;

(63) $\lim\limits_{x\to 0} \dfrac{\sqrt{1+x^2}-1}{x}$;

(64) $\lim\limits_{x\to 0} \dfrac{\ln(1+x)}{x}$;

(65) $\lim\limits_{x\to 0} \dfrac{e^x-1}{x}$;

(66) $\lim\limits_{x\to 1} \dfrac{\sqrt{5x-4}-\sqrt{x}}{x-1}$;

(67) $\lim\limits_{x\to 0}\ln\dfrac{\sin x}{x}$;

(68) $\lim\limits_{x\to 0} \dfrac{(\sqrt{x+1}-1)\sin x}{x^2}$;

(69) $\lim\limits_{x\to\frac{\pi}{4}} \dfrac{\sin x-\cos x}{\cos 2x}$;

(70) $\lim\limits_{x\to 0} \dfrac{\sqrt{x+4}-2}{\sin 2x}$;

(71) $\lim\limits_{x\to 0^-}\left(e^{\frac{1}{x}}\sin\dfrac{1}{x^2}+\dfrac{\arcsin x^2}{x}\right)$;

(72) $\lim\limits_{x\to 0} \dfrac{1+x\sin x-\cos 2x}{\sin^2 x}$;

6. 讨论下列函数在给定点处的连续性:

(1) $f(x)=\begin{cases} x\sin\dfrac{1}{x}, & x\neq 0, \\ 0, & x=0, \end{cases}$ 在 $x=0$ 处.

(2) $f(x) = \begin{cases} \dfrac{\sin x}{|x|}, & x \neq 0, \\ 1, & x = 0, \end{cases}$ 在 $x = 0$ 处.

(3) $f(x) = \begin{cases} x^2 - 1, & x \leq 1, \\ x + 1, & x > 1, \end{cases}$ 在 $x = 1$ 处.

(4) $f(x) = \begin{cases} \dfrac{x}{1 - \sqrt{1-x}}, & x < 0, \\ x + 2, & x \geq 0, \end{cases}$ 在 $x = 0$ 处.

(5) $f(x) = \begin{cases} e^{-\frac{1}{x^2}}, & x \neq 0, \\ 0, & x = 0, \end{cases}$ 在 $x = 0$ 处.

(6) $f(x) = \begin{cases} x^2 - 1, & 0 \leq x \leq 1, \\ x + 3, & x > 1, \end{cases}$ 在 $x = 1$ 处.

(7) 设函数 $f(x) = \begin{cases} \dfrac{x^2 - 4}{x - 2}, & x \neq 2, \\ a, & x = 2, \end{cases}$ 应当怎样选择数 a,使得函数在 $x = 2$ 处连续.

(8) 设函数 $f(x) = \begin{cases} \dfrac{\ln(1+2x)}{x}, & x > 0, \\ a, & x = 0, \\ e^x + 1, & x < 0, \end{cases}$ 应当如何选择数 a,使得函数在 $x = 0$ 处连续.

(9) 设函数 $f(x) = \begin{cases} e^x, & x < 0, \\ a + x, & x \geq 0, \end{cases}$ 应当如何选择数 a,使得函数在 $x = 0$ 处连续.

7. 求下列函数的间断点,并说明这些间断点属于哪一类? 如果是可去间断点,则补充或改变函数的定义使它连续:

(1) $f(x) = \dfrac{x^2 - 1}{x^2 - 3x + 2}$; (2) $f(x) = \dfrac{x-1}{x^2 - 1}$; (3) $f(x) = \dfrac{1}{(x+3)^2}$;

(4) $f(x) = x \cdot \cos \dfrac{1}{x}$; (5) $f(x) = (1+x)^{\frac{1}{x}}$; (6) $f(x) = \dfrac{x}{\sin x}$;

(7) $f(x) = \begin{cases} x - 1, & x \leq 1, \\ 3 - x, & x > 1; \end{cases}$ (8) $f(x) = \begin{cases} \dfrac{x^2 - 1}{x - 1}, & x \neq 1, \\ 1, & x = 1; \end{cases}$

(9) $f(x) = \begin{cases} \dfrac{1}{1 + 2^{\frac{1}{x}}}, & x \neq 0, \\ 0, & x = 0; \end{cases}$ (10) $f(x) = \begin{cases} 3x + 2, & x \leq 0, \\ x^2 + 1, & 0 < x < 1, \\ \dfrac{2}{x}, & x > 1. \end{cases}$

一、是非题

1. $f(x)=x+1$ 与 $g(x)=\sqrt{x^2}+1$ 是同一个函数.

答案:错误.

解析:因为两个函数的对应法则不一样.

2. $f(x)=5-x$ 与 $g(x)=\dfrac{25-x^2}{5+x}$ 是同一个函数.

答案:错误.

解析:因为两个函数的定义域不同.

3. 已知 $y=f(x)$ 是偶函数,$x=\varphi(t)$ 是奇函数,那么函数 $y=f[\varphi(t)]$ 必是奇函数.

答案:错误.

解析:因为 $x=\varphi(t)$ 是奇函数,所以有 $\varphi(-t)=-\varphi(t)$;而 $y=f(x)$ 是偶函数,所以有 $f(-x)=f(x)$,则 $f[\varphi(-t)]=f[-\varphi(t)]=f[\varphi(t)]$,即 $y=f[\varphi(t)]$ 为偶函数.

4. $f(x)=\dfrac{1}{x}$ 不是单调函数.

答案:错误.

解析:$f(x)=\dfrac{1}{x}$ 在定义域内是单调减少的函数.

5. 已知 $f(x)$ 是单调增加函数,则 $f[f(x)]$ 也是单调增加的函数.

答案:正确.

解析:因为函数 $f(x)$ 单调增加,所以对任意 $x_1<x_2$,有 $f(x_1)<f(x_2)$,则必有 $f[f(x_1)]<f[f(x_2)]$,即 $f[f(x)]$ 单调增加.

6. 基本初等函数的和必是初等函数.

答案:正确.

解析:根据连续函数的和、差、积、商的连续性定理可知,基本初等函数的和必是初等函数.

7. 常数零是无穷小量.

答案:正确.

解析:数零的极限必是零,所以,根据无穷小的定义,常数零是无穷小.

8. 无穷小量的倒数必定是无穷大量.

答案:错误.

解析:常数零是无穷小,但它的倒数是没有意义的,所以不是无穷大.

9. $f(x)$ 在 x_0 处无定义,则 $f(x)$ 当 $x\to x_0$ 时一定没有极限.

答案:错误.

解析:根据函数极限的定义可知,函数 $f(x)$ 在 x_0 处是否有定义与函数 $f(x)$ 在 x_0 处是否有极限无关.

10. 若 $\lim\limits_{x\to x_0}f(x)=A$,则 $f(x_0)=A.$

答案:错误.

解析:理由同第 9 题.

11. $f(x)$ 在区间 (a,b) 内连续,则对于区间 (a,b) 内的每一点 x_0,当 $x \to x_0$ 时 $f(x)$ 都有极限.

答案:正确.

解析:根据函数在一点处连续的定义可知,如果函数 $f(x)$ 在 x_0 处连续,则函数 $f(x)$ 在 x_0 处必有极限.

12. 基本初等函数的定义域就是它的连续区间.

答案:正确.

解析:因为基本初等函数在它们的定义域内都是连续的.

13. $f(x)$ 当 $x \to x_0$ 时有极限,则 $f(x)$ 在 x_0 处一定连续.

答案:错误.

解析:根据函数在一点处连续的定义可知,函数 $f(x)$ 在 x_0 处连续,则函数 $f(x)$ 在 x_0 处必有极限,反之则不然,即函数 $f(x)$ 在 x_0 处有极限,$f(x)$ 在 x_0 处不一定连续.

14. 如果函数 $f(x)$ 在 (a,b) 内连续,则函数 $f(x)$ 必有界.

答案:错误.

解析:根据函数有界性定理可知,闭区间上连续的函数必定有界,而开区间内连续的函数则不一定有界.

15. 如果函数 $f(x)$ 在 $[a,b]$ 上有界,则函数 $f(x)$ 必有最大值和最小值.

答案:错误.

解析:如果函数 $f(x)$ 在闭区间 $[a,b]$ 上有第一类间断点,就不一定有最大值和最小值.

二、填空题

1. 函数 $f(x) = \sqrt{x^2 - x - 6} + \arcsin \dfrac{2x-1}{7}$ 的定义域是_____.

答案:$[-3,-2] \cup [3,4]$.

解析:$\begin{cases} x^2 - x - 6 \geq 0 \\ \left|\dfrac{2x-1}{7}\right| \leq 1 \end{cases}$,即 $\begin{cases} (x+2)(x-3) \geq 0 \\ -7 \leq 2x - 1 \leq 7 \end{cases}$,解得 $\begin{cases} x \leq -2 \text{ 或 } x \geq 3 \\ -3 \leq x \leq 4 \end{cases}$.

2. 函数 $f(x) = \dfrac{1}{\ln(x-5)}$ 的定义域是_____.

答案:$(5,6) \cup (6,+\infty)$.

解析:因为 $\begin{cases} x - 5 > 0 \\ \ln(x-5) \neq 0 \end{cases}$,即 $\begin{cases} x > 5 \\ x - 5 \neq 1 \end{cases}$,解得 $\begin{cases} x > 5 \\ x \neq 6 \end{cases}$.

3. 若 $f(x) = \dfrac{x}{1-x}$,则 $f\left(\dfrac{1}{x}\right) = $ _____.

答案:$\dfrac{1}{x-1}$.

解析:因为 $f(x) = \dfrac{x}{1-x}$,所以 $f\left(\dfrac{1}{x}\right) = \dfrac{\frac{1}{x}}{1 - \frac{1}{x}} = \dfrac{\frac{1}{x}}{\frac{x-1}{x}} = \dfrac{1}{x-1}$.

4. 设 $f(x)=\begin{cases}1-x, & x<1\\0, & x=1\\x-1, & x>1\end{cases}$,则 $f(0)+f(1)+f(2)=$ _____.

答案:2.

解析:因为 $f(0)=1,f(1)=0,f(2)=1$,所以 $f(0)+f(1)+f(2)=2$.

5. 设 $f(x)=\begin{cases}x+1, & x>0\\\pi, & x=0\\0, & x<0\end{cases}$,则 $f\{f[f(-1)]\}=$ _____.

答案:$\pi+1$.

解析:因为 $f(-1)=0, f[f(-1)]=f(0)=\pi$,所以 $f\{f[f(-1)]\}=f(\pi)=\pi+1$.

6. 函数 $f(x)=[\arcsin(3x^5-1)]^2$ 的复合过程是 _____.

答案:$y=u^2, u=\arcsin v, v=3x^5-1$.

解析:依据定义.

7. 设函数 $f(x)=\ln x, g(x)=\sin x$,则 $f[g(x)]=$ _____,$g[f(x)]=$ _____.

答案:$\ln\sin x, \sin\ln x$.

解析:因为 $f(x)=\ln x, g(x)=\sin x$,则把 $f(x)$ 中的 x 用 $g(x)$ 替换,可得 $f[g(x)]=\ln\sin x$;把 $g(x)$ 中的 x 用 $f(x)$ 替换,可得 $g[f(x)]=\sin\ln x$.

8. 若 $f(x)=\dfrac{1}{x}$,则 $f[f(x)]=$ _____.

答案:x.

解析:由于 $f(x)=\dfrac{1}{x}$,所以 $f[f(x)]=f\left(\dfrac{1}{x}\right)=\dfrac{1}{\frac{1}{x}}=x$.

9. $\lim\limits_{x\to x_0}f(x)=A$ 的充要条件是左右极限 _____ 且 _____.

答案:存在,相等.

10. 设 $f(x)=\dfrac{x^2-1}{|x-1|}$,那么 $\lim\limits_{x\to 1^-}f(x)=$ _____,$\lim\limits_{x\to 1^+}f(x)=$ _____.

答案:$-2, 2$.

解析:因为 $\lim\limits_{x\to 1^-}f(x)=\lim\limits_{x\to 1^-}\dfrac{x^2-1}{|x-1|}=\lim\limits_{x\to 1^-}\dfrac{(x-1)(x+1)}{-(x-1)}=-\lim\limits_{x\to 1^-}(x+1)=-2$,

$\lim\limits_{x\to 1^+}f(x)=\lim\limits_{x\to 1^+}\dfrac{x^2-1}{|x-1|}=\lim\limits_{x\to 1^+}\dfrac{(x-1)(x+1)}{x-1}=\lim\limits_{x\to 1^+}(x+1)=2$.

11. 设 $f(x)=\begin{cases}-\dfrac{1}{x-1}, & x<0\\0, & x=0\\x+1, & x>0\end{cases}$,则 $\lim\limits_{x\to 0}f(x)=$ _____.

答案:1.

解析:由于 $\lim\limits_{x\to 0^-}f(x)=\lim\limits_{x\to 0^-}\left(-\dfrac{1}{x-1}\right)=1$,$\lim\limits_{x\to 0^+}f(x)=\lim\limits_{x\to 0^+}(x+1)=1$,所以 $\lim\limits_{x\to 0}f(x)=1$.

12. 设 $y=x-\arctan x$,则 $\lim\limits_{x\to-\infty}(y-x)=$ _____.

答案:$\dfrac{\pi}{2}$.

解析：由于 $\lim\limits_{x\to-\infty}(y-x)=\lim\limits_{x\to-\infty}(x-\arctan x-x)=-\lim\limits_{x\to-\infty}\arctan x=\dfrac{\pi}{2}$.

13. 如果 $\lim\limits_{x\to\infty}\dfrac{2x^3-3x^2+1}{(x-1)(4x^n+7)}=\dfrac{1}{2}$，则 $n=$ _____．

答案：2.

解析：因为 $\lim\limits_{x\to\infty}\dfrac{2x^3-3x^2+1}{(x-1)(4x^n+7)}=\lim\limits_{x\to\infty}\dfrac{2x^3-3x^2+1}{4x^{n+1}-4x^n+7x-7}=\dfrac{1}{2}$，

根据极限的无穷小量分离法可得 $n+1=3$，所以得 $n=2$.

14. 设 $f(x)=\dfrac{x^2}{(x-1)^2}$，当 $x\to$ _____ $f(x)$ 是无穷大，当 $x\to$ _____ $f(x)$ 是无穷小．

答案：1，0.

解析：根据无穷大的定义可知，$\lim\limits_{x\to1}\dfrac{x^2}{(x-1)^2}=\infty$；

根据无穷小的定义可知，$\lim\limits_{x\to0}\dfrac{x^2}{(x-1)^2}=0$.

15. 当 $x\to\infty$，$\sin^2\dfrac{1}{x}$ 与 $\dfrac{1}{x^k}$ 是等价无穷小，则 $k=$ _____．

答案：2.

解析：由于当 $x\to\infty$，$\sin^2\dfrac{1}{x}$ 与 $\dfrac{1}{x^k}$ 是等价无穷小，所以

$$\lim\limits_{x\to\infty}\dfrac{\sin^2\dfrac{1}{x}}{\dfrac{1}{x^k}}=\lim\limits_{x\to\infty}\dfrac{\left(\sin\dfrac{1}{x}\right)^2}{\left(\dfrac{1}{x}\right)^k}=1,$$

根据第一个重要极限的变形公式 $\lim\limits_{\varphi(x)\to0}\dfrac{\sin\varphi(x)}{\varphi(x)}=1$，可得 $k=2$.

16. 如果函数 $y=f(x)$ 在 x_0 处连续，那么 $\lim\limits_{x\to x_0}[f(x)-f(x_0)]=$ _____．

答案：0.

解析：因为函数 $y=f(x)$ 在 x_0 处连续，根据连续性的定义可得
$$\lim\limits_{x\to x_0}f(x)=f(x_0),$$
所以 $\lim\limits_{x\to x_0}[f(x)-f(x_0)]=f(x_0)-f(x_0)=0$.

17. 如果函数 $y=f(x)$ 在 x_0 处连续，且 $\lim\limits_{x\to x_0}f(x)=\dfrac{1}{3}$，则 $f(x_0)=$ _____．

答案：$\dfrac{1}{3}$.

解析：由于函数 $y=f(x)$ 在 x_0 处连续，所以有 $\lim\limits_{x\to x_0}f(x)=f(x_0)$，而 $\lim\limits_{x\to x_0}f(x)=\dfrac{1}{3}$，所以 $f(x_0)=\dfrac{1}{3}$.

18. 若函数 $f(x)$ 连续，则 $\lim\limits_{x\to\frac{\pi}{6}}f(x\sin x)=$ _____．

答案：$f\left(\dfrac{\pi}{12}\right)$.

解析:由于函数 $f(x)$ 连续,所以 $\lim\limits_{x\to\frac{\pi}{6}}f(x\sin x)=f\left(\frac{\pi}{6}\cdot\sin\frac{\pi}{6}\right)=f\left(\frac{\pi}{12}\right)$.

19. 函数 $f(x)=\dfrac{x^2-1}{x^2+3x+2}$ 的间断点为 _____.

答案: $x=-1,x=-2$.

解析:因为 $x^2+3x+2=(x+1)(x+2)\neq 0$,所以函数 $f(x)$ 的定义域为 $(-\infty,-2)\cup(-2,-1)\cup(-1,+\infty)$.

20. 设 $f(x)=\begin{cases}x^2,&x\neq 4\\A,&x=4\end{cases}$,为使 $f(x)$ 在 $x=4$ 处连续,则 $A=$ _____.

答案: 16.

解析:由于函数 $f(x)$ 在 $x=4$ 处连续,所以 $\lim\limits_{x\to 4}f(x)=\lim\limits_{x\to 4}x^2=16=f(4)=A$.

三、单项选择题

1. 下列各对函数中,表示同一个函数的是( ).

   A. $f(x)=x,g(x)=\sqrt{x^2}$
   B. $f(x)=\sqrt{x^2},g(x)=|x|$
   C. $f(x)=1,g(x)=\dfrac{x}{|x|}$
   D. $f(x)=\ln x^2,g(x)=2\ln x$

答案: B.

解析:因为根据绝对值的性质有 $\sqrt{x^2}=|x|$,且 $f(x)$ 和 $g(x)$ 的定义域都是 $(-\infty,+\infty)$,所以 $f(x)$ 和 $g(x)$ 表示同一个函数.

2. 函数 $f(x)=\begin{cases}\sqrt{4-x^2},&|x|\leqslant 3\\x^2-4,&3<x<4\end{cases}$ 的定义域是( ).

   A. $[-3,4)$ B. $(-3,4)$ C. $[-4,4]$ D. $(-4,4)$

答案: A.

解析:因为第一段的取值范围是 $[-3,3]$,第二段的取值范围是 $(3,4)$,则 $[-3,3]\cup(3,4)=[-3,4)$.

3. 下列函数中定义域为 $[-1,1]$ 的是( ).

   A. $y=\ln(1-x^2)$
   B. $y=e^{\sin x}$
   C. $y=\sqrt{2-x^2}+\arcsin x$
   D. $y=(1-x^2)^{-\frac{1}{2}}$

答案: C.

解析:因为由 $\begin{cases}2-x^2\geqslant 0\\|x|\leqslant 1\end{cases}$,可得 $\begin{cases}x^2\leqslant 2\\-1\leqslant x\leqslant 1\end{cases}$,即 $\begin{cases}-\sqrt{2}\leqslant x\leqslant\sqrt{2}\\-1\leqslant x\leqslant 1\end{cases}$,则 $[-\sqrt{2},\sqrt{2}]\cap[-1,1]=[-1,1]$.

4. 设 $f(x)=\cos^3 x$,则 $f(-x)=$( ).

   A. $-f(-x)$ B. $f(x)$ C. $\dfrac{1}{f(x)}$ D. $-f(x)$

答案: B.

解析:因为 $f(-x)=\cos^3(-x)=(\cos(-x))^3=(\cos x)^3=\cos^3 x=f(x)$.

5. 是偶函数且在 $(0,+\infty)$ 内是单调增加的的函数是( ).

   A. $f(x)=\cos x$ B. $f(x)=|x|$ C. $f(x)=2^x$ D. $f(x)=x^3$

答案:B.

解析:因为函数$f(x)=|x|$的定义域为$(-\infty,+\infty)$,且在$(0,+\infty)$内是单调增加,又由于$f(-x)=|-x|=|x|=f(x)$,所以,该函数是偶函数.

6. 函数$y=|\sin x|$是( ).

   A. 以2π为周期的奇函数   B. 以2π为周期的偶函数
   C. 以π为周期的奇函数   D. 以π为周期的偶函数

答案:D.

解析:根据周期函数的定义,由于
$$f(x+\pi)=|\sin(x+\pi)|=|\sin(-x)|=|-\sin x|=|\sin x|=f(x),$$
所以函数$y=|\sin x|$的周期是π;又因为$f(-x)=|\sin(-x)|=|-\sin x|=|\sin x|=f(x)$,所以,该函数又是偶函数,即是以$\pi$为周期的偶函数.

7. 函数$y=-\sqrt{x-1}$的反函数是( ).

   A. $y=x^2+1$ B. $y=x^2+1$ ($x\leqslant 0$)
   C. $y=x^2+1$ ($x\geqslant 0$)   D. 不存在

答案:B.

解析:由函数$y=-\sqrt{x-1}$可得$y^2=x-1$,即$x=y^2+1$,也就是$y=x^2+1$. 又由$x-1\geqslant 0$,可得 $y\leqslant 0$,也就是说,对于函数$y=x^2+1$而言有$x\leqslant 0$.

8. 已知$f(x)=\ln x+1$, $g(x)=\sqrt{x}+1$,则$f[g(x)]=$( ).

   A. $\ln(\sqrt{x}+1)+1$ B. $\ln\sqrt{x}+2$ C. $\sqrt{\ln(x+1)}+1$ D. $\ln\sqrt{x}+1$

答案:A.

解析:$f[g(x)]=\ln[g(x)]+1=\ln(\sqrt{x}+1)+1$.

9. 下列y能成为x的复合函数的是( ).

   A. $y=\ln u, u=-x^2$ B. $y=\dfrac{1}{\sqrt{u}}, u=-x^2+2x-1$
   C. $y=\sin u, u=-x^2$ D. $y=\arccos u, u=3+x^2$

答案:C.

解析:函数$y=\sin u$的定义域是$(-\infty,+\infty)$,而函数$u=-x^2$的值域是$(-\infty,0]$,则$(-\infty,+\infty)\cap(-\infty,0]=(-\infty,0]$,所以根据复合函数的定义可知,函数$y=\sin u$和函数$u=-x^2$可以构成复合函数.

10. 设$f(\sin x)=\cos 2x$,则$f(x)=$( ).

    A. $1-x^2$ B. $1-2x^2$ C. $1+2x^2$ D. $2x^2-1$

答案:B.

解析:根据三角公式可得$f(\sin x)=\cos 2x=1-2\sin^2 x$,所以有$f(x)=1-2x^2$.

11. 设$g(x)=1+x$,且当$x\neq 0$时,$f[g(x)]=\dfrac{1-x}{x}$,则$f\left(\dfrac{1}{2}\right)=$( ).

    A. 0   B. 1   C. 3   D. -3

答案:D.

解析:由$f[g(x)]=\dfrac{1-x}{x}$, $g(x)=1+x$可得
$$1+x=\dfrac{1}{2}, \text{即} \quad x=-\dfrac{1}{2},$$

故有 $f\left(\dfrac{1}{2}\right)=\dfrac{1-\left(-\dfrac{1}{2}\right)}{-\dfrac{1}{2}}=\dfrac{\dfrac{3}{2}}{-\dfrac{1}{2}}=-3.$

12. 函数 $y=1+x+x^2+\cdots+x^n(n\in\mathbf{N})$ 是( ).
   A. 基本初等函数　　B. 复合函数　　C. 初等函数　　D. 非初等函数

答案:C.

解析:该函数是由基本初等函数(常量和幂函数)经过有限次的加法运算而得.

13. 下列函数中,表达式为基本初等函数的是( ).
   A. $y=\begin{cases}2x^2, & x>0\\ 2x+1, & x<0\end{cases}$　　　　B. $y=x^2$
   C. $y=2x+\sin x$　　　　　　　　D. $y=\tan\sqrt{x}$

答案:B.

解析:因为函数 $y=x^2$ 是基本初等函数中的幂函数.

14. 当 $x\to 0$ 时,$\cos\dfrac{1}{x}$ 是( ).
   A. 无穷小量　　B. 无穷大量　　C. 有界函数　　D. 无界函数

答案:C.

解析:因当 $x\to 0$ 时,$\cos\dfrac{1}{x}$ 是不定的,但根据函数的有界性和余弦函数的性质可知
$$\left|\cos\dfrac{1}{x}\right|\leqslant 1.$$

15. 当 $x\to 1$ 时,下列变量中不是无穷小量的是( ).
   A. $3x^2-2x-1$　　B. $\dfrac{2x^2-2x}{x-1}$　　C. $\ln x+\dfrac{x^2-1}{2}$　　D. $\sin\dfrac{\pi}{2}-x$

答案:B.

解析:因为以零为极限的变量是无穷小量,而
$$\lim_{x\to 0}\dfrac{2x^2-2x}{x-1}=\lim_{x\to 0}\dfrac{2x(x-1)}{x-1}=\lim_{x\to 0}2x=0.$$

16. 下列极限值等于 1 的是( ).
   A. $\lim\limits_{x\to\infty}\dfrac{\sin x}{x}$　　B. $\lim\limits_{x\to 1}\dfrac{\sin x}{x}$　　C. $\lim\limits_{x\to 0}x\sin\dfrac{1}{x}$　　D. $\lim\limits_{x\to\infty}x\sin\dfrac{1}{x}$

答案:D.

解析:因为当 $x\to\infty$ 时,变量 $\dfrac{1}{x}\to 0$,$\sin\dfrac{1}{x}\to 0$,所以根据第一个重要的极限可知
$$\lim_{x\to\infty}\dfrac{\sin\dfrac{1}{x}}{\dfrac{1}{x}}=1.$$

17. $\lim\limits_{x\to 1}(1-x)\sin\dfrac{1}{1-x}=($).
   A. 1　　B. -1　　C. 0　　D. 不存在

答案:C.

解析: 因为,当 $x\to 0$ 时,$(1-x)\to 0$(是无穷小量),而 $\left|\sin\dfrac{1}{1-x}\right|\leq 1$,即为有界变量,根据无穷小的性质可得

$$\lim_{x\to 1}(1-x)\sin\dfrac{1}{1-x}=0.$$

18. 若 $\lim\limits_{x\to 2}\dfrac{3-\sqrt{x+a}}{x^2-4}=b$,则( ).

    A. $a=2,b=-\dfrac{1}{24}$ B. $a=7,b=-\dfrac{1}{24}$

    C. $a=7,b=\dfrac{1}{24}$ D. $a=7,b=-24$

答案: B.

解析: 因为,当 $x\to 2$ 时,分母的极限是零,即 $\lim\limits_{x\to 2}(x^2-4)=0$,而 $\lim\limits_{x\to 2}\dfrac{3-\sqrt{x+a}}{x^2-4}=b$,所以,必有 $\lim\limits_{x\to 2}(3-\sqrt{x+a})=0$,则可得 $a=7$,从而

$$\lim_{x\to 2}\dfrac{3-\sqrt{x+7}}{x^2-4}=\lim_{x\to 2}\dfrac{(3-\sqrt{x+7})(3+\sqrt{x+7})}{(x^2-4)(3+\sqrt{x+7})}$$

$$=\lim_{x\to 2}\dfrac{2-x}{(x-2)(x+2)(3+\sqrt{x+7})}=-\dfrac{1}{24}=b.$$

19. 若 $\lim\limits_{x\to\infty}\dfrac{(1+a)x^4+bx^3+2}{x^3+x^2-1}=-2$,则( ).

    A. $a=-3,b=0$ B. $a=0,b=-2$ C. $a=-1,b=0$ D. $a=-1,b=-2$

答案: D.

解析: 由于当 $x\to\infty$ 时,分子和分母都是无穷大,而该函数的极限等于 -2,则根据极限的无穷小量分离法可得

$$\begin{cases}1+a=0\\ b=-2\end{cases},\text{ 即 }\begin{cases}a=-1\\ b=-2\end{cases}.$$

20. 当 $x\to 0$ 时,与 x 是同阶无穷小的是( ).

    A. $1-\cos 2x$ B. $\tan^2 x$ C. $x\arcsin x$ D. $x^2+\sin 2x$

答案: D.

解析: 根据无穷小的比较可知

$$\lim_{x\to 0}\dfrac{x^2+\sin 2x}{x}=\lim_{x\to 0}\left(x+\dfrac{\sin 2x}{x}\right)=\lim_{x\to 0}x+\lim_{x\to 0}\dfrac{2\sin 2x}{2x}=2,$$

所以,变量 $x^2+\sin 2x$ 与 x 是同阶无穷小.

21. 下列等式成立的是( ).

    A. $\lim\limits_{x\to\infty}\left(1+\dfrac{1}{x}\right)^{2x}=\mathrm{e}$ B. $\lim\limits_{x\to\infty}\left(1+\dfrac{2}{x}\right)^{x}=\mathrm{e}$

    C. $\lim\limits_{x\to\infty}\left(1+\dfrac{1}{2x}\right)^{x}=\mathrm{e}$ D. $\lim\limits_{x\to\infty}\left(1+\dfrac{1}{x}\right)^{x+2}=\mathrm{e}$

答案: D.

解析: 根据第二个重要的极限有

$$\lim_{x\to\infty}\left(1+\dfrac{1}{x}\right)^{x+2}=\lim_{x\to\infty}\left(1+\dfrac{1}{x}\right)^{x}\cdot\left(1+\dfrac{1}{x}\right)^{2}=\mathrm{e}.$$

22. 若 $\lim\limits_{x \to x_0^-} f(x) = A$, $\lim\limits_{x \to x_0^+} f(x) = A$, 则下列说法正确的是( ).

    A. $f(x_0) = A$ B. $\lim\limits_{x \to x_0} f(x) = A$

    C. $f(x)$ 在 x_0 点有定义   D. $f(x)$ 在 x_0 点连续

答案: B.

解析: 因为 $\lim\limits_{x \to x_0^-} f(x) = A$，$\lim\limits_{x \to x_0^+} f(x) = A$，即在 x_0 处函数 $f(x)$ 的左右极限均存在, 并且相等, 根据左右极限和全极限的关系可知 $\lim\limits_{x \to x_0} f(x) = A$.

23. 若 $x = x_0$ 是函数 $f(x)$ 的一个间断点, 则( ).

    A. $\lim\limits_{x \to x_0} f(x)$ 不存在   B. $f(x)$ 在 x_0 处无定义

    C. $\lim\limits_{x \to x_0} f(x) \neq f(x_0)$ D. 以上三种情况至少有一个发生

答案: D.

解析: 根据间断点的定义可知, 如果 $x = x_0$ 是函数 $f(x)$ 的间断点, 则必有
(1) 在 $x = x_0$ 无定义;
(2) 虽在 $x = x_0$ 有定义, 但 $\lim\limits_{x \to x_0} f(x)$ 不存在;
(3) 虽在 $x = x_0$ 有定义, 且 $\lim\limits_{x \to x_0} f(x)$ 存在, 但 $\lim\limits_{x \to x_0} f(x) \neq f(x_0)$.

24. 函数 $f(x) = \sqrt[3]{x(x-1)} + \dfrac{x^2-1}{(x+1)(x-2)}$ 间断点的个数是( ).

    A. 0   B. 1   C. 2   D. 3

答案: C.

解析: 由于函数的定义域为 $(-\infty, -1) \cup (-1, 2) \cup (2, +\infty)$，所以, $x = -1$ 和 $x = 2$ 是函数的两个间断点.

25. 对于曲线 $y = \dfrac{x}{x-2}$，下列命题正确的是( ).

    A. 只有一条水平渐近线   B. 只有一条铅直渐近线

    C. 两种渐近线各有一条   D. 没有渐近线

答案: C.

解析: 根据渐近线的定义, 因为 $\lim\limits_{x \to \infty} \dfrac{x}{x-2} = 1$，故 $y = 1$ 为函数的水平渐近线; 又 $\lim\limits_{x \to 2} \dfrac{x}{x-2} = \infty$，故 $x = 2$ 为函数的铅直渐近线, 即两种渐近线各有一条.

四、计算题

1. 求下列函数的定义域:

(1) $y = \dfrac{2}{x^2 - 3x + 2}$;

解: 因为 $x^2 - 3x + 2 \neq 0$，即 $(x-1)(x-2) \neq 0$，所以 $x \neq 1, x \neq 2$，故函数的定义域为 $(-\infty, 1) \cup (1, 2) \cup (2, +\infty)$.

(2) $y = \lg \dfrac{1+x}{1-x}$;

解:因为 $\dfrac{1+x}{1-x} > 0$,所以有 $\begin{cases} 1+x>0 \\ 1-x>0 \end{cases}$ 或 $\begin{cases} 1+x<0 \\ 1-x<0 \end{cases}$,

若 $\begin{cases} 1+x>0 \\ 1-x>0 \end{cases}$,则有 $\begin{cases} x>-1 \\ x<1 \end{cases}$,即 $-1<x<1$;若 $\begin{cases} 1+x<0 \\ 1-x<0 \end{cases}$,则有 $\begin{cases} x<-1 \\ x>1 \end{cases}$,无解.

又因为 $1-x \neq 0$,所以 $x \neq 1$,故函数的定义域为 $(-1,1)$.

(3) $y = \sqrt{x^2 - 9}$;

解:由于 $x^2 - 9 \geq 0$,则 $x^2 \geq 9$,即 $x \leq -3$ 或 $x \geq 3$,故函数的定义域为 $(-\infty, -3] \cup [3, +\infty)$.

(4) $y = \dfrac{1}{\ln(x-5)}$;

解:由 $\begin{cases} \ln(x-5) \neq 0 \\ x-5>0 \end{cases}$,则 $\begin{cases} x-5 \neq 1 \\ x>5 \end{cases}$,即 $\begin{cases} x \neq 6 \\ x>5 \end{cases}$,

故函数的定义域为 $(5,6) \cup (6, +\infty)$.

(5) $y = \arcsin(x-3)$;

解:因为 $|x-3| \leq 1$,所以 $-1 \leq x-3 \leq 1$,即 $2 \leq x \leq 4$,故函数的定义域为 $[2,4]$.

(6) $y = \sqrt{3-x} + \arctan\dfrac{1}{x}$;

解:由 $\begin{cases} 3-x \geq 0 \\ x \neq 0 \end{cases}$,可得 $\begin{cases} x \leq 3 \\ x \neq 0 \end{cases}$,故函数的定义域为 $(-\infty, 0) \cup (0, 3]$.

(7) $y = \dfrac{1}{\ln(2-x)} + \sqrt{100 - x^2}$;

解:由于 $\begin{cases} \ln(2-x) \neq 0 \\ 2-x>0 \\ 100-x^2 \geq 0 \end{cases}$,所以 $\begin{cases} 2-x \neq 1 \\ x<2 \\ x^2 \leq 100 \end{cases}$,即 $\begin{cases} x \neq 1 \\ x<2 \\ -10 \leq x \leq 10 \end{cases}$,

故函数的定义域为 $[-10, 1) \cup (1, 2)$.

(8) $y = \dfrac{1}{\sqrt{|x|-1}}$;

解:由 $|x| - 1 > 0$,可得 $|x| > 1$,即 $x < -1$ 或 $x > 1$,故函数的定义域为 $(-\infty, -1) \cup (1, +\infty)$.

(9) $y = \sqrt{\ln\dfrac{5x-x^2}{4}}$;

解:因为 $\begin{cases} \ln\dfrac{5x-x^2}{4} \geq 0 \\ \dfrac{5x-x^2}{4} > 0 \end{cases}$,所以 $\begin{cases} \dfrac{5x-x^2}{4} \geq 1 \\ 5x-x^2>0 \end{cases}$,即 $\begin{cases} x^2-5x+4 \leq 0 \\ x^2-5x<0 \end{cases}$,

由 $x^2 - 5x + 4 \leq 0$,可得 $(x-1)(x-4) \leq 0$,即 $\begin{cases} x-1 \geq 0 \\ x-4 \leq 0 \end{cases}$ 或 $\begin{cases} x-1 \leq 0 \\ x-4 \geq 0 \end{cases}$,

若 $\begin{cases} x-1 \geq 0 \\ x-4 \leq 0 \end{cases}$,则 $\begin{cases} x \geq 1 \\ x \leq 4 \end{cases}$,即 $1 \leq x \leq 4$;若 $\begin{cases} x-1 \leq 0 \\ x-4 \geq 0 \end{cases}$,则 $\begin{cases} x \leq 1 \\ x \geq 4 \end{cases}$,无公共解.

又由 $x^2 - 5x < 0$,可得 $x(x-5) < 0$,即 $\begin{cases} x<0 \\ x-5>0 \end{cases}$ 或 $\begin{cases} x>0 \\ x-5<0 \end{cases}$,

若 $\begin{cases} x<0 \\ x-5>0 \end{cases}$,则 $\begin{cases} x<0 \\ x>5 \end{cases}$,无公共解;若 $\begin{cases} x>0 \\ x-5<0 \end{cases}$,则 $\begin{cases} x>0 \\ x<5 \end{cases}$,即 $0 < x < 5$.

由以上讨论可得函数的定义域为$[1,4]$.

(10) $y = \begin{cases} x-1, & x<0 \\ x, & 0<x<1 \\ x^2, & x>1 \end{cases}$.

解：由分段函数的表达式可以看出，函数在点 $x=0$ 和 $x=1$ 处无定义，所以函数的定义域为 $(-\infty,0) \cup (0,1) \cup (1,+\infty)$.

2. 分解下列各复合函数：

(1) $y = \sqrt[3]{3+2x}$;

解：函数可分解为 $y = \sqrt[3]{u}, u = 3+2x$.

(2) $y = e^{\sin^2 \frac{1}{x}}$;

解：函数可分解为 $y = e^u, u = v^2, v = \sin w, w = \frac{1}{x}$.

(3) $y = \arctan\sqrt{x^2+1}$;

解：函数可分解为 $y = \arctan u, u = \sqrt{v}, v = x^2+1$.

(4) $y = \ln\arcsin(x+e^x)$;

解：函数可分解为 $y = \ln u, u = \arcsin v, v = x+e^x$.

(5) $y = \sqrt{1+\sin^2(\log_a x)}$;

解：函数可分解为 $y = \sqrt{u}, u = 1+v^2, v = \sin w, w = \log_a x$.

(6) $y = (3+x+2x^2)^3$;

解：函数可分解为 $y = u^3, u = 3+x+2x^2$.

(7) $y = \frac{1}{x+\tan x}$;

解：函数可分解为 $y = u^{-1}, u = x+\tan x$.

(8) $y = \arctan^2 \frac{2x}{1-x^2}$;

解：函数可分解为 $y = u^2, u = \arctan v, v = \frac{2x}{1-x^2}$.

(9) $y = (\arcsin\sqrt{1-x^2})^2$;

解：函数可分解为 $y = u^2, u = \arcsin v, v = \sqrt{w}, w = 1-x^2$.

(10) $y = \ln[\ln^2(\ln 3x)]$;

解：函数可分解为 $y = \ln u, u = v^2, v = \ln w, w = \ln t, t = 3x$.

3. 下列函数中哪些是偶函数，哪些是奇函数，哪些既非偶函数又非奇函数：

(1) $y = x^2(1-x^2)$;

解：因为 $f(-x) = (-x)^2[1-(-x)^2] = x^2(1-x^2) = f(x)$，所以，该函数是偶函数.

(2) $y = 3x^2 - x^3$;

解：因为 $f(-x) = 3(-x)^2 - (-x)^3 = 3x^2 + x^3$，既不等于 $f(x)$，也不等于 $-f(x)$，故该函数既非偶函数又非奇函数.

(3) $y = \frac{1-x^2}{1+x^2}$;

解：因为 $f(-x) = \dfrac{1-(-x)^2}{1+(-x)^2} = \dfrac{1-x^2}{1+x^2} = f(x)$，所以，该函数是偶函数.

(4) $y = x(x-1)(x+1)$；

解：因为 $f(-x) = (-x)[(-x)-1][(-x)+1] = -x(-x-1)(-x+1)$
$= -x(x+1)(x-1) = -f(x)$

所以，该函数是奇函数.

(5) $y = \sin x - \cos x + 1$；

解：因为 $f(-x) = \sin(-x) - \cos(-x) + 1 = -\sin x - \cos x + 1$，既不等于 $f(x)$，也不等于 $-f(x)$，故该函数既非偶函数又非奇函数.

(6) $y = \dfrac{a^x + a^{-x}}{2}$；

解：因为 $f(-x) = \dfrac{a^{-x} + a^{-(-x)}}{2} = \dfrac{a^{-x} + a^x}{2} = f(x)$，所以，该函数是偶函数.

(7) $y = \ln(x + \sqrt{1+x^2})$；

解：因为
$$f(-x) = \ln[(-x) + \sqrt{1+(-x)^2}] = \ln(-x + \sqrt{1+x^2})$$
$$= \ln\dfrac{1+x^2-x^2}{x+\sqrt{1+x^2}} = \ln\dfrac{1}{x+\sqrt{1+x^2}} = \ln 1 - \ln(x+\sqrt{1+x^2})$$
$$= -\ln(x+\sqrt{1+x^2}) = -f(x).$$

所以，该函数是奇函数.

(8) $y = x^2 \cos x$.

解：因为 $f(-x) = (-x)^2 \cos(-x) = x^2 \cos x = f(x)$，所以，该函数是偶函数.

4. 下列函数中哪些是周期函数，对于周期函数，指出其周期：

(1) $y = \cos(x-2)$；

解：由于 $f(x+2\pi) = \cos(x+2\pi-2) = \cos(x-2) = f(x)$，所以函数是周期函数，且周期是 2π.

(2) $y = \cos 4x$；

解：由于 $f\left(x+\dfrac{\pi}{2}\right) = \cos 4\left(x+\dfrac{\pi}{2}\right) = \cos(4x+2\pi) = \cos 4x = f(x)$，所以函数是周期函数，且周期为 $\dfrac{\pi}{2}$.

(3) $y = 1 + \sin \pi x$；

解：由于 $f(x+2) = 1 + \sin \pi(x+2) = 1 + \sin(\pi x + 2\pi) = 1 + \sin \pi x = f(x)$，所以函数是周期函数，且周期是 2.

(4) $y = 2\sin 3x$；

解：由于 $f\left(x+\dfrac{2\pi}{3}\right) = 2\sin 3\left(x+\dfrac{2\pi}{3}\right) = 2\sin(3x+2\pi) = 2\sin 3x = f(x)$，所以函数是周期函数，且周期是 $\dfrac{2\pi}{3}$.

(5) $y = \sin^2 x$；

解：由于 $f(x+\pi) = \sin^2(x+\pi) = (-\sin x)^2 = \sin^2 x = f(x)$，所以函数是周期函数，且周

期是 π.

(6) $y = \sin x + \cos x$；

解：由于 $f(x+2\pi) = \sin(x+2\pi) + \cos(x+2\pi) = \sin x + \cos x = f(x)$，所以函数是周期函数，且周期是 2π.

(7) $y = 1 + \tan x$；

解：由于 $f(x+\pi) = 1 + \tan(x+\pi) = 1 + \tan x = f(x)$，所以函数是周期函数，且周期是 π.

(8) $y = 2\sin\left(4x + \dfrac{\pi}{3}\right)$；

解：由于 $f\left(x + \dfrac{\pi}{2}\right) = 2\sin\left[4\left(x + \dfrac{\pi}{2}\right) + \dfrac{\pi}{3}\right] = 2\sin\left(4x + 2\pi + \dfrac{\pi}{3}\right)$

$$= 2\sin\left(4x + \dfrac{\pi}{3}\right) = f(x),$$

所以函数是周期函数，且周期是 $\dfrac{\pi}{2}$.

(9) $y = x\sin 2x$；

解：由于

$$f(x+\pi) = (x+\pi)\sin 2(x+\pi) = (x+\pi)\sin 2x$$
$$= x\sin 2x + \pi\sin 2x \neq f(x),$$

所以函数不是周期函数．

5. 求下列各极限：

(1) $\lim\limits_{x \to 1} \dfrac{x^2 - 2}{2x^2 + x - 1}$；

解：$\lim\limits_{x \to 1} \dfrac{x^2 - 2}{2x^2 + x - 1} = \dfrac{1^2 - 2}{2 \times 1^2 + 1 - 1} = -\dfrac{1}{2}$.

(2) $\lim\limits_{x \to 2} \dfrac{4x^2 + 5}{x - 2}$；

解：因为 $\lim\limits_{x \to 2} \dfrac{x - 2}{4x^2 + 5} = \dfrac{2 - 2}{4 \times 2^2 + 5} = 0$，所以，根据无穷大与无穷小的关系有 $\lim\limits_{x \to 2} \dfrac{4x^2 + 5}{x - 2} = \infty$.

(3) $\lim\limits_{x \to 1} \dfrac{x^2 - 2x + 1}{x^2 - 1}$；

解：$\lim\limits_{x \to 1} \dfrac{x^2 - 2x + 1}{x^2 - 1} = \lim\limits_{x \to 1} \dfrac{(x-1)^2}{(x+1)(x-1)} = \lim\limits_{x \to 1} \dfrac{x-1}{x+1} = 0$.

(4) $\lim\limits_{x \to 0} \dfrac{4x^3 - 2x^2 + x}{3x^2 + 2x}$；

解：$\lim\limits_{x \to 0} \dfrac{4x^3 - 2x^2 + x}{3x^2 + 2x} = \lim\limits_{x \to 0} \dfrac{x(4x^2 - 2x + 1)}{x(3x + 2)} = \lim\limits_{x \to 0} \dfrac{4x^2 - 2x + 1}{3x + 2} = \dfrac{1}{2}$.

(5) $\lim\limits_{h \to 0} \dfrac{(x+h)^2 - x^2}{h}$；

解：$\lim\limits_{h \to 0} \dfrac{(x+h)^2 - x^2}{h} = \lim\limits_{h \to 0} \dfrac{x^2 + 2xh + h^2 - x^2}{h} = \lim\limits_{h \to 0} \dfrac{h(2x + h)}{h} = \lim\limits_{h \to 0} (2x + h) = 2x$.

(6) $\lim\limits_{x \to 2} \dfrac{x^2 - 3x + 2}{x - 2}$；

解：$\lim\limits_{x\to 2}\dfrac{x^2-3x+2}{x-2}=\lim\limits_{x\to 2}\dfrac{(x-1)(x-2)}{x-2}=\lim\limits_{x\to 2}(x-1)=1.$

(7) $\lim\limits_{x\to 1}\dfrac{x^2-1}{2x^2-x-1}$;

解：$\lim\limits_{x\to 1}\dfrac{x^2-1}{2x^2-x-1}=\lim\limits_{x\to 1}\dfrac{(x+1)(x-1)}{(x-1)(2x+1)}=\lim\limits_{x\to 1}\dfrac{x+1}{2x+1}=\dfrac{2}{3}.$

(8) $\lim\limits_{x\to 4}\dfrac{x^2-16}{\sqrt{x}-2}$;

解：$\lim\limits_{x\to 4}\dfrac{x^2-16}{\sqrt{x}-2}=\lim\limits_{x\to 4}\dfrac{(x+4)(x-4)(\sqrt{x}+2)}{(\sqrt{x}-2)(\sqrt{x}+2)}$
$=\lim\limits_{x\to 4}\dfrac{(x+4)(x-4)(\sqrt{x}+2)}{x-4}=\lim\limits_{x\to 4}(x+4)(\sqrt{x}+2)=32.$

(9) $\lim\limits_{x\to 4}\dfrac{x-4}{\sqrt{x+5}-3}$;

解：$\lim\limits_{x\to 4}\dfrac{(x-4)(\sqrt{x+5}+3)}{(\sqrt{x+5}-3)(\sqrt{x+5}+3)}=\lim\limits_{x\to 4}\dfrac{(x-4)(\sqrt{x+5}+3)}{x-4}$
$=\lim\limits_{x\to 4}(\sqrt{x+5}+3)=6.$

(10) $\lim\limits_{\Delta x\to 0}\dfrac{\sqrt{x+\Delta x}-\sqrt{x}}{\Delta x}$;

解：$\lim\limits_{\Delta x\to 0}\dfrac{\sqrt{x+\Delta x}-\sqrt{x}}{\Delta x}=\lim\limits_{\Delta x\to 0}\dfrac{(\sqrt{x+\Delta x}-\sqrt{x})(\sqrt{x+\Delta x}+\sqrt{x})}{\Delta x(\sqrt{x+\Delta x}+\sqrt{x})}$
$=\lim\limits_{\Delta x\to 0}\dfrac{x+\Delta x-x}{\Delta x(\sqrt{x+\Delta x}+\sqrt{x})}=\lim\limits_{\Delta x\to 0}\dfrac{1}{\sqrt{x+\Delta x}+\sqrt{x}}=\dfrac{1}{2\sqrt{x}}.$

(11) $\lim\limits_{x\to 1}\left(\dfrac{2}{x^2-1}-\dfrac{1}{x-1}\right)$;

解：$\lim\limits_{x\to 1}\left(\dfrac{2}{x^2-1}-\dfrac{1}{x-1}\right)=\lim\limits_{x\to 1}\dfrac{2-x-1}{x^2-1}=\lim\limits_{x\to 1}\dfrac{-(x-1)}{(x-1)(x+1)}=\lim\limits_{x\to 1}\dfrac{-1}{x+1}=-\dfrac{1}{2}.$

(12) $\lim\limits_{x\to 1}\left(\dfrac{1}{1-x}-\dfrac{3}{1-x^3}\right)$;

解：$\lim\limits_{x\to 1}\left(\dfrac{1}{1-x}-\dfrac{3}{1-x^3}\right)=\lim\limits_{x\to 1}\dfrac{(1+x+x^2)-3}{1-x^3}=\lim\limits_{x\to 1}\dfrac{x^2+x-2}{1-x^3}$
$=\lim\limits_{x\to 1}\dfrac{(x+2)(x-1)}{(1-x)(x^2+x+1)}=\lim\limits_{x\to 1}\dfrac{x+2}{-(x^2+x+1)}=-1.$

(13) $\lim\limits_{x\to 4}\dfrac{x^2-6x+8}{x^2-5x+4}$;

解：$\lim\limits_{x\to 4}\dfrac{x^2-6x+8}{x^2-5x+4}=\lim\limits_{x\to 4}\dfrac{(x-2)(x-4)}{(x-1)(x-4)}=\lim\limits_{x\to 4}\dfrac{x-2}{x-1}=\dfrac{2}{3}.$

(14) $\lim\limits_{x\to 1}\dfrac{x^2-2x+1}{x^3-x}$;

解：$\lim\limits_{x\to 1}\dfrac{x^2-2x+1}{x^3-x}=\lim\limits_{x\to 1}\dfrac{(x-1)^2}{x(x-1)(x+1)}=\lim\limits_{x\to 1}\dfrac{x-1}{x(x+1)}=0.$

(15) $\lim\limits_{x\to 0}\dfrac{\sqrt{1+x^2}-1}{x}$;

解: $\lim\limits_{x\to 0}\dfrac{\sqrt{1+x^2}-1}{x} = \lim\limits_{x\to 0}\dfrac{(\sqrt{1+x^2}-1)(\sqrt{1+x^2}+1)}{x(\sqrt{1+x^2}+1)}$

$\qquad = \lim\limits_{x\to 0}\dfrac{1+x^2-1}{x(\sqrt{1+x^2}+1)} = \lim\limits_{x\to 0}\dfrac{x}{\sqrt{1+x^2}+1} = 0.$

(16) $\lim\limits_{x\to 4}\dfrac{\sqrt{2x+1}-3}{\sqrt{x-2}-\sqrt{2}}$;

解: $\lim\limits_{x\to 4}\dfrac{\sqrt{2x+1}-3}{\sqrt{x-2}-\sqrt{2}} = \lim\limits_{x\to 4}\dfrac{(\sqrt{2x+1}-3)(\sqrt{2x+1}+3)(\sqrt{x-2}+\sqrt{2})}{(\sqrt{x-2}-\sqrt{2})(\sqrt{x-2}+\sqrt{2})(\sqrt{2x+1}+3)}$

$\qquad = \lim\limits_{x\to 4}\dfrac{2(x-4)(\sqrt{x-2}+\sqrt{2})}{(x-4)(\sqrt{2x+1}+3)} = \lim\limits_{x\to 4}\dfrac{2(\sqrt{x-2}+\sqrt{2})}{\sqrt{2x+1}+3} = \dfrac{2\sqrt{2}}{3}.$

(17) $\lim\limits_{x\to 1}\dfrac{\sqrt{3-x}-\sqrt{1+x}}{x^2-1}$;

解: $\lim\limits_{x\to 1}\dfrac{\sqrt{3-x}-\sqrt{1+x}}{x^2-1} = \lim\limits_{x\to 1}\dfrac{(\sqrt{3-x}-\sqrt{1+x})(\sqrt{3-x}+\sqrt{1+x})}{(x^2-1)(\sqrt{3-x}+\sqrt{1+x})}$

$= \lim\limits_{x\to 1}\dfrac{-2(x-1)}{(x-1)(x+1)(\sqrt{3-x}+\sqrt{1+x})} = \lim\limits_{x\to 1}\dfrac{-2}{(x+1)(\sqrt{3-x}+\sqrt{1+x})} = -\dfrac{1}{2\sqrt{2}}.$

(18) $\lim\limits_{x\to\infty}\dfrac{x^2+x-3}{3(x-1)^2}$;

解: $\lim\limits_{x\to\infty}\dfrac{x^2+x-3}{3(x-1)^2} = \lim\limits_{x\to\infty}\dfrac{x^2+x-3}{3x^2-6x+3} = \lim\limits_{x\to\infty}\dfrac{1+\dfrac{1}{x}-\dfrac{3}{x^2}}{3-\dfrac{6}{x}+\dfrac{3}{x^2}} = \dfrac{1}{3}.$

(19) $\lim\limits_{x\to\infty}\dfrac{2x^2-4}{3x^3-x+5}$;

解: $\lim\limits_{x\to\infty}\dfrac{2x^2-4}{3x^3-x+5} = \lim\limits_{x\to\infty}\dfrac{\dfrac{2}{x}-\dfrac{4}{x^3}}{3-\dfrac{1}{x^2}+\dfrac{5}{x^3}} = 0.$

(20) $\lim\limits_{x\to\infty}\dfrac{x^2-3x+4}{x+3}$;

解: 因为 $\lim\limits_{x\to\infty}\dfrac{x+3}{x^2-3x+4} = \lim\limits_{x\to\infty}\dfrac{\dfrac{1}{x}+\dfrac{3}{x^2}}{1-\dfrac{3}{x}+\dfrac{4}{x^2}} = 0$,所以 $\lim\limits_{x\to\infty}\dfrac{x^2-3x+4}{x+3} = \infty.$

(21) $\lim\limits_{x\to\infty}\left(2-\dfrac{1}{x}+\dfrac{1}{x^2}\right)$;

解: $\lim\limits_{x\to\infty}\left(2-\dfrac{1}{x}+\dfrac{1}{x^2}\right) = 2.$

(22) $\lim\limits_{x\to\infty}\dfrac{x^2-1}{2x^2-x-1}$

解: $\lim\limits_{x\to\infty}\dfrac{x^2-1}{2x^2-x-1} = \lim\limits_{x\to\infty}\dfrac{1-\dfrac{1}{x^2}}{2-\dfrac{1}{x}-\dfrac{1}{x^2}} = \dfrac{1}{2}.$

(23) $\lim\limits_{x\to\infty}\dfrac{x^2+x}{x^4-3x^2+1}$;

解：$\lim\limits_{x\to\infty}\dfrac{x^2+x}{x^4-3x^2+1}=\lim\limits_{x\to\infty}\dfrac{\dfrac{1}{x^2}+\dfrac{1}{x^3}}{1-\dfrac{3}{x^2}+\dfrac{1}{x^4}}=0.$

(24) $\lim\limits_{x\to\infty}\left(1+\dfrac{1}{x}\right)\left(2-\dfrac{1}{x^2}\right)$;

解：$\lim\limits_{x\to\infty}\left(1+\dfrac{1}{x}\right)\left(2-\dfrac{1}{x^2}\right)=2.$

(25) $\lim\limits_{x\to\infty}\dfrac{x^3-x-1}{2x^3+3x^2+1}$;

解：$\lim\limits_{x\to\infty}\dfrac{x^3-x-1}{2x^3+3x^2+1}=\lim\limits_{x\to\infty}\dfrac{1-\dfrac{1}{x^2}-\dfrac{1}{x^3}}{2+\dfrac{3}{x}+\dfrac{1}{x^3}}=\dfrac{1}{2}.$

(26) $\lim\limits_{x\to\infty}\dfrac{4x^2-2x+8}{x^3-5x-7}$;

解：$\lim\limits_{x\to\infty}\dfrac{4x^2-2x+8}{x^3-5x-7}=\lim\limits_{x\to\infty}\dfrac{\dfrac{4}{x}-\dfrac{2}{x^2}+\dfrac{8}{x^3}}{1-\dfrac{5}{x^2}-\dfrac{7}{x^3}}=0.$

(27) $\lim\limits_{n\to\infty}\dfrac{\sqrt[3]{n^2+n}}{n+2}$;

解：$\lim\limits_{n\to\infty}\dfrac{\sqrt[3]{n^2+n}}{n+2}=\lim\limits_{n\to\infty}\dfrac{\sqrt[3]{\dfrac{1}{n}+\dfrac{1}{n^2}}}{1+\dfrac{2}{n}}=0.$

(28) $\lim\limits_{n\to\infty}\dfrac{(n+1)(n+2)(n+3)}{5n^3}$;

解：$\lim\limits_{n\to\infty}\dfrac{(n+1)(n+2)(n+3)}{5n^3}=\dfrac{1}{5}\lim\limits_{n\to\infty}\left(1+\dfrac{1}{n}\right)\left(1+\dfrac{2}{n}\right)\left(1+\dfrac{3}{n}\right)=\dfrac{1}{5}.$

(29) $\lim\limits_{n\to\infty}\dfrac{2n^2-3n+4}{3n^2+n-5}$;

解：$\lim\limits_{n\to\infty}\dfrac{2n^2-3n+4}{3n^2+n-5}=\lim\limits_{n\to\infty}\dfrac{2-\dfrac{3}{n}+\dfrac{4}{n^2}}{3+\dfrac{1}{n}-\dfrac{5}{n}}=\dfrac{2}{3}.$

(30) $\lim\limits_{n\to\infty}\dfrac{\sqrt{3n^3+5n}}{2n^2-3}$;

解：$\lim\limits_{n\to\infty}\dfrac{\sqrt{3n^3+5n}}{2n^2-3}=\lim\limits_{n\to\infty}\dfrac{\sqrt{\dfrac{3}{n}+\dfrac{5}{n^3}}}{2-\dfrac{3}{n^2}}=0.$

(31) $\lim\limits_{x\to\infty}\dfrac{(4x-1)^{30}(3x-2)^{20}}{(4x+2)^{50}}$;

解:$\lim\limits_{x\to\infty}\dfrac{(4x-1)^{30}(3x-2)^{20}}{(4x+2)^{50}}=\lim\limits_{x\to\infty}\dfrac{\left(4-\dfrac{1}{x}\right)^{30}\left(3-\dfrac{2}{x}\right)^{20}}{\left(4+\dfrac{2}{x}\right)^{50}}=\dfrac{4^{30}\cdot 3^{20}}{4^{50}}=\left(\dfrac{3}{4}\right)^{20}.$

(32) $\lim\limits_{x\to+\infty}\dfrac{\sqrt[3]{2x^3+3}}{\sqrt{x^2-2}}$;

解:$\lim\limits_{x\to+\infty}\dfrac{\sqrt[3]{2x^3+3}}{\sqrt{x^2-2}}=\lim\limits_{x\to+\infty}\dfrac{\sqrt[3]{2+\dfrac{3}{x^3}}}{\sqrt{1-\dfrac{2}{x^2}}}=\sqrt[3]{2}.$

(33) $\lim\limits_{x\to+\infty}x(\sqrt{x^2-1}-x)$;

解:$\lim\limits_{x\to+\infty}x(\sqrt{x^2-1}-x)=\lim\limits_{x\to+\infty}\dfrac{x(\sqrt{x^2-1}-x)(\sqrt{x^2-1}+x)}{\sqrt{x^2-1}+x}$
$=\lim\limits_{x\to+\infty}\dfrac{-x}{\sqrt{x^2-1}+x}=\lim\limits_{x\to+\infty}\dfrac{-1}{\sqrt{1-\dfrac{1}{x^2}}+1}=-\dfrac{1}{2}.$

(34) $\lim\limits_{x\to\infty}(\sqrt{x^4+1}-x^2)$;

解:$\lim\limits_{x\to\infty}(\sqrt{x^4+1}-x^2)=\lim\limits_{x\to\infty}\dfrac{(\sqrt{x^4+1}-x^2)(\sqrt{x^4+1}+x^2)}{\sqrt{x^4+1}+x^2}=\lim\limits_{x\to\infty}\dfrac{1}{\sqrt{x^4+1}+x^2}=0.$

(35) $\lim\limits_{x\to\infty}\dfrac{\sin x}{x}$;

解:因为当 $x\to\infty$ 时,$\dfrac{1}{x}\to 0$,即 $\dfrac{1}{x}$ 是无穷小量,而 $|\sin x|\leqslant 1$,所以有 $\lim\limits_{x\to\infty}\dfrac{\sin x}{x}=0.$

(36) $\lim\limits_{x\to 0}x\sin\dfrac{1}{x}$;

解:因为当 $x\to 0$ 时,x 是无穷小量,而 $\left|\sin\dfrac{1}{x}\right|\leqslant 1$,所以有 $\lim\limits_{x\to 0}x\sin\dfrac{1}{x}=0.$

(37) $\lim\limits_{x\to\infty}\dfrac{\arctan x}{x}$;

解:因为当 $x\to\infty$ 时,$\dfrac{1}{x}\to 0$,即 $\dfrac{1}{x}$ 是无穷小量,而 $|\arctan x|<\dfrac{\pi}{2}$,所以有 $\lim\limits_{x\to\infty}\dfrac{\arctan x}{x}=0.$

(38) $\lim\limits_{x\to 0}(x^2+x)\cos\dfrac{1}{x}$;

解:因为当 $x\to 0$ 时,$x^2-x\to 0$,即 x^2-x 是无穷小量,而 $\left|\cos\dfrac{1}{x}\right|\leqslant 1$,所以有 $\lim\limits_{x\to 0}(x^2+x)\cos\dfrac{1}{x}=0.$

(39) $\lim\limits_{x\to\infty}\dfrac{2x+5\sin x}{3x-4\cos x}$;

解:$\lim\limits_{x\to\infty}\dfrac{2x+5\sin x}{3x-4\cos x}=\dfrac{2+\dfrac{5}{x}\sin x}{3-\dfrac{4}{x}\cos x}=\dfrac{2}{3}.$

(40) $\lim\limits_{x\to 0}\dfrac{x^2\sin\dfrac{1}{x}}{\sin x}$;

解：$\lim\limits_{x\to 0}\dfrac{x^2\sin\dfrac{1}{x}}{\sin x}=\lim\limits_{x\to 0}\dfrac{x\cdot\sin\dfrac{1}{x}}{\dfrac{\sin x}{x}}=\dfrac{0}{1}=0.$

(41) $\lim\limits_{x\to\infty}\dfrac{x+2}{x^2+1}(\cos x+4)$;

解：因为当 $x\to\infty$ 时，$\dfrac{x+2}{x^2+1}\to 0$，即 $\dfrac{x+2}{x^2+1}$ 是无穷小量，又由于 $|\cos x|\le 1$，所以 $|\cos x+4|\le 5$，即 $\cos x+4$ 是有界变量，故 $\lim\limits_{x\to\infty}\dfrac{x+2}{x^2+1}(\cos x+4)=0.$

(42) $\lim\limits_{x\to 0^+}\dfrac{\ln x+\sin\dfrac{1}{x}}{\ln x+\cos\dfrac{1}{x}}$;

解：$\lim\limits_{x\to 0^+}\dfrac{\ln x+\sin\dfrac{1}{x}}{\ln x+\cos\dfrac{1}{x}}=\lim\limits_{x\to 0^+}\dfrac{1+\dfrac{1}{\ln x}\sin\dfrac{1}{x}}{1+\dfrac{1}{\ln x}\cos\dfrac{1}{x}}=\dfrac{1+0}{1+0}=1.$

(43) $\lim\limits_{x\to 0}\dfrac{\sin 3x}{x}$;

解：$\lim\limits_{x\to 0}\dfrac{\sin 3x}{x}=\lim\limits_{x\to 0}\dfrac{3\sin 3x}{3x}=3.$

(44) $\lim\limits_{x\to 0}\dfrac{\sin 3x}{\sin 4x}$;

解：$\lim\limits_{x\to 0}\dfrac{\sin 3x}{\sin 4x}=\lim\limits_{x\to 0}\dfrac{3\sin 3x}{3x}\cdot\dfrac{4x}{4\sin 4x}=\dfrac{3}{4}.$

(45) $\lim\limits_{x\to 0}\dfrac{\tan 2x+\sin x}{x}$;

解：$\lim\limits_{x\to 0}\dfrac{\tan 2x+\sin x}{x}=\lim\limits_{x\to 0}\left(\dfrac{2\sin 2x}{2x}\cdot\dfrac{1}{\cos 2x}+\dfrac{\sin x}{x}\right)=2+1=3.$

(46) $\lim\limits_{x\to\pi}\dfrac{\sin x}{x-\pi}$;

解：$\lim\limits_{x\to\pi}\dfrac{\sin x}{x-\pi}=\lim\limits_{x\to\pi}\dfrac{\sin(x-\pi)}{x-\pi}=1.$

(47) $\lim\limits_{x\to\infty}x\sin\dfrac{1}{x}$;

解：$\lim\limits_{x\to\infty}x\sin\dfrac{1}{x}=\lim\limits_{x\to\infty}\dfrac{\sin\dfrac{1}{x}}{\dfrac{1}{x}}=1.$

(48) $\lim\limits_{x\to 0}\dfrac{x+\sin x}{x-2\sin x}$;

解：$\lim\limits_{x\to 0}\dfrac{x+\sin x}{x-2\sin x}=\lim\limits_{x\to 0}\dfrac{1+\dfrac{\sin x}{x}}{1-2\cdot\dfrac{\sin x}{x}}=-2.$

(49) $\lim\limits_{x\to 0}\dfrac{2\arctan x}{x}$;

解：$\lim\limits_{x\to 0}\dfrac{2\arctan x}{x}\xlongequal[x=\tan u]{\text{令 }\arctan x=u}\lim\limits_{u\to 0}\dfrac{2u}{\tan u}=2.$

(50) $\lim\limits_{x\to 1}\dfrac{\sin(x^2-1)}{x-1}$;

解：$\lim\limits_{x\to 1}\dfrac{\sin(x^2-1)}{x-1}=\lim\limits_{x\to 1}\dfrac{(x+1)\cdot\sin(x^2-1)}{x^2-1}=2.$

(51) $\lim\limits_{x\to 0}\dfrac{x(x+3)}{\sin x}$;

解：$\lim\limits_{x\to 0}\dfrac{x(x+3)}{\sin x}=\lim\limits_{x\to 0}\dfrac{x}{\sin x}\cdot(x+3)=3.$

(52) $\lim\limits_{x\to 0^+}\dfrac{x}{\sqrt{1-\cos x}}$;

解：$\lim\limits_{x\to 0^+}\dfrac{x}{\sqrt{1-\cos x}}=\lim\limits_{x\to 0^+}\dfrac{x}{\sqrt{2\sin^2\dfrac{x}{2}}}=\lim\limits_{x\to 0^+}\dfrac{2\cdot\dfrac{x}{2}}{\sqrt{2}\cdot\sin\dfrac{x}{2}}=\sqrt{2}.$

(53) $\lim\limits_{n\to\infty}\left(1+\dfrac{1}{n}\right)^{n+1}$;

解：$\lim\limits_{n\to\infty}\left(1+\dfrac{1}{n}\right)^{n+1}=\lim\limits_{n\to\infty}\left(1+\dfrac{1}{n}\right)^n\left(1+\dfrac{1}{n}\right)=\mathrm{e}.$

(54) $\lim\limits_{n\to\infty}\left(1+\dfrac{x}{n}\right)^n$;

解：$\lim\limits_{n\to\infty}\left(1+\dfrac{x}{n}\right)^n=\lim\limits_{n\to\infty}\left(1+\dfrac{x}{n}\right)^{\frac{n}{x}\cdot x}=\left[\lim\limits_{n\to\infty}\left(1+\dfrac{x}{n}\right)^{\frac{n}{x}}\right]^x=\mathrm{e}^x.$

(55) $\lim\limits_{x\to\infty}\left(1+\dfrac{2}{x}\right)^{-2x}$;

解：$\lim\limits_{x\to\infty}\left(1+\dfrac{2}{x}\right)^{-2x}=\lim\limits_{x\to\infty}\left(1+\dfrac{2}{x}\right)^{-4\cdot\frac{x}{2}}=\left[\lim\limits_{x\to\infty}\left(1+\dfrac{2}{x}\right)^{\frac{x}{2}}\right]^{-4}=\mathrm{e}^{-4}.$

(56) $\lim\limits_{x\to 0}(1-2x)^{\frac{1}{x}}$;

解：$\lim\limits_{x\to 0}(1-2x)^{\frac{1}{x}}=\lim\limits_{x\to 0}(1-2x)^{\frac{1}{-2x}\cdot(-2)}=\left[\lim\limits_{x\to 0}(1-2x)^{\frac{1}{-2x}}\right]^{-2}=\mathrm{e}^{-2}.$

(57) $\lim\limits_{x\to 0}\left(\dfrac{2-x}{2}\right)^{\frac{2}{x}-1}$;

解：$\lim\limits_{x\to 0}\left(\dfrac{2-x}{2}\right)^{\frac{2}{x}-1}=\lim\limits_{x\to 0}\left[\left(1-\dfrac{x}{2}\right)^{-\frac{2}{x}}\right]^{-1}\left(1-\dfrac{x}{2}\right)^{-1}=\mathrm{e}^{-1}.$

(58) $\lim\limits_{x\to\infty}\left(\dfrac{x-1}{x+1}\right)^x$;

解：$\lim\limits_{x\to\infty}\left(\dfrac{x-1}{x+1}\right)^x=\lim\limits_{x\to\infty}\left(1-\dfrac{2}{x+1}\right)^{\frac{(x+1)-1}{2}\times 2}=\lim\limits_{x\to\infty}\left[\left(1-\dfrac{2}{x+1}\right)^{-\frac{x+1}{2}}\right]^{-2}\left(1-\dfrac{2}{x+1}\right)^{-1}=\mathrm{e}^{-2}.$

(59) $\lim\limits_{x\to\infty}\left(\dfrac{2x+3}{2x+1}\right)^x$;

解：$\lim\limits_{x\to\infty}\left(\dfrac{2x+3}{2x+1}\right)^x=\lim\limits_{x\to\infty}\left(1+\dfrac{2}{2x+1}\right)^{\frac{(2x+1)-1}{2}}=\lim\limits_{x\to\infty}\left(1+\dfrac{2}{2x+1}\right)^{\frac{2x+1}{2}}\left(1+\dfrac{2}{2x+1}\right)^{-\frac{1}{2}}=\mathrm{e}.$

(60) $\lim\limits_{x\to\infty}\left(1+\dfrac{1}{\mathrm{e}x}\right)^{x-\mathrm{e}}$;

解：$\lim\limits_{x\to\infty}\left(1+\dfrac{1}{\mathrm{e}x}\right)^{x-\mathrm{e}}=\lim\limits_{x\to\infty}\left(1+\dfrac{1}{\mathrm{e}x}\right)^{\frac{\mathrm{e}x}{\mathrm{e}}-\mathrm{e}}=\lim\limits_{x\to\infty}\left[\left(1+\dfrac{1}{\mathrm{e}x}\right)^{\mathrm{e}x}\right]^{\frac{1}{\mathrm{e}}}\cdot\left(1+\dfrac{1}{\mathrm{e}x}\right)^{-\mathrm{e}}=\mathrm{e}^{\frac{1}{\mathrm{e}}}.$

(61) $\lim\limits_{x \to 0}(1 + 3\sin x)^{\csc x}$；

解：$\lim\limits_{x \to 0}(1 + 3\sin x)^{\csc x} = \lim\limits_{x \to 0}(1 + 3\sin x)^{\frac{3}{3\sin x}} = \lim\limits_{x \to 0}\left[(1 + 3\sin x)^{\frac{1}{3\sin x}}\right]^3 = e^3.$

(62) $\lim\limits_{x \to \frac{\pi}{2}}(1 + 2\cot x)^{\tan x}$；

解：$\lim\limits_{x \to \frac{\pi}{2}}(1 + 2\cot x)^{\tan x} = \lim\limits_{x \to \frac{\pi}{2}}(1 + 2\cot x)^{\frac{2}{2\cot x}} = \lim\limits_{x \to \frac{\pi}{2}}\left[(1 + 2\cot x)^{\frac{1}{2\cot x}}\right]^2 = e^2.$

(63) $\lim\limits_{x \to 0}\dfrac{\sqrt{1 + x^2} - 1}{x}$；

解：$\lim\limits_{x \to 0}\dfrac{\sqrt{1 + x^2} - 1}{x} = \lim\limits_{x \to 0}\dfrac{(\sqrt{1 + x^2} - 1)(\sqrt{1 + x^2} + 1)}{x(\sqrt{1 + x^2} + 1)}$
$= \lim\limits_{x \to 0}\dfrac{x^2}{x(\sqrt{1 + x^2} + 1)} = \lim\limits_{x \to 0}\dfrac{x}{\sqrt{1 + x^2} + 1} = 0.$

(64) $\lim\limits_{x \to 0}\dfrac{\ln(1 + x)}{x}$；

解：$\lim\limits_{x \to 0}\dfrac{\ln(1 + x)}{x} = \lim\limits_{x \to 0}\dfrac{1}{x}\ln(1 + x) = \lim\limits_{x \to 0}\ln(1 + x)^{\frac{1}{x}} = \ln e = 1.$

(65) $\lim\limits_{x \to 0}\dfrac{e^x - 1}{x}$；

解：$\lim\limits_{x \to 0}\dfrac{e^x - 1}{x} \xlongequal[\text{则 } x = \ln(1 + t)]{\text{令 } e^x - 1 = t} \lim\limits_{t \to 0}\dfrac{t}{\ln(1 + t)} = \lim\limits_{t \to 0}\dfrac{1}{\frac{1}{t}\ln(1 + t)}$
$= \lim\limits_{t \to 0}\dfrac{1}{\ln(1 + t)^{\frac{1}{t}}} = \dfrac{1}{\ln e} = 1.$

(66) $\lim\limits_{x \to 1}\dfrac{\sqrt{5x - 4} - \sqrt{x}}{x - 1}$；

解：$\lim\limits_{x \to 1}\dfrac{\sqrt{5x - 4} - \sqrt{x}}{x - 1} = \lim\limits_{x \to 1}\dfrac{(\sqrt{5x - 4} - \sqrt{x})(\sqrt{5x - 4} + \sqrt{x})}{(x - 1)(\sqrt{5x - 4} + \sqrt{x})}$
$= \lim\limits_{x \to 1}\dfrac{4(x - 1)}{(x - 1)(\sqrt{5x - 4} + \sqrt{x})} = \lim\limits_{x \to 1}\dfrac{4}{\sqrt{5x - 4} + \sqrt{x}} = 2.$

(67) $\lim\limits_{x \to 0}\ln\dfrac{\sin x}{x}$；

解：$\lim\limits_{x \to 0}\ln\dfrac{\sin x}{x} = \ln 1 = 0.$

(68) $\lim\limits_{x \to 0}\dfrac{(\sqrt{x + 1} - 1)\sin x}{x^2}$；

解：$\lim\limits_{x \to 0}\dfrac{(\sqrt{x + 1} - 1)\sin x}{x^2} = \lim\limits_{x \to 0}\dfrac{\sin x}{x} \cdot \dfrac{\sqrt{x + 1} - 1}{x} = \lim\limits_{x \to 0}\dfrac{(\sqrt{x + 1} - 1)(\sqrt{x + 1} + 1)}{x(\sqrt{x + 1} + 1)}$
$= \lim\limits_{x \to 0}\dfrac{x}{x(\sqrt{x + 1} + 1)} = \lim\limits_{x \to 0}\dfrac{1}{\sqrt{x + 1} + 1} = \dfrac{1}{2}.$

(69) $\lim\limits_{x \to \frac{\pi}{4}}\dfrac{\sin x - \cos x}{\cos 2x}$；

解：$\lim\limits_{x \to \frac{\pi}{4}}\dfrac{\sin x - \cos x}{\cos 2x} = \lim\limits_{x \to \frac{\pi}{4}}\dfrac{\sin x - \cos x}{\cos^2 x - \sin^2 x} = \lim\limits_{x \to \frac{\pi}{4}}\dfrac{\sin x - \cos x}{(\cos x - \sin x)(\cos x + \sin x)}$

$$= \lim_{x \to \frac{\pi}{4}} \frac{-1}{\cos x + \sin x} = -\frac{1}{\sqrt{2}}.$$

(70) $\lim\limits_{x \to 0} \dfrac{\sqrt{x+4}-2}{\sin 2x}$;

解:$\lim\limits_{x \to 0} \dfrac{\sqrt{x+4}-2}{\sin 2x} = \lim\limits_{x \to 0} \dfrac{(\sqrt{x+4}-2)(\sqrt{x+4}+2)}{(\sqrt{x+4}+2)\sin 2x} = \lim\limits_{x \to 0} \dfrac{x}{(\sqrt{x+4}+2)\sin 2x}$

$$= \lim_{x \to 0} \frac{2x}{2\sin 2x} \cdot \frac{1}{\sqrt{x+4}+2} = \frac{1}{8}.$$

(71) $\lim\limits_{x \to 0^-} \left(e^{\frac{1}{x}} \sin \dfrac{1}{x^2} + \dfrac{\arcsin x^2}{x} \right)$;

解:$\lim\limits_{x \to 0^-} \left(e^{\frac{1}{x}} \sin \dfrac{1}{x^2} + \dfrac{\arcsin x^2}{x} \right) = \lim\limits_{x \to 0^-} e^{\frac{1}{x}} \sin \dfrac{1}{x^2} + \lim\limits_{x \to 0^-} x \cdot \dfrac{\arcsin x^2}{x^2} = I_1 + I_2,$

因为,当 $x \to 0^-$ 时, $e^{\frac{1}{x}} \to 0$,即该函数是无穷小量,而 $\left| \sin \dfrac{1}{x^2} \right| \leqslant 1$ 是有界函数,所以有

$$I_1 = \lim_{x \to 0^-} e^{\frac{1}{x}} \sin \frac{1}{x^2} = 0.$$

又设 $\arcsin x^2 = u$,则 $x^2 = \sin u$,故有

$$\lim_{x \to 0^-} \frac{\arcsin x^2}{x^2} = \lim_{u \to 0} \frac{u}{\sin u} = 1,$$

所以有 $\quad I_2 = \lim\limits_{x \to 0^-} x \cdot \dfrac{\arcsin x^2}{x^2} = 0,$ 则 $\lim\limits_{x \to 0^-} \left(e^{\frac{1}{x}} \sin \dfrac{1}{x^2} + \dfrac{\arcsin x^2}{x} \right) = 0.$

(72) $\lim\limits_{x \to 0} \dfrac{1 + x\sin x - \cos 2x}{\sin^2 x}$;

解:$\lim\limits_{x \to 0} \dfrac{1 + x\sin x - \cos 2x}{\sin^2 x} = \lim\limits_{x \to 0} \left(\dfrac{1}{\sin^2 x} + \dfrac{x}{\sin x} - \dfrac{1 - 2\sin^2 x}{\sin^2 x} \right)$

$$= \lim_{x \to 0} \left(\frac{1}{\sin^2 x} + \frac{x}{\sin x} - \frac{1}{\sin^2 x} + \frac{2\sin^2 x}{\sin^2 x} \right) = \lim_{x \to 0} \left(\frac{x}{\sin x} + 2 \right) = 3.$$

6. 讨论下列函数在给定点处的连续性:

(1) $f(x) = \begin{cases} x\sin \dfrac{1}{x}, & x \neq 0, \\ 0, & x = 0, \end{cases}$ 在 $x = 0$ 处.

解:函数在 $x = 0$ 处有定义,则

$$\lim_{x \to 0} f(x) = \lim_{x \to 0} x \cdot \sin \frac{1}{x} = 0,$$

又因为 $f(0) = 0$,即 $\lim\limits_{x \to 0} f(x) = f(0)$,所以,函数在 $x = 0$ 处连续.

(2) $f(x) = \begin{cases} \dfrac{\sin x}{|x|}, & x \neq 0, \\ 1, & x = 0, \end{cases}$ 在 $x = 0$ 处.

解:函数在 $x = 0$ 处有定义,

又因为 $\quad \lim\limits_{x \to 0^-} f(x) = \lim\limits_{x \to 0^-} \dfrac{\sin x}{-x} = -1, \lim\limits_{x \to 0^+} f(x) = \lim\limits_{x \to 0^+} \dfrac{\sin x}{x} = 1,$

即 $\quad \lim\limits_{x \to 0} f(x)$ 不存在,

所以,函数在 $x = 0$ 处不连续.

(3) $f(x)=\begin{cases} x^2-1, & x\leq 1, \\ x+1, & x>1, \end{cases}$ 在 $x=1$ 处.

解:函数在 $x=1$ 处有定义,

又因为 $\lim\limits_{x\to 1^-}f(x)=\lim\limits_{x\to 1^-}(x^2-1)=0, \lim\limits_{x\to 1^+}f(x)=\lim\limits_{x\to 1^+}(x+1)=2$,

即 $\lim\limits_{x\to 1}f(x)$ 不存在,

所以,函数在 $x=1$ 处不连续.

(4) $f(x)=\begin{cases} \dfrac{x}{1-\sqrt{1-x}}, & x<0, \\ x+2, & x\geq 0, \end{cases}$ 在 $x=0$ 处.

解:函数在 $x=0$ 处有定义,

因为 $\lim\limits_{x\to 0^-}f(x)=\lim\limits_{x\to 0^-}\dfrac{x}{1-\sqrt{1-x}}=\lim\limits_{x\to 0^-}\dfrac{x(1+\sqrt{1-x})}{x}=2$,

$\lim\limits_{x\to 0^+}f(x)=\lim\limits_{x\to 0^+}(x+2)=2$,则 $\lim\limits_{x\to 0}f(x)=2$,

又因为 $f(0)=2$,即 $\lim\limits_{x\to 0}f(x)=2=f(0)$,所以函数在 $x=0$ 处连续.

(5) $f(x)=\begin{cases} \mathrm{e}^{-\frac{1}{x^2}}, & x\neq 0, \\ 0, & x=0, \end{cases}$ 在 $x=0$ 处.

解:函数在 $x=0$ 处有定义,

因为 $\lim\limits_{x\to 0}f(x)=\lim\limits_{x\to 0}\mathrm{e}^{-\frac{1}{x^2}}=0$,且 $f(0)=0$,

即 $\lim\limits_{x\to 0}f(x)=0=f(0)$,

所以,函数在 $x=0$ 处连续.

(6) $f(x)=\begin{cases} x^2-1, & 0\leq x\leq 1, \\ x+3, & x>1, \end{cases}$ 在 $x=1$ 处.

解:函数在 $x=1$ 处有定义,

因为 $\lim\limits_{x\to 1^-}f(x)=\lim\limits_{x\to 1^-}(x^2-1)=0$,

$\lim\limits_{x\to 1^+}f(x)=\lim\limits_{x\to 1^+}(x+3)=4$,

即 $\lim\limits_{x\to 1}f(x)$ 不存在,所以,函数在 $x=1$ 处不连续.

(7) 设函数 $f(x)=\begin{cases} \dfrac{x^2-4}{x-2}, & x\neq 2, \\ a, & x=2, \end{cases}$ 应当怎样选择数 a,使得函数在 $x=2$ 处连续.

解:由初等函数的连续性可知,当 $x\neq 2$ 时函数是连续的,且函数在 $x=2$ 处有定义,因为

$$\lim\limits_{x\to 2}f(x)=\lim\limits_{x\to 2}\dfrac{x^2-4}{x-2}=\lim\limits_{x\to 2}\dfrac{(x-2)(x+2)}{x-2}=4,$$

要使函数在 $x=2$ 处连续,根据函数连续性的定义可得

$$\lim\limits_{x\to 2}f(x)=4=f(2)=a,$$

所以 $a=4$.

(8) 设函数 $f(x) = \begin{cases} \dfrac{\ln(1+2x)}{x}, & x > 0, \\ a, & x = 0, \\ e^x + 1, & x < 0, \end{cases}$ 应当如何选择数 a, 使得函数在 $x=0$ 处连续.

解：由初等函数的连续性可知，当 $x>0$ 和 $x<0$ 时函数是连续的，且在 $x=0$ 处有定义，因为

$$\lim_{x \to 0^-} f(x) = \lim_{x \to 0^-} (e^x + 1) = 2,$$

$$\lim_{x \to 0^+} f(x) = \lim_{x \to 0^+} \frac{\ln(1+2x)}{x} = \lim_{x \to 0^+} \ln(1+2x)^{\frac{1}{x}} = \lim_{x \to 0^+} \ln\left[(1+2x)^{\frac{1}{2x}}\right]^2 = 2,$$

则 $\lim_{x \to 0} f(x) = 2$,

要使函数在 $x=0$ 处连续，根据函数连续性的定义可得

$$\lim_{x \to 0} f(x) = 2 = f(0) = a,$$

所以 $a = 2$.

(9) 设函数 $f(x) = \begin{cases} e^x, & x < 0, \\ a + x, & x \geq 0, \end{cases}$ 应当如何选择数 a, 使得函数在 $x=0$ 处连续.

解：由初等函数的连续性可知，当 $x>0$ 和 $x<0$ 时函数是连续的，且在 $x=0$ 处有定义，因为

$$\lim_{x \to 0^-} f(x) = \lim_{x \to 0^-} e^x = 1, \quad \lim_{x \to 0^+} f(x) = \lim_{x \to 0^+} (a+x) = a,$$

要使函数在 $x=0$ 处连续，根据函数连续性的定义可得

$$\lim_{x \to 0^-} f(x) = 1 = \lim_{x \to 0^+} f(x) = a = f(0),$$

所以 $a=1$.

7. 求下列函数的间断点，并说明这些间断点属于哪一类？如果是可去间断点，则补充或改变函数的定义使它连续：

(1) $f(x) = \dfrac{x^2 - 1}{x^2 - 3x + 2}$;

解：因为 $x^2 - 3x + 2 \neq 0$, 即 $(x-1)(x-2) \neq 0$, 则 $x \neq 1, x \neq 2$, 所以，$x = 1$ 和 $x = 2$ 为函数的间断点. 由于

$$\lim_{x \to 1} \frac{x^2 - 1}{x^2 - 3x + 2} = \lim_{x \to 1} \frac{(x-1)(x+1)}{(x-1)(x-2)} = -2,$$

所以，$x=1$ 为第一类，且为可去间断点，补充定义，令 $f(1) = -2$, 则函数在 $x=1$ 处连续. 又

$$\lim_{x \to 2} \frac{x^2 - 1}{x^2 - 3x + 2} = \infty,$$

所以，$x=2$ 为第二类间断点.

(2) $f(x) = \dfrac{x-1}{x^2 - 1}$;

解：由于 $x^2 - 1 \neq 0$, 即 $(x-1)(x+1) \neq 0$, 则 $x \neq 1, x \neq -1$, 所以，$x=1$ 和 $x=-1$ 为函数的间断点；因为

$$\lim_{x\to 1}\frac{x-1}{x^2-1}=\lim_{x\to 1}\frac{x-1}{(x-1)(x+1)}=\frac{1}{2},$$

所以,$x=1$ 为第一类,且为可去间断点,补充定义,令 $f(1)=\frac{1}{2}$,则函数在 $x=1$ 处连续. 又

$$\lim_{x\to -1}\frac{x-1}{x^2-1}=\infty,$$

所以,$x=-1$ 为第二类间断点.

(3) $f(x)=\dfrac{1}{(x+3)^2}$;

解:由于 $(x+3)^2\neq 0$,即 $x\neq -3$,所以 $x=-3$ 为函数的间断点;因为

$$\lim_{x\to -3}\frac{1}{(x+3)^2}=+\infty,$$

所以,$x=-3$ 为第二类间断点.

(4) $f(x)=x\cdot\cos\dfrac{1}{x}$;

解:由于 $x\neq 0$,所以,$x=0$ 为函数的间断点;因为

$$\lim_{x\to 0}f(x)=\lim_{x\to 0}x\cdot\cos\frac{1}{x}=0,$$

所以,$x=0$ 为第一类,且为可去间断点,补充定义,令 $f(0)=0$,则函数在 $x=0$ 处连续.

(5) $f(x)=(1+x)^{\frac{1}{x}}$;

解:由于 $x\neq 0$,所以,$x=0$ 为函数的间断点;因为

$$\lim_{x\to 0}f(x)=\lim_{x\to 0}(1+x)^{\frac{1}{x}}=e,$$

所以,$x=0$ 为第一类,且为可去间断点,补充定义,令 $f(0)=e$,则函数在 $x=0$ 处连续.

(6) $f(x)=\dfrac{x}{\sin x}$;

解:由于 $\sin x\neq 0$,所以 $x\neq k\pi(k=0,\pm 1,\pm 2,\cdots)$,则 $x=k\pi(k=0,\pm 1,\pm 2,\cdots)$ 为函数的间断点;因为

$$\lim_{x\to 0}f(x)=\lim_{x\to 0}\frac{x}{\sin x}=1,$$

所以,$x=0$ 为第一类,且为可去间断点,补充定义,令 $f(0)=1$,则函数在 $x=0$ 处连续. 又

$$\lim_{x\to k\pi}f(x)=\lim_{x\to k\pi}\frac{x}{\sin x}=\infty,$$

所以,$x=k\pi$ ($k=\pm 1,\pm 2,\cdots$) 为第二类间断点.

(7) $f(x)=\begin{cases}x-1,&x\leq 1,\\3-x,&x>1,\end{cases}$

解:函数在 $x=1$ 处有定义,由于

$$\lim_{x\to 1^-}f(x)=\lim_{x\to 1^-}(x-1)=0,$$
$$\lim_{x\to 1^+}f(x)=\lim_{x\to 1^+}(3-x)=2,$$

即 $f(0-0)\neq f(0+0)$,则 $\lim\limits_{x\to 1}f(x)$ 不存在,所以,$x=1$ 为函数的间断点,且为第一类的跳跃间断点.

(8) $f(x) = \begin{cases} \dfrac{x^2-1}{x-1}, & x \neq 1, \\ 1, & x=1; \end{cases}$

解：函数在 $x=1$ 处有定义,且 $f(1)=1$,由于
$$\lim_{x \to 1} f(x) = \lim_{x \to 1} \frac{x^2-1}{x-1} = 2,$$
即
$$\lim_{x \to 1} f(x) = 2 \neq f(1) = 1,$$
所以,$x=1$ 为函数的间断点,且为第一类的可去间断点,改变定义,令 $f(1)=2$,则函数在 $x=1$ 处连续.

(9) $f(x) = \begin{cases} \dfrac{1}{1+2^{\frac{1}{x}}}, & x \neq 0, \\ 0, & x=0; \end{cases}$

解：函数在 $x=0$ 处有定义,由于
$$\lim_{x \to 0^-} f(x) = \lim_{x \to 0^-} \frac{1}{1+2^{\frac{1}{x}}} = 1, \qquad \lim_{x \to 0^+} f(x) = \lim_{x \to 0^+} \frac{1}{1+2^{\frac{1}{x}}} = 0,$$
即 $f(0-0) \neq f(0+0)$,所以,$\lim_{x \to 1} f(x)$ 不存在,故 $x=0$ 为函数的间断点,且为第一类的跳跃间断点.

(10) $f(x) = \begin{cases} 3x+2, & x \leq 0, \\ x^2+1, & 0 < x < 1, \\ \dfrac{2}{x}, & x > 1. \end{cases}$

解：函数在 $x=0$ 处有定义,由于
$$\lim_{x \to 0^-} f(x) = \lim_{x \to 0^-} (3x+2) = 2, \qquad \lim_{x \to 0^+} f(x) = \lim_{x \to 0^+} (x^2+1) = 1,$$
即 $f(0-0) \neq f(0+0)$,所以 $\lim_{x \to 1} f(x)$ 不存在,故 $x=0$ 为函数的间断点,且为第一类的跳跃间断点. 又函数在 $x=1$ 处无定义,所以 $x=1$ 为函数的间断点. 由于
$$\lim_{x \to 1^-} f(x) = \lim_{x \to 1^-} (x^2+1) = 2, \qquad \lim_{x \to 1^+} f(x) = \lim_{x \to 1^+} \frac{2}{x} = 2,$$
即 $\lim_{x \to 1} f(x) = 2$,所以,$x=1$ 为第一类的可去间断点,补充定义,令 $f(1)=2$,则函数在 $x=1$ 处连续.

第二章 导数与微分

教学要求

一、导数

(1) 理解导数的概念及其几何意义,了解可导性与连续性的关系,掌握用定义求函数在一点处的导数的方法.

(2) 会求曲线上一点处的切线方程与法线方程.

(3) 熟练掌握导数的基本公式及四则运算法则和复合函数的求导方法.

(4) 掌握隐函数求导方法以及由参数方程所确定的函数的求导方法.

(5) 理解高阶导数的概念,会求简单函数的 n 阶导数.

二、微分

(1) 理解函数微分的概念,了解可微与可导的关系,掌握微分形式的不变性.

(2) 熟练掌握微分公式和微分法则,能够熟练的求出函数的微分.

知识梳理

一、导数

1. 导数的概念

定义:设函数 $y=f(x)$ 在点 x_0 处的某个邻域内有定义,若极限

$$\lim_{\Delta x \to 0} \frac{\Delta y}{\Delta x} = \lim_{\Delta x \to 0} \frac{f(x_0 + \Delta x) - f(x_0)}{\Delta x}$$

存在,则称函数 $f(x)$ 在点 x_0 处可导,并称此极限值为函数 $f(x)$ 在点 x_0 处的导数,记作

$$f'(x_0), \quad y'\big|_{x=x_0}, \quad \frac{\mathrm{d}y}{\mathrm{d}x}\bigg|_{x=x_0}, \quad \frac{\mathrm{d}f}{\mathrm{d}x}\bigg|_{x=x_0},$$

即

$$f'(x_0) = \lim_{\Delta x \to 0} \frac{f(x_0 + \Delta x) - f(x_0)}{\Delta x}.$$

上式还有其他常用的形式:

$$f'(x_0) = \lim_{h \to 0} \frac{f(x_0 + h) - f(x_0)}{h},$$

或

$$f'(x_0) = \lim_{x \to x_0} \frac{f(x) - f(x_0)}{x - x_0}.$$

函数 $f(x)$ 在点 x_0 处可导,有时也说成 $f(x)$ 在点 x_0 具有导数或导数存在.

如果函数 $y=f(x)$ 在开区间 I 内的每点处都可导,就称函数 $f(x)$ 在开区间 I 内可导.这时,对于任意 $x \in I$,都对应着 $f(x)$ 的一个确定的导数值,这样就构成了一个新的函数,这个函数叫做原来函数 $y = f(x)$ 的导函数,记作

$$f'(x), \quad y', \quad \frac{dy}{dx} \text{或} \frac{df(x)}{dx},$$

即

$$f'(x) = \lim_{\Delta x \to 0} \frac{f(x + \Delta x) - f(x)}{\Delta x}, \quad \text{或} \quad f'(x) = \lim_{\Delta x \to 0} \frac{f(x + h) - f(x)}{h}.$$

显然,函数 $f(x)$ 在点 x_0 处的导数 $f'(x_0)$ 就是导函数 $f'(x)$ 在点 $x = x_0$ 处的导数值,即

$$f'(x_0) = f'(x)\bigg|_{x = x_0}.$$

2. 单侧导数

$$f'_-(x_0) = \lim_{\Delta x \to 0^-} \frac{f(x_0 + \Delta x) - f(x_0)}{\Delta x} \quad (左导数),$$

$$f'_+(x_0) = \lim_{\Delta x \to 0^+} \frac{f(x_0 + \Delta x) - f(x_0)}{\Delta x} \quad (右导数),$$

左右导数统称为单侧导数.

函数 $f(x)$ 在点 x_0 处可导与单侧导数的关系是

$$f'(x_0) = A \Leftrightarrow f'_-(x_0) = A = f'_+(x_0).$$

3. 导数的几何意义

函数 $y = f(x)$ 在点 x_0 处的导数 $f'(x_0)$ 在几何上表示曲线 $y = f(x)$ 在点 $M(x_0, f(x_0))$ 处切线的斜率,即

$$f'(x_0) = \tan\alpha,$$

其中, α 是切线倾角.

根据导数的几何意义和平面解析几何中直线的点斜式方程,若函数 $f(x)$ 在点 x_0 处可导,则曲线 $y = f(x)$ 在点 $M(x_0, f(x_0))$ 处切线方程为

$$y - y_0 = f'(x_0)(x - x_0),$$

法线方程为

$$y - y_0 = \frac{1}{f'(x_0)}(x - x_0), f'(x_0) \neq 0.$$

4. 函数可导与连续的关系

若函数 $y = f(x)$ 在点 x_0 处可导,则函数在该点处必连续,反之则不一定成立.

5. 基本初等函数的导数公式

(1) $(C)' = 0$ (C 为任意常数);   (2) $(x^\alpha)' = \alpha x^{\alpha - 1}, (\alpha \in \mathbf{R})$;

(3) $(a^x)' = a^x \ln a$;   (4) $(e^x)' = e^x$;

(5) $(\log_a x)' = \frac{1}{x}\log_a e = \frac{1}{x \ln a}$;   (6) $(\ln x)' = \frac{1}{x}$;

(7) $(\sin x)' = \cos x$;   (8) $(\cos x)' = -\sin x$;

(9) $(\tan x)' = \sec^2 x = \frac{1}{\cos^2 x}$;   (10) $(\cot x)' = -\csc^2 x = -\frac{1}{\sin^2 x}$;

(11) $(\sec x)' = \sec x \cdot \tan x$;   (12) $(\csc x)' = -\csc x \cdot \cot x$.

(13) $(\arcsin x)' = \dfrac{1}{\sqrt{1-x^2}}$; (14) $(\arccos x)' = -\dfrac{1}{\sqrt{1-x^2}}$;

(15) $(\arctan x)' = \dfrac{1}{1+x^2}$; (16) $(\operatorname{arccot} x)' = -\dfrac{1}{1+x^2}$.

6. 函数的求导法则和求导法

(1) 导数的四则运算法则:设函数 $u=u(x)$, $v=v(x)$ 都是可导函数,则

① $(u \pm v)' = u' \pm v'$; ② $(u \cdot v)' = u' \cdot v + u \cdot v'$;

③ $(Cu)' = Cu'$; ④ $\left(\dfrac{u}{v}\right)' = \dfrac{u' \cdot v - u \cdot v'}{v^2}$ $(v(x) \neq 0)$.

(2) 复合函数的求导法则:设函数 $u=\varphi(x)$, $y=f(u)$ 都可导,则复合函数 $y=f[\varphi(x)]$ 可导,且

$$\dfrac{dy}{dx} = \dfrac{dy}{du} \cdot \dfrac{du}{dx} \quad \text{或} \quad y'_x = f'(u) \cdot \varphi'(x).$$

(3) 反函数的求导法则:设函数 $x=f(y)$ 在区间 I_y 内单调、可导,且 $f'(y) \neq 0$,则它的反函数 $y=f^{-1}(x)$ 在对应区间 I_x 内也可导,且

$$[f^{-1}(x)]' = \dfrac{1}{f'(y)} \quad \text{或} \quad \dfrac{dy}{dx} = \dfrac{1}{\dfrac{dx}{dy}}.$$

(4) 高阶导数:函数 $y=f(x)$ 的导数 $y'=f'(x)$ 仍然是 x 的函数,则把 $y'=y'(x)$ 的导数叫做函数 $y=f(x)$ 的二阶导数,记作 y'' 或 $\dfrac{d^2 y}{dx^2}$,即

$$y'' = (y')' \quad \text{或} \quad \dfrac{d^2 y}{dx^2} = \dfrac{d}{dx}\left(\dfrac{dy}{dx}\right).$$

相应地,把 $y=f(x)$ 的导数 $f'(x)$ 叫做函数 $y=f(x)$ 的一阶导数.

类似地,二阶导数的导数,叫做三阶导数;三阶导数的导数叫做四阶导数…$(n-1)$ 阶导数的导数叫做 n 阶导数. 分别记作

$$y''', \quad y^{(4)}, \quad \cdots, \quad y^{(n)} \quad \text{或} \quad \dfrac{d^3 y}{dx^3}, \dfrac{d^4 y}{dx^4}, \cdots, \dfrac{d^n y}{dx^n}.$$

二阶及二阶以上的导数统称为高阶导数.

一阶导数的物理意义是速度,二阶导数的物理意义是加速度.

(5) 隐含数的求导法:主要是利用复合函数的求导法则.

(6) 对数求导法:设幂指函数 $y=u^v$ $(u>0)$,如果函数 $u=u(x)$ 和 $v=v(x)$ 都可导,则先在两边取对数,得

$$\ln y = v \cdot \ln u,$$

上式两边对 x 求导,其中 y、u、v 都是 x 的函数,得

$$\dfrac{1}{y} y' = v' \cdot \ln u + v \cdot \dfrac{1}{u} \cdot u',$$

于是 $y' = y\left(v' \cdot \ln u + v \cdot \dfrac{1}{u} \cdot u'\right) = u^v\left(v' \cdot \ln u + v \cdot \dfrac{1}{u} \cdot u'\right).$

幂指函数 $y=u^v$ 也可以表示为

$$y = e^{v \ln u},$$

这样,便可以直接求导得

$$y' = e^{v\ln u}\left(v' \cdot \ln u + v \cdot \frac{u'}{u}\right) = u^v\left(v' \cdot \ln u + \frac{vu'}{u}\right).$$

另外,对于含有乘方、开方和多次的乘除运算的初等函数,也可以使用对数求导法.

7. 参数方程求导法:设参数方程
$$\begin{cases} x = \varphi(t), \\ y = \Psi(t), \end{cases}$$

如果函数 $x = \varphi(t)$ 和 $y = \Psi(t)$ 都可导,且 $\varphi'(t) \neq 0$,则有

$$\frac{dy}{dx} = \frac{\Psi'(t)}{\varphi'(t)} \quad \text{或} \quad \frac{dy}{dx} = \frac{y'_t}{x'_t} \quad \text{(一阶导数)}.$$

$$\frac{d^2y}{dx^2} = \frac{d}{dx}\left(\frac{dy}{dx}\right) = \frac{d}{dt}\left(\frac{y'_t}{x'_t}\right) \cdot \frac{dt}{dx} = \frac{y''_t \cdot x'_t - y'_t \cdot x''_t}{{x'_t}^3} \quad \text{(二阶导数)}.$$

二、微分

1. 微分定义

定义:设函数 $y = f(x)$ 在某区间内有定义,x_0 及 $x_0 + \Delta x$ 在该区间内,如果函数的增量 $\Delta y = f(x_0 + \Delta x) - f(x_0)$ 可表示为

$$\Delta y = A \cdot \Delta x + o(\Delta x),$$

其中,A 是不依赖于 Δx 的常数,那么称函数 $y = f(x)$ 在点 x_0 是可微的,而 $A \cdot \Delta x$ 叫做函数 $y = f(x)$ 在点 x_0 相应于自变量增量 Δx 的微分,记作 dy,即

$$dy = A \cdot \Delta x.$$

函数 $y = f(x)$ 在点 x_0 可微的充分必要条件是函数 $f(x)$ 在点 x_0 可导,且

$$f'(x) = A.$$

该关系式表明,一元函数 $f(x)$ 的可导性与可微性是等价的,且函数 $y = f(x)$ 在点 x_0 的微分是

$$dy = f'(x_0) \cdot \Delta x.$$

通常把自变量 x 的增量 Δx 称为自变量的微分,记作 dx,即 $dx = \Delta x$,于是,函数 $y = f(x)$ 在点 x_0 的微分可以记作

$$dy = f'(x_0)dx.$$

函数 $y = f(x)$ 在任意点 x 的微分,称为函数的微分,记作 dy 或 $df(x)$,即

$$dy = f'(x)dx.$$

上式还可以改写成

$$\frac{dy}{dx} = f'(x),$$

即函数的导数等于函数的微分 dy 与自变量的微分 dx 之商,故函数的导数也叫做"微商".

2. 基本初等函数的微分公式

(1) $d(C) = 0$ (C 为任意常数);   (2) $d(x^\alpha) = \alpha x^{\alpha-1}dx$, ($\alpha \in \mathbf{R}$);

(3) $d(a^x) = a^x \ln a\, dx$;   (4) $d(e^x) = e^x dx$;

(5) $d(\log_a x) = \frac{1}{x\ln a}dx$;   (6) $d(\ln x) = \frac{1}{x}dx$;

(7) $d(\sin x) = \cos x\, dx$;   (8) $d(\cos x) = -\sin x\, dx$;

(9) $d(\tan x) = \sec^2 x\, dx$;   (10) $d(\cot x) = -\csc^2 x\, dx$;

(11) $d(\sec x) = \sec x \cdot \tan x dx$; (12) $d(\csc x) = -\csc x \cdot \cot x dx$;

(13) $d(\arcsin x) = \dfrac{1}{\sqrt{1-x^2}}dx$; (14) $d(\arccos x) = -\dfrac{1}{\sqrt{1-x^2}}dx$;

(15) $d(\arctan x) = \dfrac{1}{1+x^2}dx$; (16) $d(\operatorname{arccot} x) = -\dfrac{1}{1+x^2}dx$;

3. 函数和、差、积、商的微分法则

(1) $d(u \pm v) = du \pm dv$; (2) $d(Cu) = Cdu$;

(3) $d(uv) = vdu + udv$; (4) $d\left(\dfrac{u}{v}\right) = \dfrac{vdu - vdv}{v^2}$ $(v \neq 0)$.

4. 复合函数的微分法则

设 $y = f(u)$ 及 $u = \varphi(x)$ 都可导,则复合函数 $y = f[\varphi(x)]$ 微分为
$$dy = y'_x \cdot dx = f'[\varphi(x)]\varphi'(x)dx.$$
由于 $\varphi'(x)dx = du$,所以,复合函数 $y = f[\varphi(x)]$ 的微分公式也可以写成
$$dy = y'_u \cdot du \quad \text{或} \quad dy = f'(u)du.$$

由此可见,不论 u 是自变量还是另一变量的可微函数,微分形式 $dy = f'(u)du$ 保持不变,这一性质称为微分形式不变性. 这个性质表明,不论变量 u 是自变量还是中间变量,其微分的形式 $dy = f'(u)du$ 并不改变.

练习题

一、是非题

1. 初等函数在定义域内处处可导. (　　)
2. 若函数 $y = f(x)$ 在点 x_0 处不连续,则 $y = f(x)$ 在点 x_0 处一定不可导. (　　)
3. 设 $f(x)$、$g(x)$ 在点 x_0 处不可导,则函数 $f(x) + g(x)$ 在点 x_0 处必不可导. (　　)
4. 设 $f(x)$ 在点 x_0 处 $f'_-(x_0)$、$f'_+(x_0)$ 都存在,则 $f(x)$ 在点 x_0 处必可导. (　　)
5. 函数 $f(x)$ 在点 x_0 处可导,则 $f(x)$ 在点 x_0 处必连续. (　　)
6. 若 $f(x) + g(x)$ 在点 x_0 处可导,则 $f(x)$ 与 $g(x)$ 在点 x_0 处一定可导. (　　)
7. 设函数 $y = f(x)$ 在 $x = 0$ 处可导,且 $f(0) = 0$,则 $f'(0) = 0$. (　　)
8. 若函数 $f(x)$ 在 x_0 处不可导,则函数 $f(x)$ 在 $(x_0, f(x_0))$ 处没有切线. (　　)
9. 若函数 $f(x)$ 在点 $(x_0, f(x_0))$ 处有切线,则函数 $f(x)$ 在 x_0 处可导. (　　)
10. 若 $f'(x) = g'(x)$,则 $f(x) = g(x)$. (　　)
11. 若 $f(x)$ 在 x_0 处可导,则 $f(x)$ 在 x_0 处必有定义. (　　)
12. $(x^x)' = x^x \cdot \ln x$. (　　)
13. $(x^x)' = x \cdot x^{x-1} = x^x$. (　　)
14. 如果在区间 (a, b) 内,$f(x) > g(x)$ 且可导,则在区间 (a, b) 内有 $f'(x) > g'(x)$. (　　)
15. 若 $y = f(x)g(x)$,则 $y'' = f'(x)g''(x) + f''(x)g'(x)$. (　　)
16. $f'(x_0) = [f(x_0)]'$. (　　)

二、填空题

1. 设 $f'(x_0)$ 存在，若 $\lim\limits_{\Delta x \to 0} \dfrac{f(x_0 - \Delta x) - f(x_0)}{\Delta x} = A$，则 $A = $ _____.

2. 若 $\lim\limits_{x \to 0} \dfrac{f(x)}{x} = A$，其中 $f(0) = 0$，且 $f'(0)$ 存在，则 $A = $ _____.

3. 设 $f'(x_0)$ 存在，若 $\lim\limits_{\Delta x \to 0} \dfrac{f(x_0 + 2\Delta x) - f(x_0)}{\Delta x} = A$，则 $A = $ _____.

4. 曲线 $y = e^x$ 在点 $(0, 1)$ 处的切线方程为 _____.

5. 曲线 $y = \sin x$ 在 $x = \dfrac{2\pi}{3}$ 处的切线斜率 $k = $ _____.

6. 若函数 $f(x)$ 在点 x_0 处可导，且 $\lim\limits_{x \to x_0} f(x) = \dfrac{2}{5}$，则 $f(x_0) = $ _____.

7. 函数 $y = \ln x$ 在点 $(1, 0)$ 处法线斜率 $k = $ _____.

8. 设 $f(x) = \ln 2x + 2e^{\frac{x}{2}}$，则 $f'(2) = $ _____.

9. 设 $f(x) = e^{\arctan\sqrt{x}}$，则 $\lim\limits_{x \to 1} \dfrac{f(1) - f(x)}{1 - x} = $ _____.

10. 当 $h \to 0$ 时，$f(2 + h) - f(2) - 2h$ 是 h 的高阶无穷小，则 $f'(2) = $ _____.

11. 设 $f(x) = \dfrac{2}{3 + x}$，且 $f(x_0) = 2$，则 $f(f(x_0)) = $ _____.

12. 若函数 $y = f(x)$ 在点 x 处可导，则该函数在 x 处的微分 $dy = $ _____.

13. $\dfrac{d(\arcsin x)}{d(\arccos x)} = $ _____.

14. 设 $f(x) = \arctan e^x$，则 $f'(x) = $ _____.

15. 设 $f(x) = a^x$，则 $f^{(n)}(x) = $ _____.

16. 设 $f(x) = \begin{cases} e^{-x}, & x \leq 0 \\ x^2 - x + 1, & x > 0 \end{cases}$，则 $f'(0)$ _____.

17. $\begin{cases} x = t - \ln(1 + t) \\ y = t^3 + t^2 \end{cases}$，则 $\dfrac{dy}{dx} = $ _____.

18. $\begin{cases} x = f'(t) \\ y = tf'(t) - f(t) \end{cases}$，设 $f''(t)$ 存在且不等于零，则 $\dfrac{d^2 y}{dx^2} = $ _____.

19. 若 $f(x)$ 在 $x = a$ 处可导，且 $g(x) = f(x) - f'(a)(x - a) - f(a)$，则 $g'(a) = $ _____.

20. 设 $f(x) = e^{-x}$，则 $f^{(n)}(x) = $ _____.

21. 设 $f(x) = \arcsin x$，$g(x) = \arccos x$，则 $[f(x) + g(x)]' = $ _____.

22. 设 $f(x) = \arctan 1 + \ln 2$，则 $f'(0) = $ _____.

23. 设 $f(x)$ 在 $x = 2$ 处连续，且 $\lim\limits_{x \to 2} \dfrac{f(x)}{x - 2} = 3$，则 $f'(2) = $ _____.

24. 将一物体垂直上抛，其运动方程为 $s = 10t - \dfrac{1}{2}gt^2$，则该物体速度 $v(t) = $ _____.

25. $d(e^{\sin x^2}) = $ _____ dx.

26. $d[\ln(2x + 3)] = $ _____ dx.

27. d _____ $= \cos \omega t \, dt$.

28. d _____ = $\frac{1}{\sqrt{x}}$dx.

29. d _____ = $2xe^{x^2}$dx.

30. d _____ = $\frac{2}{2x+3}$dx.

三、单项选择题

1. 设函数 $f(x) = \ln 2$,则 $\lim_{\Delta x \to 0} \frac{f(x+\Delta x)-f(x)}{\Delta x}$ = ( ).

   A. 2　　　B. $\frac{1}{2}$　　　C. ∞　　　D. 0

2. 设函数 $f(x)$ 在 $x=0$ 处可导,且 $f(0)=0$,则 $\lim_{x \to 0} \frac{f(tx)}{x}$ = ( ).

   A. 0　　　B. $f'(0)$　　　C. $tf'(0)$　　　D. $\frac{f'(0)}{t}$

3. 设函数 $y=f(x)$ 在 x_0 处可导,且 $f'(x_0)=1$,则曲线 $y=f(x)$ 在点 $(x_0, f(x_0))$ 处的切线( ).

   A. 与 x 轴平行　　　B. 与 x 轴垂直
   C. 与 x 轴正向的夹角是锐角　　　D. 与 x 轴正向的夹角是钝角

4. 设函数 $f(x)$ 在点 x_0 处存在 $f'_-(x_0)$ 和 $f'_+(x_0)$,则 $f'_-(x_0)=f'_+(x_0)$ 是导数 $f'(x_0)$ 存在的( ).

   A. 必要条件,不是充分条件　　　B. 充分条件,不是必要条件
   C. 充分必要条件　　　D. 既不是充分条件也不是必要条件.

5. 设 $y=f(-x)$,则 y' = ( ).

   A. $f'(x)$　　　B. $-f'(x)$　　　C. $f'(-x)$　　　D. $-f'(-x)$

6. 设 $f(-x)=-f(x)$,且 $f'(-x_0)=-k \neq 0$,则 $f'(x_0)$ = ( ).

   A. k　　　B. $-k$　　　C. $-\frac{1}{k}$　　　D. $\frac{1}{k}$

7. 若曲线 $f(x)=3x^2-3x-17$ 上点 M 处的切线斜率是 15,则点 M 的坐标为( ).

   A. (3,15)　　　B. (3,1)　　　C. (-3,15)　　　D. (-3,1)

8. 函数在某点不可导,函数所表示的曲线在相应点的切线( ).

   A. 一定不存在　B. 不一定存在　C. 一定存在　　　D. 一定平行于 y 轴.

9. 过点 (1,3) 且切线斜率为 $2x$ 的曲线方程 $y=f(x)$ 应满足的关系式是( ).

   A. $y'=2x$　　　B. $y''=2x$　　　C. $y'=2x, f(1)=3$　　　D. $y''=2x, f(1)=3$

10. 设函数 $f(x)$ 为偶函数,且在 $x=0$ 处可导,则 $f'(0)$ = ( ).

    A. 1　　　B. -1　　　C. 0　　　D. 因 $f(x)$ 不同而得不同的值

11. 设 $y=\ln|x|$,则 y' = ( ).

    A. $\frac{1}{x}$　　　B. $-\frac{1}{x}$　　　C. $\frac{1}{|x|}$　　　D. $-\frac{1}{|x|}$

12. 设 $y=\ln|f(x)|$,且 $f(x)$ 可导,则 y' = ( ).

    A. $\frac{1}{f(x)}$　　　B. $-\frac{1}{f(x)}$　　　C. $\frac{f'(x)}{f(x)}$　　　D. $-\frac{f'(x)}{(x)}$

13. 设 $f(x)$ 为可导的偶函数,且 $f(x) \neq 0$,则不是奇函数的是( ).

A. $xf(x)+f'(x)$ B. $f(x)+xf'(x)$
C. $[f(2x)]'$ D. $f'(x)+f'(2x)$

14. 设 $f(x)$ 为可导的偶函数,则曲线 $y=f(x)$ 在其上任一点 (x,y) 和 $(-x,y)$ 处的切线斜率( ).

   A. 彼此相等 B. 互为相反数 C. 互为倒数 D. 互为负倒数

15. 函数 $y=|x-1|$ 在 $x=1$ 处( ).

   A. 不连续 B. 连续但不可导 C. 连续且 $f'(1)=-1$ D. 连续且 $f'(1)=1$

16. 函数 $y=|\sin x|$ 在点 $x=0$ 处的导数是( ).

   A. 1 B. -1 C. ± 1 D. 不存在

17. 函数 $y=|x-2|$ 在点 $x=2$ 处的导数( ).

   A. 等于 1 B. 等于 0 C. 等于 -1 D. 不存在

18. 已知 $\dfrac{d}{dx}\left[f\left(\dfrac{1}{x^2}\right)\right]=\dfrac{1}{x}$,则 $f'\left(\dfrac{1}{2}\right)=($).

   A. $\dfrac{1}{\sqrt{2}}$ B. -1 C. 2 D. -4

19. 已知直线 $y=2x$ 是抛物线 $y=x^2+ax+b$ 上过点 $(2,4)$ 处的切线,则( ).

   A. $a=2,b=-4$ B. $a=-2,b=4$
   C. $a=6,b=-12$ D. $a=-6,b=12$

20. 设曲线 $y=x^3+ax$ 与曲线 $y=bx^2+c$ 在点 $(-1,0)$ 相切,其中 a、b、c 均为常数,则( ).

   A. $a=b=-1,c=1$ B. $a=-1,b=2,c=-2$
   C. $a=1,b=-2,c=2$ D. $a=c=1,b=-1$

21. 设函数 $f(x)$ 在 $(-\infty,+\infty)$ 内可导,且 $\lim\limits_{x\to 0}\dfrac{f(1)-f(1-x)}{x}=1$,则曲线 $y=f(x)$ 在点 $(1,f(1))$ 处的切线斜率为( ).

   A. $\dfrac{1}{2}$ B. 0 C. -1 D. -2

22. 设函数 $f(x)$ 在 (a,b) 内连续,且 $x_0\in(a,b)$,则( ).

   A. $\lim\limits_{x\to x_0}f(x)$ 存在,且 $f(x)$ 在点 x_0 处可导
   B. $\lim\limits_{x\to x_0}f(x)$ 存在,但 $f(x)$ 在点 x_0 处不一定可导
   C. $\lim\limits_{x\to x_0}f(x)$ 不存在,但 $f(x)$ 在点 x_0 处可导
   D. $\lim\limits_{x\to x_0}f(x)$ 不一定存在

23. 函数 $y=f(x)$ 在点 x_0 处可导是其在该点可微分的( ).

   A. 必要条件,不是充分条件 B. 充分条件,不是必要条件
   C. 充分必要条件 D. 既不是充分条件,也不是必要条件

24. 设函数 $f(x)$ 可导,则 $f(\sin^2 x)$ 的导数为( ).

   A. $f'(\sin^2 x)$ B. $f'(\sin^2 x)\cdot 2\sin x$
   C. $f'(\sin^2 x)\cdot \sin 2x$ D. $-f'(\sin^2 x)x\cdot \sin 2x$

25. 设函数 $y=f(x)$ 在 $x=0$ 处可导,① 若 $f(0)=0$,则必有 $f'(0)=0$;② 若 $f'(0)=0$,则

必有 $f(0)=0$. 上述命题( ).

  A. 命题①正确   B. 命题②正确

  C. 两个命题都不正确   D. 两个命题都正确

26. 设函数 $y=\cos\omega x$(ω 为常数),则 $y'=$( ).

  A. $\omega\sin\omega x$ B. $-\sin\omega x$ C. $-\omega\sin\omega x$ D. $\sin\omega x$

27. 若 $y=e^{-x^2}$,则 $y'=$( ).

  A. e^{-x^2} B. $-e^{-x^2}$ C. $2xe^{-x^2}$ D. $-2xe^{-x^2}$

28. 若函数 $y=f(x)$ 在 $x=0$ 处二阶可导,则 $f''(0)=$( ).

  A. $[f'(0)]'$ B. $\dfrac{d^2y}{dx^2}$ C. $[f'(x)]'$ D. $[f'(x)]'\big|_{x=0}$

29. 如果函数 $y=f(x)$ 为 $(+\infty,+\infty)$ 内可导的奇函数,且 $f'(x_0)=3$,则 $f'(-x_0)=$( ).

  A. -3 B. 3 C. 0 D. 无法确定

30. 下列函数中,在 $x=0$ 处可导的是( ).

  A. $y=\sqrt{x^2}$ B. $y=\sqrt[3]{x}$ C. $y=\sqrt[3]{x^2}$ D. $y=\sqrt[3]{x^4}$

31. 若函数 $f(x)$ 可导,则 $[x\cdot f(\ln x)]'=$( ).

  A. $x\cdot f'(\ln x)$ B. $f(\ln x)+x\cdot f'(\ln x)$

  C. $f(\ln x)+f'(\ln x)$ D. $f'(\ln x)$

32. 已知函数 $f(x)=ax^2+bx+2$,且 $f(2)=f'(2)=f''(2)$,则( ).

  A. $a=1,b=-2$ B. $a=-1,b=-2$

  C. $a=-1,b=2$ D. $a=1,b=2$

四、计算题

1. 讨论下列函数在给定点处的连续性和可导性:

  (1) $f(x)=\begin{cases}\ln x, & x\geq 1\\ x-1, & x<1\end{cases}$, $x=1$; (2) $f(x)=\begin{cases}x\arctan\dfrac{1}{x}, & x\neq 0\\ 0, & x=0\end{cases}$, $x=0$;

  (3) $f(x)=\begin{cases}x^2\sin\dfrac{1}{x}, & x\neq 0\\ 0, & x=0\end{cases}$, $x=0$; (4) $f(x)=|\sin x|$, $x=0$;

  (5) $f(x)=|x-1|$, $x=1$;   (6) $f(x)=\begin{cases}2xe^x+1, & x>0\\ 1, & x=0\\ x^2+1, & x<0\end{cases}$, $x=0$.

2. 求下列函数的导数:

  (1) $y=3x^3+3^x+\ln x+3^3$;   (2) $y=x\sec x-\csc x$;

  (3) $y=e^x\cos x$;   (4) $y=(x^2+1)\ln x$;

  (5) $y=x^{\sqrt{2}}+x\arcsin x$;   (6) $y=\cos x+x^2\sin x$;

  (7) $y=x\tan x-\cot x$;   (8) $y=xe^x\ln x$;

  (9) $y=x\ln x+\dfrac{\ln x}{x}$;   (10) $y=\dfrac{x+1}{x+2}$;

(11) $y = \dfrac{x-1}{x^2+1}$;

(12) $y = \dfrac{1+\ln x}{1-\ln x}$;

(13) $y = \dfrac{x\tan x}{1+x^2}$;

(14) $y = \dfrac{\ln x + x}{x^2}$;

(15) $y = \dfrac{\sin x}{1+\cos x}$;

(16) $y = \dfrac{x\ln x}{x+\ln x}$;

(17) $y = \dfrac{(1+x^2)\arctan x}{1+x}$;

(18) $y = \dfrac{x\sin x}{1+\tan x}$;

(19) $y = \ln^2 x$;

(20) $y = \ln(a^2 - x^2)$;

(21) $y = e^{-x^2}$;

(22) $y = \cos(x^2+1)$;

(23) $y = \arcsin \dfrac{x}{2}$;

(24) $y = \arctan x^2$;

(25) $y = \ln\cos x^2$;

(26) $y = \ln\tan 2x$;

(27) $y = \arctan e^{-x}$;

(28) $y = 2^{\sin^2 x}$;

(29) $y = \cos e^{x^2+2x+3}$;

(30) $y = \ln[\ln^2(\ln 3x)]$;

(31) $y = \sqrt{1+x^2} \cdot \arctan x^3$;

(32) $y = \cos\dfrac{1}{x^2} \cdot e^{\cos\frac{1}{x^2}}$;

(33) $y = \ln\sqrt{\dfrac{1-\sin x}{1+\sin x}}$;

(34) $y = \arctan\sqrt{x^2-1} - \dfrac{\ln x}{\sqrt{x^2-1}}$;

(35) $y = \ln\dfrac{2\tan x + 1}{\tan x + 2}$;

(36) $y = \dfrac{\arccos x}{x} - \ln\dfrac{1+\sqrt{1-x^2}}{x}$;

(37) $y = x\arcsin\dfrac{x}{2} + \sqrt{a^2 - x^2}$;

(38) $y = x\arctan\dfrac{x}{a} - \dfrac{a}{2}\ln(x^2 + a^2)$;

(39) $y = \ln(x + \sqrt{1+x^2})$;

(40) $y = \ln\sin^2(3x + a)$.

3. 求下列函数在指定点处的导数：

(1) $y = \dfrac{1}{2}\cos x + x\tan x$, $y'\Big|_{x=\frac{\pi}{4}}$;

(2) $y = \dfrac{x^2}{(1-x)(1+x)}$, $y'\Big|_{x=2}$;

(3) $y = \dfrac{\cos x}{2x^2 + 3}$, $y'\Big|_{x=\frac{\pi}{2}}$;

(4) $y = xe^x$, $y'\Big|_{x=0}$;

(5) $y = \dfrac{x}{4^x}$, $y'\Big|_{x=1}$;

(6) $y = \dfrac{1+\ln x}{x}$, $y'\Big|_{x=e}$;

(7) $y = \sqrt{\tan\dfrac{x}{2}}$, $f'\left(\dfrac{\pi}{2}\right)$;

(8) $y = \arctan\dfrac{2x}{1-x^2}$, $f'(1)$;

(9) $y = \ln\sqrt{\dfrac{(1-x)e^x}{\arccos x}}$, $f'(0)$;

(10) $y = \sqrt{x + \ln^2 x}$, $f'(1)$.

4. 设 $f(x)$ 是可导函数，求下列函数的导数：

(1) $y = f(x^2)$;

(2) $y = f(e^x + x^e)$;

(3) $y = f(\sin^2 x) + f(\cos^2 x)$;

(4) $y = f\left(\arccos\dfrac{1}{x}\right)$;

(5) $y = f(f(\cos x))$;

(6) $y = f(e^x)e^{f(x)}$;

(7) $y = \ln[f(x)]$;

(8) $y = f(\ln^2 x)$.

5. 求下列方程所确定的隐函数 y 的导数 $\dfrac{dy}{dx}$：

(1) $ax^2 + by^2 - 1 = 0$；　　(2) $y^2 - 2axy + b = 0$；　　(3) $y = 1 + x\sin y$；

(4) $e^y = \sin(x+y)$；　　(5) $xy = e^{x+y}$；　　(6) $e^{xy} + y\ln x = \sin 2x$；

(7) $x^3 + y^3 - 3axy = 0$；　　(8) $y = 1 - xe^y$；　　(9) $\dfrac{x^2}{a^2} + \dfrac{y^2}{b^2} = 1$；

(10) $y - \cos(x+y) = 0$；　　(11) $y = 1 - \ln(x+y) + e^y$；　　(12) $\arctan\dfrac{x}{y} = \ln\sqrt{x^2+y^2}$；

(13) $x\cos y = \sin(x+y)$；　　(14) $ye^x + \ln y = 1$.

6. 求下列参数方程所确定的函数的导数 $\dfrac{dy}{dx}$：

(1) $\begin{cases} x = 2t \\ y = 4t^2 \end{cases}$；　　(2) $\begin{cases} x = te^{-t} \\ y = e^t \end{cases}$；　　(3) $\begin{cases} x = at^2 \\ y = bt^3 \end{cases}$；

(4) $\begin{cases} y = 1 - t^2 \\ y = t - t^3 \end{cases}$；　　(5) $\begin{cases} x = a\cos^3 t \\ y = b\sin^3 t \end{cases}$；　　(6) $\begin{cases} x = t(1-\sin t) \\ y = t\cos t \end{cases}$；

(7) $\begin{cases} x = a\cos bt + b\sin at \\ y = a\sin bt - b\cos at \end{cases}$；　　(8) $\begin{cases} x = \arctan t \\ y = \ln(1+t^2) \end{cases}$；　　(9) $\begin{cases} x = \sin t \\ y = \cos 2t \end{cases}$；

(10) $\begin{cases} x = \dfrac{t^2}{2} \\ y = 1 - t \end{cases}$；　　(11) $\begin{cases} x = f'(t) \\ y = tf'(t) - f(t) \end{cases}$，设 $f''(t)$ 存在且不为零；

(12) $\begin{cases} x = at\cos t \\ y = at\sin t \end{cases}$；　　(13) $\begin{cases} x = e^t\sin t \\ y = e^t\cos t \end{cases}$.

7. 用对数求导法求下列函数的导数：

(1) $y = x^{x^2}$；　　(2) $y = x^{\frac{1}{x}}$；　　(3) $y = (1+\cos x)^{\frac{1}{x}}$；

(4) $y = (\ln x)^{e^x}$；　　(5) $y = (\tan x)^x$；　　(6) $y = x^{\sin x}$；

(7) $y = \sqrt{(x^2+1)(x^2-2)}$；　　(8) $y = \dfrac{\sqrt{x+1}}{\sqrt[3]{x-2}(x+3)}$；　　(9) $y = \sqrt[3]{\dfrac{x(x^2+1)}{(x-1)^2}}$；

(10) $y = \sqrt{\dfrac{1+\sin x}{1-\sin x}}$；　　(11) $y = \sqrt{\dfrac{e^{3x}}{x^3}} \cdot \arcsin x$；　　(12) $y = \sqrt[5]{\dfrac{x-5}{\sqrt[5]{x^2+2}}}$；

(13) $y = \sqrt{x\sin x\sqrt{1-e^x}}$；　　(14) $y = \dfrac{\sqrt{x+2}(3-x)^4}{(x+1)^5}$.

8. 求下列函数的二阶导数 $\dfrac{d^2 y}{dx^2}$：

(1) $y = e^{\sqrt{x}}$；　　(2) $y = e^{-x^2}$；　　(3) $y = \sin^2 x$；

(4) $y = (\arcsin x)^2$；　　(5) $y = \ln(1-x^2)$；　　(6) $y = \ln(x+\sqrt{x^2-1})$；

(7) $y = e^{-x}\sin x$；　　(8) $y = \dfrac{e^x}{x}$；　　(9) $x^2 + y^2 = 1$；

(10) $y = 1 + xe^y$；　　(11) $b^2 x^2 + a^2 y^2 = a^2 b^2$；　　(12) $y = \tan(x+y)$

(13) $\begin{cases} x = \dfrac{t^2}{2}, \\ y = 1 - t; \end{cases}$　　(14) $\begin{cases} x = a\cos t, \\ y = b\sin t; \end{cases}$

(15) $\begin{cases} x = 3e^{-t}, \\ y = 2e^t; \end{cases}$ (16) $\begin{cases} x = \ln(1+t^2), \\ y = t - \arctan t. \end{cases}$

9. 求下列函数的微分:

(1) $y = \sin x + \cos x$; (2) $y = x\sin 2x$; (3) $y = \dfrac{\cos x}{1-x^2}$;

(4) $y = \dfrac{x}{\sqrt{x^2+1}}$; (5) $y = e^x \cos 5x$; (6) $y = (e^x + e^{-x})^2$;

(7) $y = \tan^2 3x$; (8) $y = 3^{\ln \tan x}$; (9) $y = \ln\sqrt{1-x^2}$;

(10) $y = \cos^2\sqrt{x}$; (11) $y = \ln^2(1-x)$; (12) $y = x^2 e^{2x}$;

(13) $y = e^{\sin 2x}$; (14) $y = \tan^2(1+2x^2)$.

习题详解

一、是非题

1. 初等函数在定义域内处处可导.

答案:错误.

解析:因为根据函数导数的定义可知,极限 $\lim\limits_{\Delta x \to 0} \dfrac{\Delta y}{\Delta x}$ 必须存在,函数才可导,但初等函数在定义域内是处处连续的,而连续却不一定可导.

2. 若函数 $y = f(x)$ 在点 x_0 处不连续,则 $y = f(x)$ 在点 x_0 处一定不可导.

答案:正确.

解析:根据函数连续性定义可知,函数 $f(x)$ 在点 x_0 处连续,则必有 $\lim\limits_{\Delta x \to 0}\Delta y = 0$,如果函数 $f(x)$ 在点 x_0 处不连续,则 $\lim\limits_{\Delta x \to 0}\Delta y \neq 0$,由导数定义知 $\lim\limits_{\Delta x \to 0}\dfrac{\Delta y}{\Delta x} = \infty$,所以函数 $f(x)$ 在点 x_0 处不可导.

3. 设 $f(x)$、$g(x)$ 在点 x_0 处不可导,则函数 $f(x) + g(x)$ 在点 x_0 处必不可导.

答案:错误.

解析:因为函数 $f(x)$、$g(x)$ 在点 x_0 处不可导,而函数 $f(x) + g(x)$ 在点 x_0 却可能是可导的,如 $f(x) = x + \dfrac{1}{x}$,$g(x) = x^2 - \dfrac{1}{x}$,则

$$f(x) + g(x) = x + \dfrac{1}{x} + x^2 - \dfrac{1}{x} = x^2 + x$$

在 $(-\infty, +\infty)$ 内处处可导.

4. 设 $f(x)$ 在点 x_0 处 $f'_{-}(x_0)$, $f'_{+}(x_0)$ 都存在,则 $f(x)$ 在点 x_0 处必可导.

答案:错误.

解析:因为当 $f(x)$ 在点 x_0 处 $f'_{-}(x_0)$, $f'_{+}(x_0)$ 都存在时,只能说明函数 $f(x)$ 在 x_0 处的两个单侧导数存在,如果 $f'_{-}(x_0) \neq f'_{+}(x_0)$,$f(x)$ 在 x_0 点不可导;只有当 $f'_{-}(x_0) = f'_{+}(x_0)$ 时,函数 $f(x)$ 在 x_0 点才可导.

5. 函数 $f(x)$ 在点 x_0 处可导,则 $f(x)$ 在点 x_0 处必连续.

答案:正确.

解析:根据可导与连续的关系知,函数 $f(x)$ 可导点处必连续.

6. 若 $f(x)+g(x)$ 在点 x_0 处可导,则 $f(x)$ 与 $g(x)$ 在点 x_0 处一定可导.

答案:错误.

解析:$f(x)+g(x)=x+\dfrac{1}{x}+x^2-\dfrac{1}{x}=x^2+x$ 在 $x=0$ 处可导,但 $f(x)=x+\dfrac{1}{x}$ 和 $g(x)=x^2-\dfrac{1}{x}$ 在 $x=0$ 处均无定义,所以这两个函数在 $x=0$ 都不可导.

7. 设函数 $y=f(x)$ 在 $x=0$ 处可导,且 $f(0)=0$,则 $f'(0)=0$.

答案:错误.

解析:由于函数 $y=f(x)$ 在 $x=0$ 处可导,所以
$$f'(0)=\lim_{x\to 0}\dfrac{f(x)-f(0)}{x}=\lim_{x\to 0}\dfrac{f(x)}{x}=a,$$
而常数 a 可以是零,也可以不是零. 如函数 $f(x)=\sin x$ 在 $x=0$ 处可导,且 $f(0)=0$,$f'(x)=\cos x$,而 $f'(0)=\cos 0=1$.

8. 若函数 $f(x)$ 在 x_0 处不可导,则函数 $f(x)$ 在 $(x_0,f(x_0))$ 处没有切线.

答案:错误.

解析:根据导数定义和导数的几何意义可知,通常遇到两种不可导的形式,一种是曲线在 x_0 处出现折点(或叫做尖点),此时函数 $f(x)$ 在 x_0 处不可导,故 $f(x)$ 在 $(x_0,f(x_0))$ 处没有切线,如 $f(x)=|x|$ 在 $x=0$ 处.

第二种是曲线在 x_0 处有切线,但切线垂直于 x 轴,此时切线的斜率不存在,即
$$k=\tan\dfrac{\pi}{2}=\infty,$$
此时函数 $f(x)$ 在 x_0 处不可导,而 $f(x)$ 在 $(x_0,f(x_0))$ 处有切线,如 $f(x)=\sqrt[3]{x}$ 在 $x=0$ 处.

9. 若函数 $f(x)$ 在点 $(x_0,f(x_0))$ 处有切线,则函数 $f(x)$ 在 x_0 处可导.

答案:错误.

解析:如函数 $f(x)=\sqrt[3]{x}$ 在 $x=0$ 处有垂直于 x 轴的切线,但此时 $f'(0)=\infty$,即函数 $f(x)=\sqrt[3]{x}$ 在 $x=0$ 不可导.

10. 若 $f'(x)=g'(x)$,则 $f(x)=g(x)$.

答案:错误.

解析:如设 $f'(x)=g'(x)=2x$,$f(x)=x^2+1$,$g(x)=x^2$,显然 $f(x)\neq g(x)$.

11. 若 $f(x)$ 在 x_0 处可导,则 $f(x)$ 在 x_0 处必有定义.

答案:正确.

解析:由于函数 $f(x)$ 在 x_0 处可导,根据函数导数的定义可知,函数 $f(x)$ 在 x_0 处必有定义.

12. $(x^x)'=x^x\cdot\ln x$.

答案:错误.

解析:这个函数是个幂指函数,即不能用幂函数导数公式,也不能用指数的导数公式,应该用取对数求导法,即设 $y=x^x$,则

$$\ln y = x \cdot \ln x$$

故
$$\frac{1}{y} \cdot y' = \ln x + 1,$$

所以
$$y' = x^x (\ln x + 1),$$

即
$$(x^x)' = x^x (\ln x + 1).$$

13. $(x^x)' = x \cdot x^{x-1} = x^x$.

答案：错误.

解析：理由同 12 题.

14. 如果在区间 (a,b) 内, $f(x) > g(x)$ 且可导, 则在区间 (a,b) 内有 $f'(x) > g'(x)$.

答案：错误.

解析：如 $f(x) = x^2 + 1, g(x) = x^2$ 在任意区间 (a,b) 内有 $f(x) > g(x)$, 但 $f'(x) = g'(x) = 2x$.

15. 若 $y = f(x)g(x)$, 则 $y'' = f''(x)g''(x) + f''(x)g'(x)$.

答案：错误.

解析：根据导数的乘积求导法则,
$$y' = f'(x)g(x) + f(x)g'(x), \quad y'' = f''(x)g(x) + 2f'(x)g'(x) + f(x)g''(x).$$

16. $f'(x_0) = [f(x_0)]'$.

答案：错误.

解析：因为 $f'(x_0) = y'\big|_{x=x_0}$ 是函数 $f(x)$ 在 x_0 的导数值; 而 $f(x_0)$ 是函数 $f(x)$ 在 x_0 的函数值, 即为常数, 而常数的导数为零, 即 $[f(x_0)]' \equiv 0$. 如设函数 $f(x) = x^2$ 在 $x=1$ 处, $f'(1) = (x^2)'\big|_{x=1} = 2x\big|_{x=1} = 2$; 但 $f(1) = 1$, 所以 $[f(1)]' = (1)' = 0$, 故 $f'(x_0)$ 与 $[f(x_0)]'$ 不一定相等.

二、填空题

1. 设 $f'(x_0)$ 存在, 若 $\lim\limits_{\Delta x \to 0} \dfrac{f(x_0 - \Delta x) - f(x_0)}{\Delta x} = A$, 则 $A = $ _____.

答案：$-f'(x_0)$.

解析：因为 $A = \lim\limits_{\Delta x \to 0} \dfrac{f(x_0 - \Delta x) - f(x_0)}{\Delta x} = -\lim\limits_{\Delta x \to 0} \dfrac{f[x_0 + (-\Delta x)] - f(x_0)}{-\Delta x} = -f'(x_0)$.

2. 若 $\lim\limits_{x \to 0} \dfrac{f(x)}{x} = A$, 其中 $f(0) = 0$, 且 $f'(0)$ 存在, 则 $A = $ _____.

答案：$f'(0)$.

解析：由已知条件可得
$$A = \lim\limits_{x \to 0} \dfrac{f(x)}{x} = \lim\limits_{x \to 0} \dfrac{f(x) - f(0)}{x} = f'(0).$$

3. 设 $f'(x_0)$ 存在, 若 $\lim\limits_{\Delta x \to 0} \dfrac{f(x_0 + 2\Delta x) - f(x_0)}{\Delta x} = A$, 则 $A = $ _____.

答案：$2f'(x_0)$.

解析：由已知条件可得
$$A = \lim\limits_{\Delta x \to 0} \dfrac{f(x_0 + 2\Delta x) - f(x_0)}{\Delta x} = 2\lim\limits_{\Delta x \to 0} \dfrac{f[x_0 + (2\Delta x)] - f(x_0)}{2\Delta x} = 2f'(x_0).$$

4. 曲线 $y = e^x$ 在点 $(0, 1)$ 处的切线方程为_____.

答案：$x - y + 1 = 0$.

解析：根据导数的几何意义,得
$$k = y' \Big|_{x=0} = e^x \Big|_{x=0} = 1,$$
则曲线 $y = e^x$ 在点 $(0, 1)$ 处的切线方程为 $y - 1 = x$,即 $x - y + 1 = 0$.

5. 曲线 $y = \sin x$ 在 $x = \dfrac{2\pi}{3}$ 处的切线斜率 $k =$ _____.

答案：$-\dfrac{1}{2}$.

解析：因为 $y' = (\sin x)' = \cos x$,所以 $k = \cos \dfrac{2\pi}{3} = -\dfrac{1}{2}$.

6. 若函数 $f(x)$ 在点 x_0 处可导,且 $\lim\limits_{x \to x_0} f(x) = \dfrac{2}{5}$,则 $f(x_0) =$ _____.

答案：$\dfrac{2}{5}$.

解析：因为函数 $f(x)$ 在点 x_0 处可导,所以 $f(x)$ 在点 x_0 处连续,又
$$\lim_{x \to x_0} f(x) = \dfrac{2}{5},$$
根据函数连续性的定义可得 $f(x_0) = \dfrac{2}{5}$.

7. 函数 $y = \ln x$ 在点 $(1, 0)$ 处法线斜率 $k_{法} =$ _____.

答案：-1.

解析：因为 $y' = (\ln x)' = \dfrac{1}{x}$,所以 $k_{切} = 1$,
又由于曲线在某点的切线和法线互相垂直,且 $k_{切} \cdot k_{法} = -1$,所以 $k_{法} = -1$.

8. 设 $f(x) = \ln 2x + 2e^{\frac{x}{2}}$,则 $f'(2) =$ _____.

答案：$\dfrac{1}{2} + e$.

解析：因为 $f'(x) = (\ln 2x + 2e^{\frac{x}{2}})' = \dfrac{1}{2x}(2x)' + 2e^{\frac{x}{2}}\left(\dfrac{x}{2}\right)' = \dfrac{1}{x} + e^{\frac{x}{2}}$,所以 $f'(2) = \dfrac{1}{2} + e$.

9. 设 $f(x) = e^{\arctan\sqrt{x}}$,则 $\lim\limits_{x \to 1} \dfrac{f(1) - f(x)}{1 - x} =$ _____.

答案：$\dfrac{1}{4} e^{\frac{\pi}{4}}$.

解析：由导数定义得
$$\lim_{x \to 1} \dfrac{f(1) - f(x)}{1 - x} = \lim_{x \to 1} \dfrac{f(x) - f(1)}{x - 1} = f'(1),$$
而 $f'(x) = e^{\arctan\sqrt{x}} \cdot \dfrac{1}{1+x} \cdot \dfrac{1}{2\sqrt{x}}$,故 $f'(1) = \dfrac{1}{4} e^{\frac{\pi}{4}}$.

10. 当 $h \to 0$ 时,$f(2+h) - f(2) - 2h$ 是 h 的高阶无穷小,则 $f'(2) =$ _____.

答案：2.

解析：由条件可知
$$\lim_{h \to 0} \dfrac{f(2+h) - f(2) - 2h}{h} = 0,$$

又 $\lim\limits_{h\to 0}\dfrac{f(2+h)-f(2)-2h}{h} = \lim\limits_{h\to 0}\left[\dfrac{f(2+h)-f(2)}{h}-2\right] = f'(2)-2$，所以 $f'(2)=2$.

11. 设 $f(x)=\dfrac{2}{3+x}$，且 $f(x_0)=2$，则 $f[f'(x_0)] = $ _____．

答案：2.

解析：由已知得

$$2 = \dfrac{2}{3+x_0} \Rightarrow 2x_0+6=2 \Rightarrow x_0=-2,$$

又 $f'(x) = -\dfrac{2}{(3+x)^2}$，故 $f'(-2)=-2$，所以 $f[f'(x_0)]=2$.

12. 若函数 $y=f(x)$ 在点 x 处可导，则该函数在 x 处的微分 $\mathrm{d}y = $ _____．

答案：$f'(x)\mathrm{d}x$．

解析：由条件有 $\dfrac{\mathrm{d}y}{\mathrm{d}x}=f'(x)$，由微分和导数的关系可得 $\mathrm{d}y=f'(x)\mathrm{d}x$．

13. $\dfrac{\mathrm{d}(\arcsin x)}{\mathrm{d}(\arccos x)} = $ _____．

答案：-1．

解析：因为 $\mathrm{d}(\arcsin x) = \dfrac{1}{\sqrt{1-x^2}}\mathrm{d}x$，$\mathrm{d}(\arccos x) = -\dfrac{1}{\sqrt{1-x^2}}\mathrm{d}x$，

所以 $\dfrac{\mathrm{d}(\arcsin x)}{\mathrm{d}(\arccos x)} = -1$.

14. 设 $f(x)=\arctan e^x$，则 $f'(x) = $ _____．

答案：$\dfrac{e^x}{1+e^{2x}}$．

解析：$f'(x) = (\arctan e^x)' = \dfrac{e^x}{1+e^{2x}}$．

15. 设 $f(x)=a^x$，则 $f^{(n)}(x)=$ _____．

答案：$a^x(\ln a)^n$．

解析：由于 $f'(x)=a^x\ln a, f''(x)=a^x(\ln a)^2, f'''(x)=a^x(\ln a)^3, \cdots$

所以 $f^{(n)}(x)=a^x(\ln a)^n$．

16. 设 $f(x)=\begin{cases} e^{-x}, & x\leq 0 \\ x^2-x+1, & x>0 \end{cases}$，则 $f'(0)=$ _____．

答案：-1．

解析：显然函数 $f(x)$ 在 $x=0$ 处连续，

当 $x<0$ 时，$f'(x)=-e^{-x}$，$f'_-(0)=\lim\limits_{x\to 0^-}(-e^{-x})=-1$；

当 $x>0$ 时，$f'(x)=2x-1$，$f'_+(0)=\lim\limits_{x\to 0^+}(2x-1)=-1$. 故 $f'(0)=-1$．

17. $\begin{cases} x=t-\ln(1+t) \\ y=t^3+t^2 \end{cases}$，则 $\dfrac{\mathrm{d}y}{\mathrm{d}x}=$ _____．

答案：$3t^2+5t+2$．

解析：根据参数方程的求导法则得

$$\dfrac{\mathrm{d}y}{\mathrm{d}x} = \dfrac{[t^3+t^2]'}{[t-\ln(1+t)]'} = \dfrac{3t^2+2t}{1-\dfrac{1}{1+t}} = 3t^2+5t+2.$$

18. $\begin{cases} x = f'(t) \\ y = tf'(t) - f(t) \end{cases}$, 设 $f''(t)$ 存在且不等于零, 则 $\dfrac{d^2 y}{dx^2} =$ _____.

答案: $\dfrac{1}{f''(t)}$.

解析: 因为 $\dfrac{dy}{dx} = \dfrac{[tf'(t) - f(t)]'}{[f'(t)]'} = \dfrac{f'(t) + tf''(t) - f'(t)}{f''(t)} = t$,

$\dfrac{d^2 y}{dx^2} = \dfrac{d}{dx}\left(\dfrac{dy}{dx}\right) = \dfrac{d}{dt}(t) \cdot \dfrac{dt}{dx} = \dfrac{1}{\dfrac{dx}{dt}} = \dfrac{1}{(f'(t))'} = \dfrac{1}{f''(t)}$.

19. 若 $f(x)$ 在 $x = a$ 处可导, 且 $g(x) = f(x) - f'(a)(x - a) - f(a)$, 则 $g'(a) =$ _____.

答案: 0.

解析: 由于 $g'(x) = f'(x) - f'(a)$, 所以 $g'(a) = f'(a) - f'(a) = 0$.

20. 设 $f(x) = e^{-x}$, 则 $f^{(n)}(x) =$ _____.

答案: $(-1)^n e^{-x}$.

解析: 由于 $f'(x) = -e^{-x}, f''(x) = e^{-x}, f'''(x) = -e^{-x}, f^{(4)}(x) = e^{-x}, \cdots$
一般地 $f^{(n)}(x) = (-1)^n e^{-x}$.

21. 设 $f(x) = \arcsin x, g(x) = \arccos x$, 则 $[f(x) + g(x)]' =$ _____.

答案: 0.

解析: $[f(x) + g(x)]' = (\arcsin x + \arccos x)' = \dfrac{1}{\sqrt{1-x^2}} + \dfrac{-1}{\sqrt{1-x^2}} = 0$.

22. 设 $f(x) = \arctan 1 + \ln 2$, 则 $f'(0) =$ _____.

答案: 0.

解析: 因为 $f'(x) = (\arctan 1 + \ln 2)' = 0$, 所以 $f'(0) = 0$.

23. 设 $f(x)$ 在 $x = 2$ 处连续, 且 $\lim\limits_{x \to 2} \dfrac{f(x)}{x - 2} = 3$, 则 $f'(2) =$ _____.

答案: 3.

解析: 根据函数连续的定义得 $\lim\limits_{x \to 2} f(x) = f(2)$,

又 $\lim\limits_{x \to 2} \dfrac{f(x)}{x - 2} = 3$, 而 $\lim\limits_{x \to 2}(x - 2) = 0$, 可知 $\lim\limits_{x \to 2} f(x) = 0$, 故有 $f(2) = 0$, 所以根据导数的定义可得

$$3 = \lim\limits_{x \to 2} \dfrac{f(x)}{x - 2} = \lim\limits_{x \to 2} \dfrac{f(x) - f(2)}{x - 2} = f'(2).$$

24. 将一物体垂直上抛, 其运动方程为 $s = 10t - \dfrac{1}{2}gt^2$, 则该物体速度 $v(t)$ _____.

答案: $10 - gt$.

解析: 根据导数的物理意义知

$$v(t) = s'(t) = \left(10t - \dfrac{1}{2}gt^2\right)' = 10 - gt.$$

25. $d(e^{\sin x^2}) =$ _____ dx.

答案: $2x \cdot \cos x^2 \cdot e^{\sin x^2}$.

解析: $d(e^{\sin x^2}) = e^{\sin x^2} d(\sin x^2) = e^{\sin x^2} \cos x^2 d(x^2) = 2x \cdot \cos x^2 \cdot e^{\sin x^2} dx$.

26. $d[\ln(2x+3)] = \underline{\quad} dx$.

答案:$\dfrac{2}{2x+3}$.

解析:$d[\ln(2x+3)] = \dfrac{1}{2x+3}d(2x+3) = \dfrac{2}{2x+3}dx$.

27. $d\underline{\quad} = \cos\omega t dt$.

答案:$\dfrac{1}{\omega}\sin\omega t + C$.

解析:因为 $d(\sin\omega t) = \omega\cos\omega t dt$,所以 $d\left(\dfrac{1}{\omega}\sin\omega t\right) = \cos\omega t dt$,所以
$$d\left(\dfrac{1}{\omega}\sin\omega t + C\right) = \cos\omega t dt,$$

其中 C 为任意常数.

28. $d\underline{\quad} = \dfrac{1}{\sqrt{x}}dx$.

答案:$2\sqrt{x} + C$.

解析:因为 $d(\sqrt{x}) = \dfrac{1}{2\sqrt{x}}dx$,所以 $d(2\sqrt{x}) = \dfrac{1}{\sqrt{x}}dx$,所以
$$d(2\sqrt{x} + C) = \dfrac{1}{\sqrt{x}}dx,$$

其中 C 为任意常数.

29. $d\underline{\quad} = 2xe^{x^2}dx$.

答案:$e^{x^2} + C$.

解析:由于 $d(e^{x^2}) = 2xe^{x^2}dx$,故有 $d(e^{x^2} + C) = 2xe^{x^2}dx$,其中 C 为任意常数.

30. $d\underline{\quad} = \dfrac{2}{2x+3}dx$.

答案:$\ln(2x+3) + C$.

解析:由于 $d(\ln(2x+3)) = \dfrac{2}{2x+3}dx$,故有
$$d[\ln(2x+3) + C] = \dfrac{2}{2x+3}dx,$$

其中 C 为任意常数.

三、单项选择题

1. 设函数 $f(x) = \ln 2$,则 $\lim\limits_{\Delta x \to 0} \dfrac{f(x + \Delta x) - f(x)}{\Delta x} = (\quad)$.

  A. 2   B. $\dfrac{1}{2}$ C. ∞ D. 0

答案:D.

解析:因为 $\lim\limits_{\Delta x \to 0} \dfrac{f(x + \Delta x) - f(x)}{\Delta x} = \lim\limits_{\Delta x \to 0} \dfrac{\ln 2 - \ln 2}{\Delta x} = 0$.

2. 设函数 $f(x)$ 在 $x = 0$ 处可导,且 $f(0) = 0$,则 $\lim\limits_{x \to 0} \dfrac{f(tx)}{x} = (\quad)$.

  A. 0   B. $f'(0)$ C. $tf'(0)$ D. $\dfrac{f'(0)}{t}$

答案：C.

解析：根据导数定义可得 $\lim\limits_{x\to 0}\dfrac{f(tx)}{x}=t\lim\limits_{x\to 0}\dfrac{f(tx)-f(0)}{tx}=tf'(0)$.

3. 设函数 $y=f(x)$ 在 x_0 处可导，且 $f'(x_0)=1$，则曲线 $y=f(x)$ 在点 $[x_0,f(x_0)]$ 处的切线（　　）．

  A. 与 x 轴平行　　　　　　　　B. 与 x 轴垂直

  C. 与 x 轴正向的夹角是锐角　　D. 与 x 轴正向的夹角是钝角

答案：C.

解析：因为 $f'(x_0)=1$，根据导数的几何意义可知，曲线 $y=f(x)$ 在点 $[x_0,f(x_0)]$ 处的切线斜率为 1，即 $\tan\alpha=1$，故该点处的切线与 x 正向的夹角是 $\dfrac{\pi}{4}$.

4. 设函数 $f(x)$ 在点 x_0 处存在 $f'_-(x_0)$ 和 $f'_+(x_0)$，则 $f'_-(x_0)=f'_+(x_0)$ 是导数 $f'(x_0)$ 存在的（　　）．

  A. 必要条件，不是充分条件　　B. 充分条件，不是必要条件

  C. 充分必要条件　　　　　　　D. 既不是充分条件也不是必要条件

答案：C.

解析：根据导数与单侧导数的关系知

    $f'(x_0)$ 存在 $\Leftrightarrow$ $f'_-(x_0)$ 与 $f'_+(x_0)$ 存在且相等．

5. 设 $y=f(-x)$，则 $y'=(\quad)$．

  A. $f'(x)$　　B. $-f'(x)$　　C. $f'(-x)$　　D. $-f'(-x)$

答案：D.

解析：根据复合函数的求导法则得

$$y'=[f(-x)]'=f'(-x)(-x)'=-f'(-x).$$

6. 设 $f(-x)=-f(x)$，且 $f'(-x_0)=-k\neq 0$，则 $f'(x_0)=(\quad)$．

  A. k　　B. $-k$　　C. $-\dfrac{1}{k}$　　D. $\dfrac{1}{k}$

答案：B.

解析：由 $f(-x)=-f(x)$ 可知，函数 $f(x)$ 为奇函数，所以 $f'(-x)=f'(x)$，即 $f'(x)$ 为偶函数．由 $f'(-x_0)=-k\neq 0$ 可知 $f'(x_0)=-k$．

7. 若曲线 $f(x)=3x^2-3x-17$ 上点 M 处的切线斜率是 15，则点 M 的坐标为（　　）．

  A. $(3,15)$　　B. $(3,1)$　　C. $(-3,15)$　　D. $(-3,1)$

答案：B.

解析：由于 $f'(x)=(3x^2-3x-17)'=6x-3$，由导数几何意义得

  $6x-3=15$，即 $x=3$，故 $y=1$，即点 $M(3,1)$．

8. 函数在某点不可导，函数所表示的曲线在相应点的切线（　　）．

  A. 一定不存在　　B. 不一定存在　　C. 一定存在　　D. 一定平行于 y 轴

答案：B.

解析：由于函数在某点不可导，通常遇到的是两种情况，一种是曲线在该点没有切线，另一种是曲线在该点的切线垂直于 x 轴．所以，函数在某点不可导，函数所表示的曲线在相应点可能没有切线，也可能有垂直于 x 轴的切线．

9. 过点(1,3)且切线斜率为$2x$的曲线方程$y=f(x)$应满足的关系式是(   ).

    A. $y'=2x$ B. $y''=2x$ C. $y'=2x, f(1)=3$ D. $y''=2x, f(1)=3$

答案:C.

解析:由条件可知,$k=y'=2x$,且当$x=1$时,$y=3$,即满足
$$y'=2x, f(1)=3.$$

10. 设函数$f(x)$为偶函数,且在$x=0$处可导,则$f'(0)=(\ )$.

    A. 1   B. -1 C. 0   D. 因$f(x)$不同而得不同的值

答案:C.

解析:由条件可知$f(-x)=f(x)$,所以$f'(x)=-f'(-x)$,故有$f'(0)=-f'(0)$,即
$$f'(0)=0.$$

11. 设$y=\ln|x|$,则$y'=(\ )$.

    A. $\dfrac{1}{x}$ B. $-\dfrac{1}{x}$ C. $\dfrac{1}{|x|}$ D. $-\dfrac{1}{|x|}$

答案:A.

解析:当$x>0$时,$y=\ln x$,$y'=\dfrac{1}{x}$;当$x<0$时,$y=\ln(-x)$,$y'=\dfrac{-1}{-x}=\dfrac{1}{x}$. 所以在$(-\infty,0)\cup(0,+\infty)$内有$y'=(\ln|x|)'=\dfrac{1}{x}$.

12. 设$y=\ln|f(x)|$,且$f(x)$可导,则$y'=(\ )$.

    A. $\dfrac{1}{f(x)}$ B. $-\dfrac{1}{f(x)}$ C. $\dfrac{f'(x)}{f(x)}$ D. $-\dfrac{f'(x)}{f(x)}$

答案:C.

解析:因为当$f(x)>0$时,$y=\ln f(x)$,$y'=\dfrac{f'(x)}{f(x)}$;当$f(x)<0$时,$y=\ln[-f(x)]$,
$$y'=\dfrac{-f'(x)}{-f(x)}=\dfrac{f'(x)}{f(x)}.$$ 所以有$y'=[\ln|f(x)|]'=\dfrac{f'(x)}{f(x)}$.

13. 设$f(x)$为可导的偶函数,且$f(x)\neq 0$,则不是奇函数的是(   ).

    A. $xf(x)+f'(x)$ B. $f(x)+xf'(x)$

    C. $[f(2x)]'$ D. $f'(x)+f'(2x)$

答案:B.

解析:由于$f(x)$为可导的偶函数,所以$f'(x)$是奇函数,故$xf(x)+f'(x)$,$[f(2x)]'=2f'(2x)$,$f'(x)+f'(2x)$都是奇函数,只有$f(x)+xf'(x)$是偶函数.

14. 设$f(x)$为可导的偶函数,则曲线$y=f(x)$在其上任一点(x,y)和$(-x,y)$处的切线斜率(   ).

    A. 彼此相等   B. 互为相反数   C. 互为倒数   D. 互为负倒数

答案:B.

解析:由于$f(x)$为可导的偶函数,所以$f'(x)$是奇函数,故曲线$y=f(x)$在点(x,y)的切线斜率为$k_1=f'(x)$,在点$(-x,y)$的切线斜率为$k_2=f'(-x)=-f'(x)$,可见k_1与k_2恰好互为相反数.

15. 函数$y=|x-1|$在$x=1$处(   ).

    A. 不连续   B. 连续但不可导

C. 连续且 $f'(1) = -1$ D. 连续且 $f'(1) = 1$

答案：B.

解析：由于 $\lim\limits_{x \to 1} f(x) = \lim\limits_{x \to 1} |x-1| = 0 = f(1)$，所以函数在 $x = 1$ 处连续；

又 $f'_-(1) = \lim\limits_{x \to 1^-} \dfrac{f(x) - f(1)}{x-1} = \lim\limits_{x \to 1^-} \dfrac{1-x}{x-1} = -1$，$f'_+(1) = \lim\limits_{x \to 1^+} \dfrac{f(x) - f(1)}{x-1} = \lim\limits_{x \to 1^+} \dfrac{x-1}{x-1} = 1$，

即 $f'_-(1) \neq f'_+(1)$，所以函数在 $x = 1$ 处不可导.

16. 函数 $y = |\sin x|$ 在点 $x = 0$ 处的导数是（ ）.

  A. 1   B. -1 C. ± 1 D. 不存在

答案：D.

解析：根据导数定义

$f'_-(0) = \lim\limits_{x \to 0^-} \dfrac{f(x) - f(0)}{x} = \lim\limits_{x \to 0^-} \dfrac{-\sin x}{x} = -1$，$f'_+(0) = \lim\limits_{x \to 0^+} \dfrac{f(x) - f(0)}{x} = \lim\limits_{x \to 0^+} \dfrac{\sin x}{x} = 1$，

可见 $f'_-(0) \neq f'_+(0)$，所以函数在 $x = 0$ 处不可导，即导数不存在.

17. 函数 $y = |x - 2|$ 在点 $x = 2$ 处的导数（ ）.

  A. 等于 1   B. 等于 0   C. 等于 -1 D. 不存在

答案：D.

解析：由于 $f'_-(2) = \lim\limits_{x \to 2^-} \dfrac{f(x) - f(2)}{x-2} = \lim\limits_{x \to 2^-} \dfrac{2-x}{x-2} = -1$，

$f'_+(2) = \lim\limits_{x \to 2^+} \dfrac{f(x) - f(2)}{x-2} = \lim\limits_{x \to 2^+} \dfrac{x-2}{x-2} = 1$ ，

可见 $f'_-(2) \neq f'_+(2)$，所以函数在点 $x = 2$ 处不可导，即导数不存在.

18. 已知 $\dfrac{d}{dx}\left[f\left(\dfrac{1}{x^2}\right)\right] = \dfrac{1}{x}$，则 $f'\left(\dfrac{1}{2}\right) = ($ ）.

  A. $\dfrac{1}{\sqrt{2}}$ B. -1 C. 2   D. -4

答案：B.

解析：由于 $\dfrac{d}{dx}\left[f\left(\dfrac{1}{x^2}\right)\right] = f'\left(\dfrac{1}{x^2}\right) \cdot \left(-\dfrac{2}{x^3}\right) = \dfrac{1}{x}$，所以

$$f'\left(\dfrac{1}{x^2}\right) = \dfrac{1}{x} \cdot \left(-\dfrac{x^3}{2}\right) = -\dfrac{x^2}{2},$$

令 $x = \sqrt{2}$，则

$$f'\left(\dfrac{1}{2}\right) = -\dfrac{2}{2} = -1.$$

19. 已知直线 $y = 2x$ 是抛物线 $y = x^2 + ax + b$ 上过点 $(2, 4)$ 处的切线，则（ ）.

  A. $a = 2, b = -4$ B. $a = -2, b = 4$
  C. $a = 6, b = -12$ D. $a = -6, b = 12$

答案：B.

解析：由于 $y' = (x^2 + ax + b)' = 2x + a$，即 $k = y'|_{x=2} = 4 + a = 2$，所以 $a = -2$，又抛物线过点 $(2, 4)$，即 $4 = 2^2 + (-2) \times 2 + b$，所以 $b = 4$.

20. 设曲线 $y = x^3 + ax$ 与曲线 $y = bx^2 + c$ 在点 $(-1, 0)$ 相切，其中 a、b、c 均为常数，则
（ ）.

A. $a=b=-1, c=1$ B. $a=-1, b=2, c=-2$
C. $a=1, b=-2, c=2$ D. $a=c=1, b=-1$

答案:A.

解析:由于 $y'=(x^3+ax)'=3x^2+a$,$y'=(bx^2+c)'=2bx$,且两条曲线在点$(-1,0)$处相切,则

$$\begin{cases}(-1)^3-a=0,\\(-1)^2 b+c=0,\\3\times(-1)^2+a=2b\times(-1),\end{cases}\Rightarrow\begin{cases}a=-1,\\b+c=0,\\3+a=-2b,\end{cases}\Rightarrow\begin{cases}a=-1,\\b=-1,\\c=1.\end{cases}$$

21. 设函数$f(x)$在$(-\infty,+\infty)$内可导,且$\lim\limits_{x\to 0}\dfrac{f(1)-f(1-x)}{x}=-1$,则曲线$y=f(x)$在点$[1,f(1)]$处的切线斜率为( ).

A. $\dfrac{1}{2}$ B. 0 C. -1 D. -2

答案:C.

解析:因为函数$f(x)$在$(-\infty,+\infty)$内可导,根据导数定义得

$$\lim_{x\to 0}\frac{f(1)-f(1-x)}{x}=\lim_{x\to 0}\frac{f(1+(-x))-f(1)}{-x}=f'(1)=-1,$$

所以曲线$y=f(x)$在点$(1,f(1))$处的切线斜率为$k=f'(1)=-1$.

22. 设函数$f(x)$在(a,b)内连续,且$x_0\in(a,b)$,则( ).

A. $\lim\limits_{x\to x_0}f(x)$存在,且$f(x)$在点$x_0$处可导

B. $\lim\limits_{x\to x_0}f(x)$存在,但$f(x)$在点$x_0$处不一定可导

C. $\lim\limits_{x\to x_0}f(x)$不存在,但$f(x)$在点$x_0$处可导

D. $\lim\limits_{x\to x_0}f(x)$不一定存在

答案:B.

解析:因为函数$f(x)$在(a,b)内连续,当$x_0\in(a,b)$时,根据函数连续的定义可知,$\lim\limits_{x\to x_0}f(x)$必存在;又根据函数连续和可导的关系知,函数$f(x)$在点$x_0$处却不一定可导.

23. 函数$y=f(x)$在点x_0处可导是其在该点可微分的( ).

A. 必要条件,不是充分条件 B. 充分条件,不是必要条件
C. 充分必要条件 D. 既不是充分条件,也不是必要条件

答案:C.

解析:根据函数导数定义和微分定义可知

$$\frac{\mathrm{d}y}{\mathrm{d}x}=f'(x)\quad\Leftrightarrow\quad \mathrm{d}y=f'(x)\mathrm{d}x.$$

24. 设函数$f(x)$可导,则$f(\sin^2 x)$的导数为( ).

A. $f'(\sin^2)x$ B. $f'(\sin^2 x)\cdot 2\sin x$
C. $f'(\sin^2 x)\cdot\sin 2x$ D. $-f'(\sin^2 x)\cdot\sin 2x$

答案:C.

解析:由于函数$f(x)$可导,所以

$$[f(\sin^2 x)]'=f'(\sin^2 x)\cdot 2\sin x\cdot\cos x=f'(\sin^2 x)\cdot\sin 2x.$$

25. 设函数 $y=f(x)$ 在 $x=0$ 处可导,① 若 $f(0)=0$,则必有 $f'(0)=0$;② 若 $f'(0)=0$,则必有 $f(0)=0$. 上述命题(   ).

   A. 命题①正确   B. 命题②正确
   C. 两个命题都不正确   D. 两个命题都正确

答案:C.

解析:如 $f(x)=\sin x, f'(x)=\cos x, f(0)=0$,而 $f'(0)=1$;
又 $f(x)=\cos x, f'(x)=\sin x, f'(0)=0$,而 $f(0)=1$.

26. 设函数 $y=\cos\omega x$(ω 为常数),则 $y'=(\quad)$.

   A. $\omega\sin\omega x$ B. $-\sin\omega x$ C. $-\omega\sin\omega x$ D. $\sin\omega x$

答案:C.

解析:$y'=(\cos\omega x)'=-\omega\sin\omega x$.

27. 若 $y=e^{-x^2}$,则 $y'=(\quad)$.

   A. e^{-x^2} B. $-e^{-x^2}$ C. $2xe^{-x^2}$ D. $-2xe^{-x^2}$

答案:D.

解析:$y'=(e^{-x^2})'=e^{-x^2}(-x^2)'=-2xe^{-x^2}$.

28. 若函数 $y=f(x)$ 在 $x=0$ 处二阶可导,则 $f''(0)=(\quad)$.

   A. $[f'(0)]'$ B. $\dfrac{d^2y}{dx^2}$ C. $[f'(x)]'$ D. $[f'(x)]'\Big|_{x=0}$

答案:D.

解析:根据导数定义和高阶导数的求导法可知

$[f'(0)]'=(C)'=0;\dfrac{d^2y}{dx^2}=f''(x)$ 是二阶导函数;

$[f'(x)]'=f''(x)$ 是二阶导函数;$[f'(x)]'\Big|_{x=0}=f''(x)\Big|_{x=0}=f''(0)$.

29. 如果函数 $y=f(x)$ 为 $(-\infty,+\infty)$ 内可导的奇函数,且 $f'(x_0)=3$,则 $f'(-x_0)=(\quad)$.

   A. -3 B. 3 C. 0 D. 无法确定

答案:B.

解析:因为函数 $y=f(x)$ 为奇函数,所以 $f'(x)$ 为偶函数,则有
$$f'(-x_0)=f'(x_0)=3.$$

30. 下列函数中,在 $x=0$ 处可导的是(   ).

   A. $y=\sqrt{x^2}$ B. $y=\sqrt[3]{x}$ C. $y=\sqrt[3]{x^2}$ D. $y=\sqrt[3]{x^4}$

答案:D.

解析:因为由导数定义可以证明 $y=\sqrt{x^2}=|x|$ 在 $x=0$ 处不可导;

而由 $y'=(\sqrt[3]{x})'=\dfrac{1}{3\sqrt[3]{x^2}}$ 可知,函数 $y=\sqrt[3]{x}$ 在 $x=0$ 处不可导;

由 $y'=(\sqrt[3]{x^2})'=\dfrac{2}{3\sqrt[3]{x}}$ 可知,函数 $y=\sqrt[3]{x^2}$ 在 $x=0$ 处不可导;

由 $y=(\sqrt[3]{x^4})'=\dfrac{4}{3}x$ 可得 $f'(0)=0$,即函数 $y=\sqrt[3]{x^4}$ 在 $x=0$ 处可导.

31. 若函数 $f(x)$ 可导,则 $[x \cdot f(\ln x)]' = (\quad)$.

　　A. $x \cdot f'(\ln x)$　　　　　　　　B. $f(\ln x) + x \cdot f'(\ln x)$

　　C. $f(\ln x) + f'(\ln x)$　　　　　　D. $f'(\ln x)$

答案:C.

解析:因为
$$[x \cdot f(\ln x)]' = f(\ln x) + x \cdot f'(\ln x) \cdot \frac{1}{x} = f(\ln x) + f'(\ln x).$$

32. 已知函数 $f(x) = ax^2 + bx + 2$,且 $f(2) = f'(2) = f''(2)$,则($\quad$).

　　A. $a = 1, b = -2$　　　　　　　B. $a = -1, b = -2$

　　C. $a = -1, b = 2$　　　　　　　D. $a = 1, b = 2$

答案:A.

解析:由于 $f'(x) = 2x + b, f''(x) = 2$,所以有
$$4a + 2b + 2 = 4 + b = 2,$$
所以由 $4 + b = 2$,得 $b = -2$;由 $4a + 2b + 2 = 2$ 和 $b = -2$,得 $a = 1$.

四、计算题

1. 讨论下列函数在给定点处的连续性和可导性:

(1) $f(x) = \begin{cases} \ln x, & x \geq 1 \\ x - 1, & x < 1 \end{cases}, \quad x = 1,$

解:讨论连续性:因为
$$f(1^-) = \lim_{x \to 1^-} f(x) = \lim_{x \to 1^-}(x-1) = 0, \quad f(1^+) = \lim_{x \to 1^+} f(x) = \lim_{x \to 1^+} \ln x = 0,$$
所以 $\lim_{x \to 1} f(x) = 0$,而 $f(1) = 0$. 则有 $\lim_{x \to 1} f(x) = 0 = f(1)$,故函数在 $x = 1$ 处连续.

讨论可导性:

当 $x < 1$ 时,$f'(x) = 1, f'_-(1) = \lim_{x \to 1^-} 1 = 1,$

当 $x > 1$ 时,$f'(x) = \frac{1}{x}, f'_+(1) = \lim_{x \to 1^+} \frac{1}{x} = 1,$

由于 $f'_-(1) = f'_+(1) = 1$,所以 $f'(1) = 1$,故函数在 $x = 1$ 处连续且可导.

(2) $f(x) = \begin{cases} x \arctan \dfrac{1}{x}, & x \neq 0 \\ 0, & x = 0 \end{cases}, \quad x = 0;$

解:连续性:由于 $\lim_{x \to 0^-} f(x) = \lim_{x \to 0^-} x \arctan \dfrac{1}{x} = 0,$
$$\lim_{x \to 0^+} f(x) = \lim_{x \to 0^+} x \arctan \dfrac{1}{x} = 0.$$
而 $f(0) = 0$,即 $\lim_{x \to 0} f(x) = 0 = f(0)$,所以函数在 $x = 0$ 处连续.

可导性:由于
$$f'_-(0) = \lim_{x \to 0^-} \frac{f(x) - f(0)}{x} = \lim_{x \to 0^-} \frac{x \arctan \dfrac{1}{x}}{x} = \lim_{x \to 0^-} \arctan \dfrac{1}{x} = -\dfrac{\pi}{2},$$

$$f'_+(0) = \lim_{x \to 0^+} \frac{f(x) - f(0)}{x} = \lim_{x \to 0^+} \frac{x\arctan\frac{1}{x}}{x} = \lim_{x \to 0^+} \arctan\frac{1}{x} = \frac{\pi}{2},$$

由于 $f'_-(0) = -\frac{\pi}{2} \neq f'_+(0) = \frac{\pi}{2}$，所以函数在 $x=0$ 处不可导，即函数在 $x=0$ 处连续但不可导．

(3) $f(x) = \begin{cases} x^2\sin\frac{1}{x}, & x \neq 0 \\ 0, & x = 0 \end{cases}$, $x = 0$;

解：连续性：由于

$$\lim_{x \to 0} f(x) = \lim_{x \to 0} x^2\sin\frac{1}{x} = 0, \text{而 } f(0) = 0,$$

即 $\lim_{x \to 0} f(x) = f(0) = 0$，所以函数在 $x=0$ 处连续．

可导性：因为

$$\lim_{x \to 0} \frac{f(x) - f(0)}{x} = \lim_{x \to 0} \frac{x^2\sin\frac{1}{x}}{x} = \lim_{x \to 0} x\sin\frac{1}{x} = 0,$$

所以函数在 $x=0$ 处可导，且 $f'(0) = 0$，故函数在 $x=0$ 处连续且可导．

(4) $f(x) = |\sin x|, x = 0$;

解：连续性：由于 $\lim_{x \to 0} f(x) = \lim_{x \to 0} |\sin x| = 0$，而 $f(0) = 0$，

即 $\lim_{x \to 0} f(x) = f(0) = 0$，所以函数在 $x=0$ 处连续．

可导性：因为

$$f'_-(0) = \lim_{x \to 0^-} \frac{f(x) - f(0)}{x} = \lim_{x \to 0^-} \left(-\frac{\sin x}{x}\right) = -1,$$

$$f'_+(0) = \lim_{x \to 0^+} \frac{f(x) - f(0)}{x} = \lim_{x \to 0^+} \frac{\sin x}{x} = 1,$$

即 $f'_-(0) \neq f'_+(0)$，所以函数在 $x=0$ 处不可导，故函数在 $x=0$ 处连续但不可导．

(5) $f(x) = |x - 1|, x = 1$;

解：连续性：因为 $\lim_{x \to 1} f(x) = \lim_{x \to 1} |x - 1| = 0$，而 $f(1) = 0$，

即 $\lim_{x \to 1} f(x) = f(1) = 0$，所以函数在 $x=1$ 处连续．

可导性：因为

$$f'_-(1) = \lim_{x \to 1^-} \frac{f(x) - f(1)}{x - 1} = \lim_{x \to 1^-} \frac{-(x-1)}{x-1} = -1,$$

$$f'_+(1) = \lim_{x \to 1^+} \frac{f(x) - f(1)}{x - 1} = \lim_{x \to 1^+} \frac{x-1}{x-1} = 1,$$

即 $f'_-(1) \neq f'_+(1)$，所以函数在 $x=1$ 处不可导，故函数在 $x=1$ 处连续但不可导．

(6) $f(x) = \begin{cases} 2xe^x + 1, & x > 0 \\ 1, & x = 0, \\ x^2 + 1, & x < 0 \end{cases}$ $x = 0$.

解：连续性：因为

$$\lim_{x \to 0^-} f(x) = \lim_{x \to 0^-} (x^2 + 1) = 1, \lim_{x \to 0^+} f(x) = \lim_{x \to 0^+} (2xe^x + 1) = 1,$$

所以 $\lim\limits_{x\to 0}f(x)=1$,而 $f(0)=1$,即 $\lim\limits_{x\to 0}f(x)=f(0)=1$,故函数在 $x=0$ 处连续.

可导性:由于
$$f'_-(0)=\lim_{x\to 0^-}\frac{f(x)-f(0)}{x}=\lim_{x\to 0^-}\frac{x^2+1-1}{x}=\lim_{x\to 0^-}x=0,$$
$$f'_+(0)=\lim_{x\to 0^+}\frac{f(x)-f(0)}{x}=\lim_{x\to 0^+}\frac{2xe^x+1-1}{x}=\lim_{x\to 0^+}2e^x=2,$$

即 $f'_-(0)\neq f'_+(0)$,所以函数在 $x=0$ 处不可导,故函数在 $x=0$ 处连续但不可导.

2. 求下列函数的导数:

(1) $y=3x^3+3^x+\ln x+3^3$;

解:$y'=(3x^3+3^x+\ln x+3^3)'=9x^2+3^x\ln 3+\dfrac{1}{x}$.

(2) $y=x\sec x-\csc x$;

解:$y'(x\sec x-\csc x)'=\sec x+x\sec x\tan x+\csc x\cot x$.

(3) $y=e^x\cos x$;

解:$y'=(e^x\cos x)'=e^x\cos x-e^x\sin x=e^x(\cos x-\sin x)$.

(4) $y=(x^2+1)\ln x$;

解:$y'=[(x^2+1)\ln x]'=2x\ln x+\dfrac{x^2+1}{x}=x(2\ln x+1)+\dfrac{1}{x}$.

(5) $y=x^{\sqrt{2}}+x\arcsin x$;

解:$y'=(x^{\sqrt{2}}+x\arcsin x)'=\sqrt{2}x^{\sqrt{2}-1}+\arcsin x+\dfrac{x}{\sqrt{1-x^2}}$.

(6) $y=\cos x+x^2\sin x$;

解:$y'=(\cos x+x^2\sin x)'=-\sin x+2x\sin x+x^2\cos x$.

(7) $y=x\tan x-\cot x$;

解:$y'=(x\tan x-\cot x)'=\tan x+x\sec^2 x+\csc^2 x$.

(8) $y=xe^x\ln x$;

解:$y'=(xe^x\ln x)'=e^x\ln x+xe^x\ln x+e^x=e^x(\ln x+x\ln x+1)$.

(9) $y=x\ln x+\dfrac{\ln x}{x}$;

解:$y'=\left(x\ln x+\dfrac{\ln x}{x}\right)'=\ln x+1+\dfrac{1-\ln x}{x^2}=\ln x+\dfrac{1}{x^2}(1-\ln x)+1$.

(10) $y=\dfrac{x+1}{x+2}$;

解:$y'=\left(\dfrac{x+1}{x+2}\right)'=\dfrac{x+2-x-1}{(x+2)^2}=\dfrac{1}{(x+2)^2}$.

(11) $y=\dfrac{x-1}{x^2+1}$;

解:$y'=\left(\dfrac{x-1}{x^2+1}\right)'=\dfrac{x^2+1-2x(x-1)}{(x^2+1)^2}=\dfrac{-x^2+2x+1}{(x^2+1)^2}$.

(12) $y=\dfrac{1+\ln x}{1-\ln x}$;

解:$y'=\left(\dfrac{1+\ln x}{1-\ln x}\right)'=\dfrac{\dfrac{1}{x}(1-\ln x)-\dfrac{1}{x}(1+\ln x)}{(1-\ln x)^2}=-\dfrac{2\ln x}{x(1-\ln x)^2}$.

(13) $y = \dfrac{x\tan x}{1+x^2}$;

解：$y' = \left(\dfrac{x\tan x}{1+x^2}\right)' = \dfrac{(\tan x + x\sec^2 x)(1+x^2) - x\tan x \cdot 2x}{(1+x^2)^2}$

$= \dfrac{\tan x + x\sec^2 x + x^2\tan x + x^3\sec^2 x - 2x^2\tan x}{(1+x^2)^2}$

$= \dfrac{(1-x^2)\tan x + x(1+x^2)\sec^2 x}{(1+x^2)^2}.$

(14) $y = \dfrac{\ln x + x}{x^2}$;

解：$y' = \left(\dfrac{\ln x + x}{x^2}\right)' = \dfrac{\left(\dfrac{1}{x}+1\right)x^2 - 2x(\ln x + x)}{x^4}$

$= \dfrac{x + x^2 - 2x\ln x - 2x^2}{x^4} = \dfrac{1 - x - 2\ln x}{x^3}.$

(15) $y = \dfrac{\sin x}{1+\cos x}$;

解：$y' = \left(\dfrac{\sin x}{1+\cos x}\right)' = \dfrac{\cos x(1+\cos x) - (-\sin x)\sin x}{(1+\cos x)^2}$

$= \dfrac{\cos x + \cos^2 x + \sin^2 x}{(1+\cos x)^2} = \dfrac{\cos x + 1}{(1+\cos x)^2} = \dfrac{1}{1+\cos x}.$

(16) $y = \dfrac{x\ln x}{x+\ln x}$;

解：$y' = \left(\dfrac{x\ln x}{x+\ln x}\right)' = \dfrac{(\ln x + 1)(x+\ln x) - (x\ln x)\left(1+\dfrac{1}{x}\right)}{(x+\ln x)^2}$

$= \dfrac{x\ln x + x + (\ln x)^2 + \ln x - x\ln x - \ln x}{(x+\ln x)^2} = \dfrac{x + (\ln x)^2}{(x+\ln x)^2}.$

(17) $y = \dfrac{(1+x^2)\arctan x}{1+x}$;

解：$y' = \left[\dfrac{(1+x^2)\arctan x}{1+x}\right]' = \dfrac{(2x\arctan x + 1)(1+x) - (1+x^2)\arctan x}{(1+x)^2}$

$= \dfrac{2x\arctan x + 1 + 2x^2\arctan x + x - \arctan x - x^2\arctan x}{(1+x)^2}$

$= \dfrac{(x^2 + 2x - 1)\arctan x + x + 1}{(1+x)^2}.$

(18) $y = \dfrac{x\sin x}{1+\tan x}$;

解：$y' = \left(\dfrac{x\sin x}{1+\tan x}\right)' = \dfrac{(\sin x + x\cos x)(1+\tan x) - x\sin x\sec^2 x}{(1+\tan x)^2}$

$= \dfrac{\sin x + x\cos x + \sin x\tan x + x\cos x\tan x - x\sin x\sec^2 x}{(1+\tan x)^2}$

$= \dfrac{x(\cos x + \sin x) + \sin x(1 + \tan x - x\sec^2 x)}{(1+\tan x)^2}.$

(19) $y = \ln^2 x$;

解：$y' = \left[\ln^2 x\right]' = 2\ln x \cdot (\ln x)' = 2\ln x \cdot \dfrac{1}{x} = \dfrac{2}{x}\ln x.$

(20) $y = \ln(a^2 - x^2)$;

解: $y' = [\ln(a^2 - x^2)]' = \dfrac{1}{a^2 - x^2}(a^2 - x^2)' = -\dfrac{2x}{a^2 - x^2}$.

(21) $y = e^{-x^2}$;

解: $y' = (e^{-x^2})' = e^{-x^2}(-x^2)' = -2xe^{-x^2}$.

(22) $y = \cos(x^2 + 1)$;

解: $y' = [\cos(x^2 + 1)]' = -\sin(x^2 + 1)(x^2 + 1)' = -2x\sin(x^2 + 1)$.

(23) $y = \arcsin\dfrac{x}{2}$;

解: $y' = \left(\arcsin\dfrac{x}{2}\right)' = \dfrac{1}{\sqrt{1 - \left(\dfrac{x}{2}\right)^2}}\left(\dfrac{x}{2}\right)' = \dfrac{\dfrac{1}{2}}{\dfrac{\sqrt{4 - x^2}}{2}} = \dfrac{1}{\sqrt{4 - x^2}}$.

(24) $y = \arctan x^2$;

解: $y' = (\arctan x^2)' = \dfrac{1}{1 + (x^2)^2}(x^2)' = \dfrac{2x}{1 + x^4}$.

(25) $y = \ln\cos x^2$;

解: $y' = (\ln\cos x^2)' = \dfrac{1}{\cos x^2}(\cos x^2)' = \dfrac{-\sin x^2}{\cos x^2}(x^2)' = -2x\tan x^2$.

(26) $y = \ln\tan 2x$;

解: $y' = (\ln\tan 2x)' = \dfrac{1}{\tan 2x}(\tan 2x)' = \dfrac{\sec^2 2x}{\tan 2x}(2x)'$

$= \dfrac{2\cos 2x}{\sin 2x \cos^2 2x} = \dfrac{4}{\sin 4x} = 4\csc 4x$.

(27) $y = \arctan e^{-x}$;

解: $y' = (\arctan e^{-x})' = \dfrac{1}{1 + (e^{-x})^2}(e^{-x})' = \dfrac{e^{-x}(-x)'}{1 + e^{-2x}} = -\dfrac{e^{-x}}{1 + e^{-2x}}$.

(28) $y = 2^{\sin^2 x}$;

解: $y' = (2^{\sin^2 x})' = 2^{\sin^2 x} \cdot \ln 2 \cdot (\sin^2 x)' = 2^{\sin^2 x} \cdot \ln 2 \cdot 2\sin x (\sin x)'$

$= 2 \times 2^{\sin^2 x} \cdot \ln 2 \cdot \sin x \cos x = 2^{\sin^2 x} \cdot \ln 2 \cdot \sin 2x$.

(29) $y = \cos e^{x^2 + 2x + 3}$;

解: $y' = (\cos e^{x^2 + 2x + 3})' = -\sin e^{x^2 + 2x + 3}(e^{x^2 + 2x + 3})'$

$= -\sin e^{x^2 + 2x + 3} \cdot e^{x^2 + 2x + 3}(x^2 + 2x + 3)' = -2(x + 1)e^{x^2 + 2x + 3}\sin e^{x^2 + 2x + 3}$.

(30) $y = \ln[\ln^2(\ln 3x)]$;

解: $y' = \{\ln[\ln^2(\ln 3x)]\}' = \dfrac{1}{\ln^2(\ln 3x)}[\ln^2(\ln 3x)]' = \dfrac{2\ln(\ln 3x)}{\ln^2(\ln 3x)}[\ln(\ln 3x)]'$

$= \dfrac{2\ln(\ln 3x)}{\ln^2(\ln 3x)\ln 3x}(\ln 3x)' = \dfrac{2\ln(\ln 3x)}{3x\ln^2(\ln 3x)\ln 3x}(3x)'$

$= \dfrac{2\ln(\ln 3x)}{x\ln^2(\ln 3x)\ln 3x} = \dfrac{2}{x\ln(\ln 3x)\ln 3x}$.

(31) $y = \sqrt{1+x^2} \cdot \arctan x^3$;

解：$y' = \left(\sqrt{1+x^2} \cdot \arctan x^3\right)' = \dfrac{(1+x^2)'}{2\sqrt{1+x^2}}\arctan x^3 + \sqrt{1+x^2}\dfrac{(x^3)'}{1+(x^3)^2}$

$\qquad = \dfrac{x\arctan x^3}{\sqrt{1+x^2}} + \dfrac{3x^2\sqrt{1+x^2}}{1+x^6} = \dfrac{x}{\sqrt{1+x^2}}\left(\arctan x^3 + \dfrac{3x(1+x^2)}{1+x^6}\right).$

(32) $y = \cos\dfrac{1}{x^2} \cdot e^{\cos\frac{1}{x^2}}$;

解：$y' = \left(\cos\dfrac{1}{x^2} \cdot e^{\cos\frac{1}{x^2}}\right)' = -\sin\dfrac{1}{x^2}\left(\dfrac{1}{x^2}\right)' e^{\cos\frac{1}{x^2}} + \cos\dfrac{1}{x^2} \cdot e^{\cos\frac{1}{x^2}}\left(\cos\dfrac{1}{x^2}\right)'$

$\qquad = \dfrac{2e^{\cos\frac{1}{x^2}}}{x^3}\sin\dfrac{1}{x^2} - \cos\dfrac{1}{x^2} \cdot e^{\cos\frac{1}{x^2}}\sin\dfrac{1}{x^2}\left(\dfrac{1}{x^2}\right)'$

$\qquad = \dfrac{2e^{\cos\frac{1}{x^2}}}{x^3}\sin\dfrac{1}{x^2} + \dfrac{2e^{\cos\frac{1}{x^2}}}{x^3}\cos\dfrac{1}{x^2}\sin\dfrac{1}{x^2} = \dfrac{e^{\cos\frac{1}{x^2}}}{x^3}\left(\sin\dfrac{2}{x^2} + 2\sin\dfrac{1}{x^2}\right).$

(33) $y = \ln\sqrt{\dfrac{1-\sin x}{1+\sin x}}$;

解：$y = \ln\sqrt{\dfrac{1-\sin x}{1+\sin x}} = \dfrac{1}{2}[\ln(1-\sin x) - \ln(1+\sin x)]$

$y' = \left\{\dfrac{1}{2}[\ln(1-\sin x) - \ln(1+\sin x)]\right\}' = \dfrac{1}{2}\left(\dfrac{-\cos x}{1-\sin x} - \dfrac{\cos x}{1+\sin x}\right)'$

$\qquad = -\dfrac{\cos x + \cos x\sin x + \cos x - \cos x\sin x}{2(1-\sin^2 x)} = -\dfrac{2\cos x}{2\cos^2 x} = -\dfrac{1}{\cos x}.$

(34) $y = \arctan\sqrt{x^2-1} - \dfrac{\ln x}{\sqrt{x^2-1}}$;

解：$y' = \left(\arctan\sqrt{x^2-1} - \dfrac{\ln x}{\sqrt{x^2-1}}\right)'$

$\qquad = \dfrac{(\sqrt{x^2-1})'}{1+(\sqrt{x^2-1})^2} - \dfrac{\dfrac{1}{x}\sqrt{x^2-1} - \dfrac{2x\ln x}{2\sqrt{x^2-1}}}{(\sqrt{x^2-1})^2}$

$\qquad = \dfrac{x}{x^2\sqrt{x^2-1}} - \dfrac{x^2-1-x^2\ln x}{x(x^2-1)^{3/2}} = \dfrac{x\ln x}{(x^2-1)^{3/2}}.$

(35) $y = \ln\dfrac{2\tan x + 1}{\tan x + 2}$;

解：$y = \ln\dfrac{2\tan x + 1}{\tan x + 2} = \ln(2\tan x + 1) - \ln(\tan x + 2)$

$y' = (\ln(2\tan x + 1) - \ln(\tan x + 2))' = \dfrac{2\sec^2 x}{2\tan x + 1} - \dfrac{\sec^2 x}{\tan x + 2}$

$\qquad = \dfrac{3\sec^2 x}{2\tan^2 x + 5\tan x + 2} = \dfrac{3\sec^2 x}{2\sec^2 x + 5\tan x} = \dfrac{\dfrac{3}{\cos^2 x}}{\dfrac{2}{\cos^2 x} + \dfrac{5\sin x}{\cos x}}$

$\qquad = \dfrac{3}{2 + 5\sin x\cos x} = \dfrac{6}{4 + 5\sin 2x}.$

(36) $y = \dfrac{\arccos x}{x} - \ln \dfrac{1+\sqrt{1-x^2}}{x}$;

解: $y' = \left(\dfrac{\arccos x}{x}\right)' - \left[\ln\left(1+\sqrt{1-x^2}\right)\right]' + (\ln x)'$

$= \dfrac{-\dfrac{1}{\sqrt{1-x^2}} x - \arccos x}{x^2} - \dfrac{1}{1+\sqrt{1-x^2}} \cdot \dfrac{-x}{\sqrt{1-x^2}} + \dfrac{1}{x}$

$= -\dfrac{1}{x\sqrt{1-x^2}} - \dfrac{1}{x^2}\arccos x + \dfrac{x}{\sqrt{1-x^2}(1+\sqrt{1-x^2})} + \dfrac{1}{x}$

$= \dfrac{1}{x\sqrt{1-x^2}} - \dfrac{1}{x^2}\arccos x + \dfrac{x^2 + \sqrt{1-x^2}(1+\sqrt{1-x^2})}{x\sqrt{1-x^2}(1+\sqrt{1-x^2})}$

$= \dfrac{1}{x\sqrt{1-x^2}} - \dfrac{1}{x^2}\arccos x + \dfrac{1+\sqrt{1-x^2}}{x\sqrt{1-x^2}(1+\sqrt{1-x^2})}$

$= -\dfrac{1}{x\sqrt{1-x^2}} - \dfrac{1}{x^2}\arccos x + \dfrac{1}{x\sqrt{1-x^2}} = -\dfrac{1}{x^2}\arccos x.$

(37) $y = x\arcsin \dfrac{x}{2} + \sqrt{a^2 - x^2}$;

解: $y' = \left(x\arcsin \dfrac{x}{2} + \sqrt{4-x^2}\right)' = \arcsin \dfrac{x}{2} + \dfrac{\dfrac{1}{2}x}{\sqrt{1-\left(\dfrac{x}{2}\right)^2}} + \dfrac{-x}{\sqrt{4-x^2}}$

$= \arcsin \dfrac{x}{2} + \dfrac{x}{\sqrt{4-x^2}} - \dfrac{x}{\sqrt{4-x^2}} = \arcsin \dfrac{x}{2}.$

(38) $y = x\arctan \dfrac{x}{a} - \dfrac{a}{2}\ln(x^2+a^2)$;

解: $y' = \left[x\arctan \dfrac{x}{a} - \dfrac{a}{2}\ln(x^2+a^2)\right]'$

$= \arctan \dfrac{x}{a} + \dfrac{x}{1+\left(\dfrac{x}{a}\right)^2} \cdot \dfrac{1}{a} - \dfrac{a}{2} \cdot \dfrac{2x}{x^2+a^2} = \arctan \dfrac{x}{a} + \dfrac{ax}{a^2+x^2} - \dfrac{ax}{x^2+a^2} = \arctan \dfrac{x}{a}.$

(39) $y = \ln(x+\sqrt{1+x^2})$;

解: $y' = \left[\ln(x+\sqrt{1+x^2})\right]' = \dfrac{1}{x+\sqrt{1+x^2}}\left(1 + \dfrac{x}{\sqrt{1+x^2}}\right)$

$= \dfrac{1}{x+\sqrt{1+x^2}} \cdot \dfrac{\sqrt{1+x^2}+x}{\sqrt{1+x^2}} = \dfrac{1}{\sqrt{1+x^2}}.$

(40) $y = \ln \sin^2(3x+a)$;

解: $y' = \left[\ln \sin^2(3x+a)\right]' = \dfrac{1}{\sin^2(3x+a)} \times 2\sin(3x+a) \cdot \cos(3x+a) \times 3$

$= \dfrac{6\cos(3x+a)}{\sin(3x+a)} = 6\cot(3x+a).$

3. 求下列函数在指定点处的导数:

(1) $y = \dfrac{1}{2}\cos x + x\tan x$, $y'\big|_{x=\frac{\pi}{4}}$;

解：由于 $y' = \left(\dfrac{1}{2}\cos x + x\tan x\right)' = -\dfrac{1}{2}\sin x + \tan x + x\sec^2 x$，所以

$$y'\big|_{x=\frac{\pi}{4}} = -\dfrac{1}{2}\dfrac{\sqrt{2}}{2} + 1 + \dfrac{\pi}{4} \times 2 = -\dfrac{\sqrt{2}}{4} + \dfrac{\pi}{2} + 1.$$

(2) $y = \dfrac{x^2}{(1-x)(1+x)}$, $y'\big|_{x=2}$;

解：由于 $y' = \left(\dfrac{x^2}{1-x^2}\right)' = \dfrac{2x(1-x^2) - (-2x)x^2}{(1-x^2)^2} = \dfrac{2x}{(1-x^2)^2}$，所以

$$y'\big|_{x=2} = \dfrac{2 \cdot 2}{(1-2^2)^2} = \dfrac{4}{9}.$$

(3) $y = \dfrac{\cos x}{2x^2 + 3}$, $y'\big|_{x=\frac{\pi}{2}}$;

解：由于 $y' = \left(\dfrac{\cos x}{2x^2+3}\right)' = \dfrac{-\sin x(2x^2+3) - 2x\cos x}{(2x^2+3)^2}$，所以

$$y'\big|_{x=\frac{\pi}{2}} = -\dfrac{2 \times \left(\dfrac{\pi}{2}\right)^2 + 3}{\left(2 \times \left[\dfrac{\pi}{2}\right]^2 + 3\right)^2} = \dfrac{2}{\pi^2 + 6}.$$

(4) $y = xe^x$, $y'\big|_{x=0}$;

解：由于 $y' = (xe^x)' = e^x + xe^x = e^x(1+x)$，所以 $y'\big|_{x=0} = 1.$

(5) $y = \dfrac{x}{4^x}$, $y'\big|_{x=1}$;

解：由于 $y' = \left(\dfrac{x}{4^x}\right)' = \dfrac{4^x - x \cdot 4^x \ln 4}{4^{2x}} = \dfrac{1 - x\ln 4}{4^x}$，所以 $y'\big|_{x=1} = \dfrac{1 - \ln 4}{4}.$

(6) $y = \dfrac{1 + \ln x}{x}$, $y'\big|_{x=e}$;

解：由于 $y' = \left(\dfrac{1+\ln x}{x}\right)' = \dfrac{\dfrac{1}{x} \cdot x - (1+\ln x)}{x^2} = -\dfrac{\ln x}{x^2}$，所以

$$y'\big|_{x=e} = -\dfrac{1}{e^2}.$$

(7) $y = \sqrt{\tan\dfrac{x}{2}}$, $f'\left(\dfrac{\pi}{2}\right)$;

解：由于 $y' = \left(\sqrt{\tan\dfrac{x}{2}}\right)' = \dfrac{1}{2\sqrt{\tan\dfrac{x}{2}}} \cdot \sec^2\dfrac{x}{2} \cdot \dfrac{1}{2} = \dfrac{\sec^2\dfrac{x}{2}}{4\sqrt{\tan\dfrac{x}{2}}}$，所以

$$f'\left(\frac{\pi}{2}\right) = \frac{2}{4} = \frac{1}{2}.$$

(8) $y = \arctan \dfrac{2x}{1-x^2}, f'(1)$;

解：由于 $y' = \left(\arctan \dfrac{2x}{1-x^2}\right)' = \dfrac{1}{1 + \left(\dfrac{2x}{1-x^2}\right)^2} \cdot \dfrac{2(1-x^2) - (-2x) \cdot 2x}{(1-x^2)^2}$

$$= \frac{2(1+x^2)}{(1+x^2)^2} = \frac{2}{1+x^2}.$$

所以 $f'(1) = \dfrac{2}{1+1^2} = 1.$

(9) $y = \ln \sqrt{\dfrac{(1-x)\mathrm{e}^x}{\arccos x}}, f'(0)$;

解：由于 $y' = \left(\ln \sqrt{\dfrac{(1-x)\mathrm{e}^x}{\arccos x}}\right)' = \left\{\dfrac{1}{2}[\ln(1-x) + x - \ln \arccos x]\right\}'$

$$= \frac{1}{2}\left(\frac{-1}{1-x} + 1 - \frac{-1}{\arccos x \cdot \sqrt{1-x^2}}\right), 所以$$

$$f'(0) = \frac{1}{2}\left(-1 + 1 + \frac{2}{\pi}\right) = \frac{1}{\pi}.$$

(10) $y = \sqrt{x + \ln^2 x}, f'(1)$;

解：由于 $y' = \left(\sqrt{x + \ln^2 x}\right)' = \dfrac{1}{2\sqrt{x + \ln^2 x}} \cdot \left(1 + 2\ln x \cdot \dfrac{1}{x}\right)$，所以 $f'(1) = \dfrac{1}{2}.$

4. 设 $f(x)$ 是可导函数，求下列函数的导数：

(1) $y = f(x^2)$;

解：$y' = [f(x^2)]' = f'(x^2) \cdot (x^2)' = 2xf'(x^2).$

(2) $y = f(\mathrm{e}^x + x^\mathrm{e})$;

解：$y' = [f(\mathrm{e}^x + x^\mathrm{e})]' = f'(\mathrm{e}^x + x^\mathrm{e}) \cdot (\mathrm{e}^x + x^\mathrm{e})' = (\mathrm{e}^x + \mathrm{e}x^{\mathrm{e}-1})f'(\mathrm{e}^x + x^\mathrm{e}).$

(3) $y = f(\sin^2 x) + f(\cos^2 x)$;

解：$y' = [f(\sin^2 x) + f(\cos^2 x)]' = f'(\sin^2 x) \cdot (\sin^2 x)' + f'(\cos^2 x) \cdot (\cos^2 x)'$

$= f'(\sin^2 x) \cdot 2\sin x (\sin x)' + f'(\cos^2 x) \cdot 2\cos x (\cos x)'$

$= f'(\sin^2 x) \cdot 2\sin x \cdot \cos x + f'(\cos^2 x) \cdot 2\cos x \cdot (-\sin x)$

$= \sin 2x [f'(\sin^2 x) - f'(\cos^2 x)].$

(4) $y = f\left(\arccos \dfrac{1}{x}\right)$;

解：$y' = \left[f\left(\arccos \dfrac{1}{x}\right)\right]' = f'\left(\arccos \dfrac{1}{x}\right) \cdot \left(\arccos \dfrac{1}{x}\right)' = f'\left(\arccos \dfrac{1}{x}\right) \cdot \dfrac{-1}{\sqrt{1 - \left(\dfrac{1}{x}\right)^2}} \cdot \left(\dfrac{1}{x}\right)'$

$= f'\left(\arccos \dfrac{1}{x}\right) \cdot \dfrac{-1}{\sqrt{1 - \left(\dfrac{1}{x}\right)^2}} \cdot \left(-\dfrac{1}{x^2}\right) = f'\left(\arccos \dfrac{1}{x}\right) \dfrac{|x|}{x^2 \sqrt{x^2 - 1}}$

$$= \begin{cases} -\dfrac{1}{x\sqrt{x^2-1}}f'\left(\arccos\dfrac{1}{x}\right) & -\infty < x < -1, \\ \dfrac{1}{x\sqrt{x^2-1}}f'\left(\arccos\dfrac{1}{x}\right) & 1 < x < +\infty. \end{cases}$$

(5) $y = f[f(\cos x)]$;

解：$y' = \{f[f(\cos x)]\}' = f'[f(\cos x)][f(\cos x)]'$
$= f'[f(\cos x)]f'(\cos x)(\cos x)' = -\sin x \cdot f'[f(\cos x)]f'(\cos x)$.

(6) $y = f(e^x)e^{f(x)}$;

解：$y' = [f(e^x)e^{f(x)}]' = f'(e^x)(e^x)'e^{f(x)} + f(e^x)(e^{f(x)})'$
$= f'(e^x) \cdot e^x \cdot e^{f(x)} + f(e^x) \cdot e^{f(x)} \cdot f'(x) = e^{f(x)}[e^x f'(e^x) + f(e^x)f'(x)]$.

(7) $y = \ln[f(x)]$;

解：$y' = \{\ln[f(x)]\}' = \dfrac{1}{f(x)} \cdot f'(x)$.

(8) $y = f(\ln^2 x)$;

解：$y' = [f(\ln^2 x)]' = f'(\ln^2 x)(\ln^2 x)'$
$= f'(\ln^2 x) \cdot 2\ln x \cdot (\ln x)' = \dfrac{2\ln x}{x}f'(\ln^2 x)$.

5. 求下列方程所确定的隐含数 y 的导数 $\dfrac{dy}{dx}$：

(1) $ax^2 + by^2 - 1 = 0$；

解：方程两边对 x 求得　$(ax^2 + by^2 - 1)' = (0)'$ 即　$2ax + 2byy' = 0$，

解出 y' 得　$y' = -\dfrac{ax}{by}$.

(2) $y^2 - 2axy + b = 0$；

解：方程两边对 x 求导　$(y^2 - 2axy + b)' = (0)'$　即　$2yy' - 2ay - 2axy' = 0$，

解出 y' 得　$y' = \dfrac{ay}{y - ax}$.

(3) $y = 1 + x\sin y$；

解：方程两边对 x 求导　$(y)' = (1 + x\sin y)'$　即　$y' = \sin y + x\cos y \cdot y'$，

整理可得　$y' = \dfrac{\sin y}{1 - x\cos y}$.

(4) $e^y = \sin(x + y)$；

解：方程两边对 x 求导
$(e^y)' = [\sin(x + y)]'$　即　$e^y y' = \cos(x + y)(1 + y')$，

整理可得　$y' = \dfrac{\cos(x + y)}{e^y - \cos(x + y)}$.

(5) $xy = e^{x+y}$；

解：方程两边对 x 求导　$(xy)' = (e^{x+y})'$　即　$y + xy' = e^{x+y}(1 + y')$，

整理可得　$y' = \dfrac{e^{x+y} - y}{x - e^{x+y}} = \dfrac{y(x-1)}{x(1-y)}$.

(6) $e^{xy} + y\ln x = \sin 2x$；

解：方程两边对 x 求导

$$(e^{xy} + y\ln x)' = (\sin 2x)' \quad 即 \quad e^{xy}(y + xy') + y'\ln x + \frac{y}{x} = 2\cos 2x,$$

整理可得 $\quad y' = \dfrac{2x\cos 2x - xy e^{xy} - y}{x(xe^{xy} + \ln x)}.$

(7) $x^3 + y^3 - 3axy = 0$；

解：方程两边对 x 求导

$$(x^3 + y^3 - 3axy)' = (0)' \quad 即 \quad 3x^2 + 3y^2 y' - 3ay - 3axy' = 0$$

整理可得 $\quad y' = \dfrac{ay - x^2}{y^2 - ax}.$

(8) $y = 1 - xe^y$；

解：方程两边对 x 求导 $\quad (y)' = (1 - xe^y)' \quad 即 \quad y' = -e^y - xe^y \cdot y',$

整理可得 $\quad y' = -\dfrac{e^y}{1 + xe^y}.$

(9) $\dfrac{x^2}{a^2} + \dfrac{y^2}{b^2} = 1$；

解：方程两边对 x 求导 $\quad \left(\dfrac{x^2}{a^2} + \dfrac{y^2}{b^2}\right)' = (1)' \quad 即 \quad \dfrac{2x}{a^2} + \dfrac{2y}{b^2}y' = 0,$

整理可得 $\quad y' = -\dfrac{b^2 x}{a^2 y}.$

(10) $y - \cos(x + y) = 0$；

解：方程两边对 x 求导

$$[y - \cos(x + y)]' = (0)' \quad 即 \quad y' + \sin(x + y)(1 + y') = 0,$$

整理可得 $\quad y' = -\dfrac{\sin(x + y)}{1 + \sin(x + y)}.$

(11) $y = 1 - \ln(x + y) + e^y$；

解：方程两边对 x 求导

$$(y)' = [1 - \ln(x + y) + e^y]' \quad 即 \quad y' = -\dfrac{1}{x + y}(1 + y') + e^x y',$$

整理可得 $\quad \left(1 - e^y + \dfrac{1}{x + y}\right) y' = -\dfrac{1}{x + y}, y' = -\dfrac{1}{(x + y)(1 - e^y) + 1}.$

(12) $\arctan \dfrac{x}{y} = \ln \sqrt{x^2 + y^2}$；

解：方程两边对 x 求导 $\quad \left(\arctan \dfrac{x}{y}\right)' = \dfrac{1}{2}[\ln(x^2 + y^2)]'$，即

$$\dfrac{1}{1 + \left(\dfrac{x}{y}\right)^2}\left(\dfrac{x}{y}\right)' = \dfrac{1}{2}\dfrac{1}{x^2 + y^2}(x^2 + y^2)', \dfrac{y - xy'}{y^2 + x^2} = \dfrac{x + yy'}{x^2 + y^2},$$

整理可得 $\quad y' = \dfrac{y - x}{x + y}.$

(13) $x\cos y = \sin(x + y)$；

解：方程两边对 x 求导 $\quad (x\cos y)' = [\sin(x + y)]' \quad 即$

$$\cos y - x\sin y \cdot y' = \cos(x + y)(1 + y'),$$

整理可得 $y' = \dfrac{\cos y - \cos(x+y)}{x\sin y + \cos(x+y)}$.

(14) $ye^x + \ln y = 1$.

解:方程两边对 x 求导 $(ye^x + \ln y)' = (1)'$ 即 $y'e^x + ye^x + \dfrac{1}{y}y' = 0$,

整理可得 $y' = -\dfrac{y^2 e^x}{1 + ye^x}$.

6. 求下列参数方程所确定的函数的导数 $\dfrac{dy}{dx}$:

(1) $\begin{cases} x = 2t \\ y = 4t^2 \end{cases}$;

解: $\dfrac{dy}{dx} = \dfrac{(4t^2)'}{(2t)'} = \dfrac{8t}{2} = 4t$.

(2) $\begin{cases} x = te^{-t} \\ y = e^t \end{cases}$;

解: $\dfrac{dy}{dx} = \dfrac{(e^t)'}{(te^{-t})'} = \dfrac{e^t}{e^{-t} - te^{-t}} = \dfrac{e^{2t}}{1-t}$.

(3) $\begin{cases} x = at^2 \\ y = bt^3 \end{cases}$;

解: $\dfrac{dy}{dx} = \dfrac{(bt^3)'}{(at^2)'} = \dfrac{3bt^2}{2at} = \dfrac{3bt}{2a}$.

(4) $\begin{cases} y = 1 - t^2 \\ y = t - t^3 \end{cases}$;

解: $\dfrac{dy}{dx} = \dfrac{(t-t^3)'}{(1-t^2)'} = \dfrac{1-3t^2}{-2t} = \dfrac{3}{2}t - \dfrac{1}{2t}$.

(5) $\begin{cases} x = a\cos^3 t \\ y = b\sin^3 t \end{cases}$;

解: $\dfrac{dy}{dx} = \dfrac{(b\sin^3 t)'}{(a\cos^3 t)'} = \dfrac{3b\sin^2 \cdot \cos t}{3a\cos^2 t(-\sin t)} = -\dfrac{b}{a}\tan t$.

(6) $\begin{cases} x = t(1 - \sin t) \\ y = t\cos t \end{cases}$;

解: $\dfrac{dy}{dx} = \dfrac{(t\cos t)'}{(t(1-\sin t))'} = \dfrac{\cos t - t\sin t}{1 - \sin t - t\cos t}$.

(7) $\begin{cases} x = a\cos bt + b\sin at \\ y = a\sin bt - b\cos at \end{cases}$;

解: $\dfrac{dy}{dx} = \dfrac{(a\sin bt - b\cos at)'}{(a\cos bt + b\sin at)'} = \dfrac{ab\cos bt + ab\sin at}{-ab\sin bt + ab\cos at} = \dfrac{\cos bt + \sin at}{\cos at - \sin bt}$.

(8) $\begin{cases} x = \arctan t \\ y = \ln(1 + t^2) \end{cases}$;

解: $\dfrac{dy}{dx} = \dfrac{[\ln(1+t^2)]'}{(\arctan t)'} = \dfrac{\dfrac{2t}{1+t^2}}{\dfrac{1}{1+t^2}} = 2t$.

(9) $\begin{cases} x = \sin t \\ y = \cos 2t \end{cases}$;

解: $\dfrac{dy}{dx} = \dfrac{(\cos 2t)'}{(\sin t)'} = \dfrac{-2\sin 2t}{\cos t} = -4\sin t.$

(10) $\begin{cases} x = \dfrac{t^2}{2} \\ y = 1 - t \end{cases};$

解: $\dfrac{dy}{dx} = \dfrac{(1-t)'}{\left(\dfrac{t^2}{2}\right)'} = -\dfrac{1}{t}.$

(11) $\begin{cases} x = f'(t) \\ y = tf'(t) - f(t) \end{cases}$，设 $f''(t)$ 存在且不为零;

解: $\dfrac{dy}{dx} = \dfrac{[tf'(t) - f(t)]'}{(f'(t))'} = \dfrac{f'(t) + tf''(t) - f'(t)}{f''(t)} = t.$

(12) $\begin{cases} x = at\cos t \\ y = at\sin t \end{cases};$

解: $\dfrac{dy}{dx} = \dfrac{(at\sin t)'}{(at\cos t)'} = \dfrac{a(\sin t + t\cos t)}{a(\cos t - t\sin t)} = \dfrac{\sin t + t\cos t}{\cos t - t\sin t}.$

(13) $\begin{cases} x = e^t \sin t \\ y = e^t \cos t \end{cases}.$

解: $\dfrac{dy}{dx} = \dfrac{(e^t\cos t)'}{(e^t\sin t)'} = \dfrac{e^t\cos t - e^t\sin t}{e^t\sin t + e^t\cos t} = \dfrac{\cos t - \sin t}{\sin t + \cos t}$

$= \dfrac{(\cos t - \sin t)^2}{(\sin t + \cos t)(\cos t - \sin t)} = \dfrac{\cos^2 t - 2\sin t\cos t + \sin^2 t}{\cos^2 t - \sin^2 t}$

$= \dfrac{1 - \sin 2t}{\cos 2t} = \sec 2t - \tan 2t.$

7. 用对数求导法求下列函数的导数：

(1) $y = x^{x^2}$;

解: 先在函数两边取对数，得
$$\ln y = x^2 \cdot \ln x,$$
方程两边同时对 x 求导，得
$$\dfrac{1}{y} y' = 2x\ln x + x^2 \dfrac{1}{x} = 2x\ln x + x,$$

则 $y' = yx(2\ln x + 1) = x^{x^2+1}(2\ln x + 1).$

(2) $y = x^{\frac{1}{x}}$;

解: 先在函数两边取对数，得 $\ln y = \dfrac{1}{x}\ln x,$

方程两边同时对 x 求导，得 $\dfrac{1}{y}y' = -\dfrac{1}{x^2}\ln x + \dfrac{1}{x^2},$

则 $y' = \dfrac{y}{x^2}(1 - \ln x) = x^{\frac{1}{x}-2}(1 - \ln x).$

(3) $y = (1 + \cos x)^{\frac{1}{x}}$;

解: 先在函数两边取对数，得 $\ln y = \dfrac{1}{x}\ln(1 + \cos x),$

方程两边同时对 x 求导，得

$$\frac{1}{y}y' = -\frac{1}{x^2}\ln(1+\cos x) + \frac{-\sin x}{x(1+\cos x)},$$

则
$$y' = -y\frac{1}{x^2}\left[\ln(1+\cos x) + \frac{x\sin x}{(1+\cos x)}\right]$$

$$= -\frac{(1+\cos x)^{\frac{1}{x}}}{x^2}\left[\ln(1+\cos x) + \frac{x\sin x}{(1+\cos x)}\right].$$

(4) $y = (\ln x)^{e^x}$；

解：先在函数两边取对数，得 $\ln y = e^x \ln(\ln x)$，方程两边同时对 x 求导，得

$$\frac{1}{y}y' = e^x\ln(\ln x) + e^x\frac{1}{x\ln x},$$

则
$$y' = ye^x\left[\ln(\ln x) + \frac{1}{x\ln x}\right] = e^x(\ln x)^{e^x}\left[\ln(\ln x) + \frac{1}{x\ln x}\right].$$

(5) $y = (\tan x)^x$；

解：先在函数两边取对数，得 $\ln y = x\ln\tan x$，

方程两边同时对 x 求导，得

$$\frac{1}{y}y' = \ln\tan x + x\cdot\frac{\sec^2 x}{\tan x} = \ln\tan x + \frac{2x}{\sin 2x},$$

则
$$y' = y\left[\ln\tan x + \frac{2x}{\sin 2x}\right] = (\tan x)^x(\ln\tan x + 2x\csc 2x).$$

(6) $y = x^{\sin x}$；

解：先在函数两边取对数，得 $\ln y = \sin x \cdot \ln x$，方程两边同时对 x 求导，得

$$\frac{1}{y}y' = \cos x \cdot \ln x + \frac{\sin x}{x},$$

则
$$y' = y\frac{1}{x}(x\cos x \cdot \ln x + \sin x) = x^{\sin x - 1}(x\cos x \cdot \ln x + \sin x).$$

(7) $y = \sqrt{(x^2+1)(x^2-2)}$；

解：先在函数两边取对数，得

$$\ln y = \frac{1}{2}[\ln(x^2+1) + \ln(x^2-2)],$$

方程两边同时对 x 求导，得

$$\frac{1}{y}y' = \frac{1}{2}\left(\frac{2x}{x^2+1} + \frac{2x}{x^2-2}\right),$$

则
$$y' = \frac{y}{2}\left(\frac{2x}{x^2+1} + \frac{2x}{x^2-2}\right) = x\sqrt{(x^2+1)(x^2-1)}\left(\frac{1}{x^2+1} + \frac{1}{x^2-2}\right).$$

(8) $y = \dfrac{\sqrt{x+1}}{\sqrt[3]{x-2}(x+3)^2}$；

解：先在函数两边取对数，得

$$\ln y = \frac{1}{2}\ln(x+1) - \frac{1}{3}\ln(x-2) - 2\ln(x+3).$$

方程两边同时对 x 求导，得

$$\frac{1}{y}y' = \frac{1}{2(x+1)} - \frac{1}{3(x-2)} - \frac{2}{x+3},$$

则
$$y' = y\left(\frac{1}{2(x+1)} - \frac{1}{3(x-2)} - \frac{2}{x+3}\right)$$

$$= \frac{\sqrt{x+1}}{\sqrt[3]{x-2}(x+3)^2}\left(\frac{1}{2(x+1)} - \frac{1}{3(x-2)} - \frac{2}{x+3}\right).$$

(9) $y = \sqrt[3]{\frac{x(x^2+1)}{(x-1)^2}}$;

解:先在函数两边取对数,得
$$\ln y = \frac{1}{3}[\ln x + \ln(x^2+1) - 2\ln(x-1)],$$

方程两边同时对 x 求导,得
$$\frac{1}{y}y' = \frac{1}{3}\left(\frac{1}{x} + \frac{2x}{x^2+1} - \frac{2}{x-1}\right),$$

则 $y' = \frac{y}{3}\left(\frac{1}{x} + \frac{2x}{x^2+1} - \frac{2}{x-1}\right) = \frac{1}{3}\sqrt[3]{\frac{x(x^2+1)}{(x-1)^2}}\left(\frac{1}{x} + \frac{2x}{x^2+1} - \frac{2}{x-1}\right).$

(10) $y = \sqrt{\frac{1+\sin x}{1-\sin x}}$;

解:先在函数两边取对数,得
$$\ln y = \frac{1}{2}[\ln(1+\sin x) - \ln(1-\sin x)],$$

方程两边同时对 x 求导,得
$$\frac{1}{y}y' = \frac{1}{2}\left(\frac{\cos x}{1+\sin x} + \frac{\cos x}{1-\sin x}\right) = \frac{\cos x}{2}\cdot\frac{2}{\cos^2 x} = \frac{1}{\cos x},$$

则 $y' = \frac{y}{\cos x} = \sec x \cdot \sqrt{\frac{1+\sin x}{1-\sin x}}.$

(11) $y = \sqrt{\frac{e^{3x}}{x^3}} \cdot \arcsin x$;

解:先在函数两边取对数,得
$$\ln y = \frac{1}{2}(3x - 3\ln x) + \ln\arcsin x,$$

方程两边同时对 x 求导,得
$$\frac{1}{y}y' = \frac{3}{2}\left(1 - \frac{1}{x}\right) + \frac{1}{\arcsin x \sqrt{1-x^2}},$$

则 $y' = y\left(\frac{3(x-1)}{2x} + \frac{1}{\arcsin x \sqrt{1-x^2}}\right) = \sqrt{\frac{e^{3x}}{x^3}}\left[\frac{3(x-1)}{2x}\arcsin x + \frac{1}{\sqrt{1-x^2}}\right].$

(12) $y = \sqrt[5]{\frac{x-5}{\sqrt[5]{x^2+2}}}$;

解:先在函数两边取对数,得
$$\ln y = \frac{1}{5}\left[\ln(x-5) - \frac{1}{5}\ln(x^2+2)\right],$$

方程两边同时对 x 求导,得
$$\frac{1}{y}y' = \frac{1}{5}\left(\frac{1}{x-5} - \frac{2x}{5(x^2+2)}\right),$$

则 $y' = \frac{y}{5}\left(\frac{1}{x-5} - \frac{2x}{5(x^2+2)}\right) = \frac{1}{5}\sqrt[5]{\frac{x-5}{\sqrt[5]{x^2+2}}}\left(\frac{1}{x-5} - \frac{2x}{5(x^2+2)}\right).$

(13) $y = \sqrt{x\sin x \sqrt{1-e^x}}$;

解：先在函数两边取对数，得
$$\ln y = \frac{1}{2}\left[\ln x + \ln\sin x + \frac{1}{2}\ln(1-e^x)\right],$$
方程两边同时对 x 求导，得
$$\frac{1}{y}y' = \frac{1}{2}\left[\frac{1}{x} + \frac{\cos x}{\sin x} + \frac{-e^x}{2(1-e^x)}\right],$$
则
$$y' = \frac{y}{2}\left(\frac{1}{x} + \cot x - \frac{e^x}{2(1-e^x)}\right) = \frac{1}{2}\sqrt{x\sin x}\sqrt{1-e^x}\left[\frac{1}{x} + \cot x - \frac{e^x}{2(1-e^x)}\right].$$

(14) $y = \dfrac{\sqrt{x+2}(3-x)^4}{(x+1)^5}.$

解：先在函数两边取对数，得
$$\ln y = \frac{1}{2}\ln(x+2) + 4\ln(3-x) - 5\ln(x+1),$$
方程两边同时对 x 求导，得
$$\frac{1}{y}y' = \frac{1}{2(x+2)} - \frac{4}{3-x} - \frac{5}{x+1},$$
则
$$y' = y\left[\frac{1}{2(x+2)} - \frac{4}{3-x} - \frac{5}{x+1}\right] = \frac{\sqrt{x+2}(3-x)^4}{(x+1)^5}\left[\frac{1}{2(x+2)} - \frac{4}{3-x} - \frac{5}{x+1}\right].$$

8. 求下列函数的二阶导数 $\dfrac{d^2 y}{dx^2}$：

(1) $y = e^{\sqrt{x}}$；

解：$y' = e^{\sqrt{x}}(\sqrt{x})' = \dfrac{e^{\sqrt{x}}}{2\sqrt{x}}, \ y'' = \dfrac{\dfrac{e^{\sqrt{x}}}{2\sqrt{x}} \cdot 2\sqrt{x} - \dfrac{e^{\sqrt{x}}}{\sqrt{x}}}{4x} = \dfrac{e^{\sqrt{x}}(\sqrt{x}-1)}{4x\sqrt{x}}.$

(2) $y = e^{-x^2}$；
解：$y' = e^{-x^2}(-x^2)' = -2xe^{-x^2}, \ y'' = -2(e^{-x^2} - 2x^2 e^{-x^2}) = 2e^{-x^2}(2x^2 - 1).$

(3) $y = \sin^2 x$；
解：$y' = 2\sin x(\sin x)' = 2\sin x\cos x = \sin 2x, \ y'' = 2\cos 2x.$

(4) $y = (\arcsin x)^2$；
解：$y' = 2\arcsin x(\arcsin x)' = \dfrac{2\arcsin x}{\sqrt{1-x^2}},$

$$y'' = 2\left[\dfrac{\dfrac{1}{\sqrt{1-x^2}}\sqrt{1-x^2} - \dfrac{-x\arcsin x}{\sqrt{1-x^2}}}{1-x^2}\right] = \dfrac{2(\sqrt{1-x^2} + x\arcsin x)}{(1-x^2)^{3/2}}.$$

(5) $y = \ln(1-x^2)$；
解：$y' = \dfrac{1}{1-x^2}(1-x^2)' = \dfrac{-2x}{1-x^2} = \dfrac{2x}{x^2-1}, \ y'' = \dfrac{2(x^2-1-2x\cdot x)}{(x^2-1)^2} = -\dfrac{2(x^2+1)}{(x^2-1)^2}.$

(6) $y = \ln(x + \sqrt{x^2-1})$；
解：$y' = \dfrac{1}{x+\sqrt{x^2-1}}\left(1 + \dfrac{x}{\sqrt{x^2-1}}\right) = \dfrac{1}{\sqrt{x^2-1}}, \ y'' = -\dfrac{x}{(x^2-1)^{3/2}}.$

(7) $y = e^{-x}\sin x$；

解：$y' = -e^{-x}\sin x + e^{-x}\cos x = e^{-x}(\cos x - \sin x)$,

$\qquad y'' = -e^{-x}(\cos x - \sin x) + e^{-x}(-\sin x - \cos x) = -2e^{-x}\cos x.$

(8) $y = \dfrac{e^x}{x}$;

解：$y' = \dfrac{e^x x - e^x}{x^2}$;

$\qquad y'' = \dfrac{e^x x^3 - 2x(e^x x - e^x)}{x^4} = \dfrac{e^x(x^2 - 2x + 2)}{x^3}.$

(9) $x^2 + y^2 = 1$;

解：因为 $2x + 2yy' = 0$，所以有 $y' = -\dfrac{x}{y}$.

又 $2 + 2(y'^2 + yy'') = 0$，则有 $y'' = -\dfrac{1 + y'^2}{y} = -\dfrac{1 + \left(-\dfrac{x}{y}\right)^2}{y} = -\dfrac{y^2 + x^2}{y^3}.$

(10) $y = 1 + xe^y$;

解：因为 $y' = e^y + xe^y y'$，所以有

$\qquad y' = \dfrac{e^y}{1 - xe^y}, y'' = 2y'e^y + xe^y y'^2 + xe^y y'',$

所以 $\qquad y'' = \dfrac{2y'e^y + xe^y y'^2}{1 - xe^y},$

即 $\qquad y'' = \dfrac{2e^y \dfrac{e^y}{1 - xe^y} + xe^y \left(\dfrac{e^y}{1 - xe^y}\right)^2}{1 - xe^y} = \dfrac{2e^{2y} - xe^{3y}}{(1 - xe^y)^3}.$

(11) $b^2 x^2 + a^2 y^2 = a^2 b^2$;

解：因为 $2b^2 x + 2a^2 yy' = 0$，所以有

$\qquad y' = -\dfrac{b^2 x}{a^2 y}, y'' = \dfrac{a^2 b^2 y - a^2 b^2 x y'}{(a^2 y)^2} = \dfrac{b^2 y - b^2 x y'}{a^2 y^2},$

即 $\qquad y'' = \dfrac{b^2 y - b^2 x y'}{a^2 y^2} = -\dfrac{b^2 y - b^2 x \left(-\dfrac{b^2 x}{a^2 y}\right)}{a^2 y^2} = \dfrac{a^2 b^2 y^2 + b^4 x^2}{a^4 y^3}.$

(12) $y = \tan(x + y)$

解：因为 $y' = \sec^2(x + y)(1 + y')$，所以有

$\qquad y' = \dfrac{\sec^2(x + y)}{1 - \sec^2(x + y)} = -\csc^2(x + y), y'' = 2\csc^2(x + y)\cot(x + y)(1 + y'),$

即 $\qquad y'' = 2\csc^2(x + y)\cot(x + y)[1 - \csc^2(x + y)] = -2\csc^2(x + y)\cot^3(x + y).$

(13) $\begin{cases} x = \dfrac{t^2}{2}, \\ y = 1 - t; \end{cases}$

解：$\dfrac{dy}{dx} = -\dfrac{1}{t}, \dfrac{d^2 y}{dx^2} = \dfrac{1}{t^3}.$

(14) $\begin{cases} x = a\cos t, \\ y = b\sin t; \end{cases}$

解：$\dfrac{dy}{dx} = \dfrac{b\cos t}{-a\sin t} = -\dfrac{b}{a}\cot t, \dfrac{d^2 y}{dx^2} = \dfrac{b}{a}\csc^2 t \cdot \dfrac{1}{-a\sin t} = -\dfrac{b}{a^2}\csc^3 t.$

(15) $\begin{cases} x = 3e^{-t}, \\ y = 2e^t; \end{cases}$

解：$\dfrac{dy}{dx} = \dfrac{2e^t}{-3e^{-t}} = -\dfrac{2}{3}e^{2t}, \dfrac{d^2y}{dx^2} = -\dfrac{2}{3} \cdot 2e^{2t} \cdot \dfrac{1}{-3e^{-t}} = \dfrac{4}{9}e^{3t}.$

(16) $\begin{cases} x = \ln(1+t^2), \\ y = t - \arctan t. \end{cases}$

解：$\dfrac{dy}{dx} = \dfrac{1 - \dfrac{1}{1+t^2}}{\dfrac{2t}{1+t^2}} = \dfrac{t^2}{1+t^2} \cdot \dfrac{1+t^2}{2t} = \dfrac{t}{2}, \dfrac{d^2y}{dx^2} = \dfrac{1}{2} \cdot \dfrac{1}{\dfrac{2t}{1+t^2}} = \dfrac{1+t^2}{4t}.$

9. 求下列函数的微分：

(1) $y = \sin x + \cos x$；

解：$dy = d(\sin x + \cos x) = (\cos x - \sin x)dx.$

(2) $y = x\sin 2x$；

解：$dy = d(x\sin 2x) = \sin 2x dx + x d(\sin 2x)$
$= \sin 2x dx + 2x\cos 2x dx = (\sin 2x + 2x\cos 2x)dx.$

(3) $y = \dfrac{\cos x}{1-x^2}$；

解：$dy = d\left(\dfrac{\cos x}{1-x}\right) = \dfrac{(1-x^2)d(\cos x) - \cos x d(1-x^2)}{(1-x^2)^2}$
$= \dfrac{(1-x^2)(-\sin x dx) - \cos x(-2x dx)}{(1-x^2)^2}$
$= \dfrac{2x\cos x - (1-x^2)\sin x}{(1-x^2)^2}dx.$

(4) $y = \dfrac{x}{\sqrt{x^2+1}}$；

解：$dy = d\left(\dfrac{x}{\sqrt{x^2+1}}\right) = \dfrac{\sqrt{x^2+1}\,dx - x d(\sqrt{x^2+1})}{x^2+1}$
$= \dfrac{\sqrt{x^2+1}\,dx - \dfrac{2x^2}{2\sqrt{x^2+1}}dx}{x^2+1} = \dfrac{1}{(x^2+1)^{3/2}}dx.$

(5) $y = e^x \cos 5x$；

解：$dy = d(e^x \cos 5x) = \cos 5x d(e^x) + e^x d(\cos 5x)$
$= e^x \cos 5x dx - 5e^x \sin 5x dx = e^x(\cos 5x - 5\sin 5x)dx.$

(6) $y = (e^x + e^{-x})^2$；

解：$dy = d[(e^x + e^{-x})^2] = 2(e^x + e^{-x})d[(e^x + e^{-x})]$
$= 2(e^x + e^{-x})(e^x - e^{-x})dx = 2(e^{2x} - e^{-2x})dx.$

(7) $y = \tan^2 3x$；

解：$dy = d(\tan^2 3x) = 2\tan 3x d(\tan 3x) = 2\tan 3x \sec^2 3x d(3x) = 6\tan 3x \sec^2 3x dx.$

(8) $y = 3^{\ln \tan x}$；

解：$dy = d(3^{\ln \tan x}) = 3^{\ln \tan x} \cdot \ln 3 \cdot d(\ln \tan x) = 3^{\ln \tan x} \cdot \ln 3 \cdot \dfrac{1}{\tan x} \cdot d(\tan x)$

$$= 3^{\ln\tan x} \cdot \ln 3 \cdot \frac{1}{\tan x} \cdot \sec^2 x \mathrm{d}x = 2 \cdot 3^{\ln\tan x} \cdot \ln 3 \cdot \csc 2x \mathrm{d}x.$$

(9) $y = \ln \sqrt{1-x^2}$;

解: $\mathrm{d}y = \mathrm{d}(\ln \sqrt{1-x^2}) = \frac{1}{2}\mathrm{d}(\ln(1-x^2)) = \frac{1}{2}\frac{\mathrm{d}(1-x^2)}{1-x^2} = \frac{-x}{1-x^2}\mathrm{d}x = \frac{x}{x^2-1}\mathrm{d}x.$

(10) $y = \cos^2 \sqrt{x}$;

解: $\mathrm{d}y = \mathrm{d}(\cos^2 \sqrt{x}) = 2\cos \sqrt{x} \cdot \mathrm{d}(\cos \sqrt{x})$

$\qquad = 2\cos \sqrt{x}(-\sin \sqrt{x})\mathrm{d}(\sqrt{x}) = -\frac{\sin 2\sqrt{x}}{2\sqrt{x}}\mathrm{d}x.$

(11) $y = \ln^2(1-x)$;

解: $\mathrm{d}y = \mathrm{d}[\ln^2(1-x)] = 2\ln(1-x)\mathrm{d}[\ln(1-x)]$

$\qquad = 2\ln(1-x) \cdot \frac{1}{1-x} \cdot \mathrm{d}(1-x) = \frac{2\ln(1-x)}{x-1}\mathrm{d}x.$

(12) $y = x^2 \mathrm{e}^{2x}$;

解: $\mathrm{d}y = \mathrm{d}(x^2 \mathrm{e}^{2x}) = \mathrm{e}^{2x}\mathrm{d}(x^2) + x^2\mathrm{d}(\mathrm{e}^{2x}) = 2x\mathrm{e}^{2x}\mathrm{d}x + 2x^2\mathrm{e}^{2x}\mathrm{d}x = 2x\mathrm{e}^{2x}(1+x)\mathrm{d}x.$

(13) $y = \mathrm{e}^{\sin 2x}$;

解: $\mathrm{d}y = \mathrm{d}(\mathrm{e}^{\sin 2x}) = \mathrm{e}^{\sin 2x}\mathrm{d}(\sin 2x) = \mathrm{e}^{\sin 2x}\cos 2x \mathrm{d}(2x) = 2\mathrm{e}^{\sin 2x}\cos 2x \mathrm{d}x.$

(14) $y = \tan^2(1+2x^2)$.

解: $\mathrm{d}y = \mathrm{d}[\tan^2(1+2x^2)] = 2\tan(1+2x^2)\mathrm{d}[\tan(1+2x^2)]$

$\qquad = 2\tan(1+2x^2)\sec^2(1+2x^2)\mathrm{d}(1+2x^2)$

$\qquad = 8x\tan(1+2x^2)\sec^2(1+2x^2)\mathrm{d}x.$

第三章 中值定理与导数应用

（1）理解中值定理的基本概念和几何意义．
（2）熟练掌握用洛必达法则求未定型极限的方法．
（3）掌握利用导数判定函数单调性的方法．
（4）理解函数极值的概念，掌握求函数极值、最大值和最小值的方法，掌握简单极值的应用问题的求解．
（5）掌握曲线凹凸性的判别方法，会求曲线的拐点．
（6）能够描绘函数的图形．
（7）掌握曲率的基本概念和计算．

一、中值定理

1. 罗尔定理

如果函数 $f(x)$ 满足：

（1）在闭区间 $[a,b]$ 上连续；
（2）在开区间 (a,b) 内可导；
（3）在区间端点处的函数值相等，即 $f(a)=f(b)$．

那么在 (a,b) 至少有一点 $\xi(a<\xi<b)$，使得 $f'(\xi)=0$（图 3-1）．

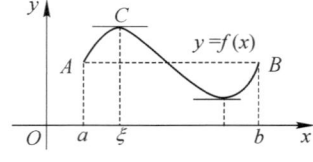

图 3-1

由图 3-1 可知，罗尔定理的几何意义：如果连续曲线弧 $\overset{\frown}{AB}$ 除端点外处处有不垂直于 x 轴的切线，且两个端点的纵坐标相等，即 $f(a)=f(b)$，则在曲线上至少有一点 C，在该点处有水平切线，根据导数的几何意义有 $f'(\xi)=0$．

2. 拉格朗日中值定理

如果函数 $f(x)$ 满足：

（1）在闭区间 $[a,b]$ 上连续；
（2）在开区间 (a,b) 内可导．

那么在 (a,b) 至少有一点 $\xi(a<\xi<b)$，使等式

$$f'(\xi) = \frac{f(b)-f(a)}{(b-a)}$$

成立,或记作

$$f(b)-f(a) = f'(\xi)(b-a),$$

上式称为拉格朗日中值公式.

由图 3-2 可知,拉格朗日中值定理的几何意义:如果连续曲线弧$\overset{\frown}{AB}$除端点外处处有不垂直于 x 轴的切线,则在曲线上至少有一点 C,在该点处的切线平行于连接曲线弧两个端点 A 和 B 的弦.

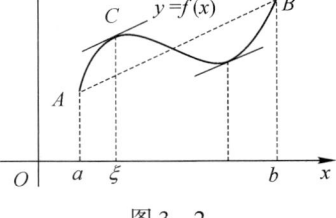

图 3-2

推论:如果函数 $f(x)$ 在区间 I 上的导数恒等于零,即 $f'(x) \equiv 0$,则 $f(x)$ 在区间 I 上是一个常数.

3. 柯西中值定理

如果函数 $f(x)$ 及 $F(x)$ 满足:

(1) 在闭区间 $[a,b]$ 上连续;

(2) 在开区间 (a,b) 内可导;

(3) 对任意 $x \in (a,b)$,$F'(x) \neq 0$.

那么在 (a,b) 至少有一点 $\xi(a<\xi<b)$,使等式

$$\frac{f(b)-f(a)}{F(b)-F(a)} = \frac{f'(\xi)}{F'(\xi)}$$

成立.

三个定理之间的关系:

$$f'(\xi) = 0 \xleftarrow{f(a)=f(b)} f'(\xi) = \frac{f(b)-f(a)}{b-a} \xleftarrow{F(x)=x} \frac{f(b)-f(a)}{F(b)-F(a)} = \frac{f'(\xi)}{F'(\xi)}.$$

二、洛必达法则

定理:若函数 $f(x)$ 及 $F(x)$ 满足:

(1) $\lim\limits_{x \to x_0} f(x) = 0$,$\lim\limits_{x \to x_0} F(x) = 0$;

(2) 在点 x_0 的某去心邻域内,$f'(x)$ 和 $F'(x)$ 都存在,且 $F'(x) \neq 0$;

(3) $\lim\limits_{x \to x_0} \frac{f'(x)}{F'(x)}$ 存在(或为无穷大),那么

$$\lim_{x \to x_0} \frac{f(x)}{F(x)} = \lim_{x \to x_0} \frac{f'(x)}{F'(x)}.$$

此法则解决的是 $x \to x_0$ 时的 $\frac{0}{0}$ 型;类似的,还有 $x \to x_0$ 时的 $\frac{\infty}{\infty}$ 型;$x \to \infty$ 时的 $\frac{0}{0}$ 型和 $\frac{\infty}{\infty}$ 型.

注意:只有 $\frac{0}{0}$ 和 $\frac{\infty}{\infty}$ 型未定式才能使用洛必达法则求极限,另外还有其他五种形式的未定式,即 $0 \cdot \infty$,$\infty - \infty$,0^0,1^∞,∞^0,它们也可以通过适当方法,使其转化为 $\frac{0}{0}$ 或 $\frac{\infty}{\infty}$ 型的未定式,再使用洛必达法则.

三、函数的单调性

定理:设函数 $y = f(x)$ 在 $[a,b]$ 上连续,在 (a,b) 内可导,

(1) 如果在(a,b)内$f'(x)>0$,则函数$y=f(x)$在$[a,b]$上单调增加;

(2) 如果在(a,b)内$f'(x)<0$,则函数在$y=f(x)$在$[a,b]$上单调减少.

其中,区间$[a,b]$叫做单调区间.

四、函数的极值

1. 定义

设函数$f(x)$在点x_0的某一邻域内有定义,如果对于该邻域内任一点$x(x\neq x_0)$,有

(1) 若$f(x)<f(x_0)$,则称$f(x_0)$为函数的极大值;

(2) 若$f(x)>f(x_0)$,则称$f(x_0)$为函数的极小值.

函数的极大值与极小值统称为函数的**极值**,取得极值的点称为**极值点**.

2. 极值的判定法

定理1(极值存在的必有条件):设函数$f(x)$在x_0处可导,且在x_0处取得极值,则必有$f'(x_0)=0$.

使函数$f(x)$的一阶导数等于零的点称为**驻点**.则可导函数$f(x)$的极值点必是驻点,但驻点不一定是极值点.

定理2(极值存在的第一充分条件):设函数$f(x)$在x_0处连续,且在x_0的某去心邻域$(x_0-\delta,x_0+\delta)$内可导[$f'(x_0)$可以不存在]:

(1) 若$x\in(x_0-\delta,x_0)$时$f'(x)>0$,当$x\in(x_0,x_0+\delta)$时$f'(x)<0$,则函数$f(x)$在x_0处取极大值;

(2) 若$x\in(x_0-\delta,x_0)$时$f'(x)<0$,当$x\in(x_0,x_0+\delta)$时$f'(x)>0$,则函数$f(x)$在x_0处取极小值;

(3) 若$x\in(x_0-\delta,x_0+\delta)$时,$f'(x)$的符号保持不变,则函数$f(x)$在$x_0$处没有极值.

定理3(极值存在的第二充分条件):设函数$f(x)$在x_0处具有二阶导数,且$f'(x_0)=0$,$f''(x_0)\neq 0$,那么

(1) 当$f''(x_0)<0$时,函数$f(x)$在x_0处取极大值;

(2) 当$f''(x_0)>0$时,函数$f(x)$在x_0处取极小值.

3. 函数的极值与单调性之间的关系

根据函数单调性的判别法和函数极值存在的第一充分条件可知,若函数$f(x)$在x_0处连续,且在x_0的某区间邻域$(x_0-\delta,x_0+\delta)$内可导[$f'(x_0)$可以不存在]. 当$x<x_0$时$f'(x)>0$,函数单调增加;当$x>x_0$时$f'(x)<0$,函数单调减少. 则函数$f(x)$在x_0处取极大值. 当$x<x_0$时$f'(x)<0$,函数单调减少;当$x>x_0$时$f'(x)>0$,函数单调增加. 则函数$f(x)$在x_0处取极小值. 此时,x_0是极值点,又叫单调区间的分界点.

由此可见,极值的判定可以和单调性的判定结合起来理解和记忆,因此,讨论函数$y=f(x)$的单调区间和极值的一般步骤如下:

(1) 求函数$f(x)$的定义域;

(2) 求出导数$f'(x)$;

(3) 令$f'(x)=0$,求出函数$f(x)$的全部驻点x_i和不可导的点x_j;

(4) 用上面求出的点x_i和x_j,按从小到大的顺序,把$f(x)$的定义域分成若干小区间,分别判定每个小区间上导数$f'(x)$的符号,确定单调区间和极值(这一步可以借助表格来讨论);

(5) 写出单调区间,求出全部极值.

五、函数的最大值与最小值及应用问题

1. 函数 $y = f(x)$ 在闭区间 $[a,b]$ 上最大值与最小值的求法

(1) 求出函数 $f(x)$ 在 (a,b) 内的驻点 x_i 和不可导的点 x_j;

(2) 求出全部的 $f(x_i)$, $f(x_j)$ 以及 $f(a)$, $f(b)$;

(3) 比较②中诸值的大小,其中最大的就是 $f(x)$ 在 $[a,b]$ 上的最大值,最小的就是 $f(x)$ 在 $[a,b]$ 上的最小值.

2. 最大值与最小值应用问题

如果函数 $f(x)$ 在一个区间(有限或无限,开或闭)内可导,且只有一个驻点,并且这个驻点 x_0 是函数 $f(x)$ 的极值点,那么,当 $f(x_0)$ 是极大值时,$f(x_0)$ 就是 $f(x)$ 在该区间上的最大值,如图3-3(a)所示;当 $f(x_0)$ 是极小值时,$f(x_0)$ 就是 $f(x)$ 在该区间上的最小值,如图3-3(b)所示.

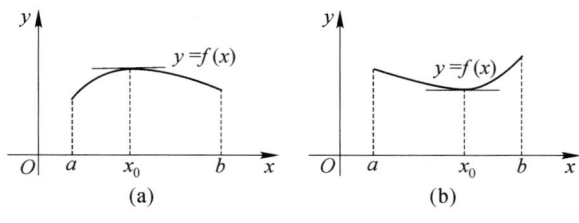

图 3-3

需要指出,在实际问题中,往往根据问题的性质就可以断定可导函数 $f(x)$ 确有最大值或最小值,而且一定在定义区间内部取得,这时,如果 $f(x)$ 在定义区间内部只有一个驻点 x_0,那么不必讨论 $f(x_0)$ 是不是极值,就可以断定 $f(x_0)$ 是最大值或最小值.

3. 解决应用问题的一般步骤

(1) 根据题意画图;

(2) 根据所给条件,建立函数关系式 $y = f(x)$,求出定义域;

(3) 求出导数 $f'(x)$;

(4) 令 $f'(x) = 0$,求出在函数 $f(x)$ 定义域内的唯一驻点 x_0;

(5) 写出结论(某问题在 x_0 处取最大值或最小值).

六、曲线的凹凸性和拐点

1. 定义

在区间 (a,b) 内,若曲线弧总位于其上任一点切线的上方,则称曲线在该区间上是凹的(上凹),如图3-4(a)所示;若曲线弧总位于其上任一点切线的下方,则称曲线在该区间上是凸的(下凹),如图3-4(b). 曲线凹段和凸段的分界点称为曲线的**拐点**.

2. 定理(曲线凹凸的判定法)

设函数 $f(x)$ 在 $[a,b]$ 上连续,在 (a,b) 内具有一阶和二阶导数,那么:

(1) 若在 (a,b) 内 $f''(x) > 0$,则 $f(x)$ 在 $[a,b]$ 上的图形是凹的;

(2) 若在 (a,b) 内 $f''(x) < 0$,则 $f(x)$ 在 $[a,b]$ 上的图形是凸的.

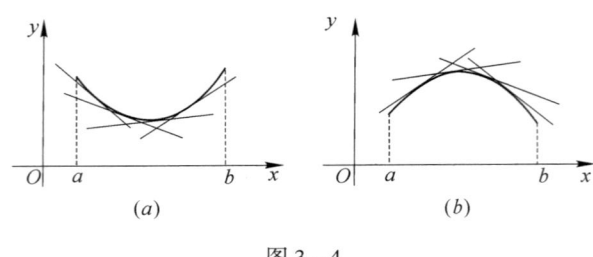

图 3-4

3. 拐点的判定法

设函数 $f(x)$ 在 $[a,b]$ 上连续,且 $f''(x_0)=0$ 或 $f''(x_0)$ 不存在,那么:

(1) 若 $f''(x)$ 在 x_0 的左、右两侧临近异号,则点 $[x_0,f(x_0)]$ 就是拐点;

(2) 若 $f''(x)$ 在 x_0 的左、右两侧临近同号,则点 $[x_0,f(x_0)]$ 就不是拐点.

4. 讨论曲线凹凸性和拐点的一般步骤

(1) 求函数 $f(x)$ 的定义域;

(2) 求二阶导数 $f''(x)$;

(3) 令 $f''(x)=0$,求出二阶导数等于零的点 x_i 和二阶不可导的点 x_j;

(4) 用上面求出的点 x_i 和 x_j,按从小到大的顺序,把 $f(x)$ 的定义域分成若干小区间,分别判定每个小区间上二阶导数 $f''(x)$ 的符号,确定凹凸区间和拐点(这一步可以借助表格来讨论);

(5) 写出凹凸区间,求出拐点的坐标.

七、描绘函数图形

利用一阶导数的符号,可以确定函数图形的单调性和极值;利用二阶导数符号,可以确定函数图形的凹凸性和拐点. 函数图形的升降、凹凸以及极值点和拐点确定后,也就掌握了函数的性态,便可以比较准确的描绘出函数的图形.

利用导数描绘函数图形的一般步骤如下:

(1) 求函数 $f(x)$ 的定义域;

(2) 讨论函数的奇偶性和周期性;

(3) 求出一阶导数 $f'(x)$ 和二阶导数 $f''(x)$,分别令 $f'(x)=0$,$f''(x)=0$,求出所有使一、二阶导数等于零的点 x_i 和一、二阶导数不存在的点 x_j;

(4) 列表,用上面求出的点 x_i 和 x_j,按从小到大的顺序,把 $f(x)$ 的定义域分成若干小区间,分别判定对应区间上一阶导数 $f'(x)$ 和二阶导数 $f''(x)$ 的符号,确定单调区间、极值点、凹凸区间和拐点;

(5) 确定函数的水平渐近线和铅直渐近线(如果存在);

(6) 求出特征点的坐标和必要的辅助点的坐标;

(7) 根据上面所讨论函数的性态,在平面直角坐标系中画出函数 $f(x)$ 的图形.

八、曲率

1. 弧微分

设函数 $y=f(x)$ 在区间 (a,b) 内具有连续导数,则弧微分公式为

$$ds = \sqrt{1+y'^2}dx$$

2. 曲线的曲率

曲率是用数量来描述曲线弯曲程度的一个基本概念. 通常用比值 $\left|\dfrac{\Delta\alpha}{\Delta s}\right|$ 表示曲线弧的平均曲率, 记作 $\bar{K}=\left|\dfrac{\Delta\alpha}{\Delta s}\right|$; 当 $\Delta s\to 0$ 时, 平均曲率的极限叫做曲线在某点处的曲率, 记作 K, 即

$$K=\lim_{\Delta s\to 0}\left|\dfrac{\Delta\alpha}{\Delta s}\right|.$$

在 $\lim\limits_{\Delta s\to 0}\dfrac{\Delta\alpha}{\Delta s}=\dfrac{\mathrm{d}\alpha}{\mathrm{d}s}$ 存在的条件下, 曲率也可表示为

$$K=\left|\dfrac{\mathrm{d}\alpha}{\mathrm{d}s}\right|.$$

3. 曲率的计算公式

设曲线的直角坐标方程是 $y=f(x)$, 且 $f(x)$ 具有二阶导数 [此时 $f'(x)$ 连续, 从而曲线是光滑的], 则有

$$K=\dfrac{|y''|}{(1+y'^2)^{3/2}}.$$

设曲线是由参数方程 $\begin{cases}x=\varphi(t)\\y=\Psi(t)\end{cases}$ 给出, 则有

$$K=\dfrac{|\varphi'(t)\cdot\Psi''(t)-\varphi''(t)\cdot\Psi'(t)|}{[\varphi'^2(t)+\Psi'(t)^2]^{3/2}}.$$

4. 曲率圆和曲率半径

设曲线 $y=f(x)$ 在点 $M(x,y)$ 处的曲率为 $K(K\neq 0)$. 在点 M 处的曲线的法线上, 在凹的一侧取一点 D, 使 $|DM|=\dfrac{1}{K}=\rho$, 以 D 为圆心, ρ 为半径作圆 (图 3-5), 这个圆叫做曲线在点 M 处的曲率圆, 曲率圆的圆心 D 叫做曲线在点 M 处的曲率中心, 曲率圆半径 ρ 叫做曲线在点处 M 的曲率半径.

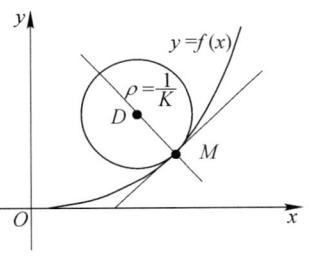

图 3-5

 练习题

一、是非题

1. 如果函数 $f(x)$ 在 (a,b) 内单调递增, 且在 (a,b) 内可导, 则必有 $f'(x)>0$.　　(　)
2. 若 $f'(x_0)=0$, 则点 x_0 必是极值点.　　(　)
3. 如果 $f''(x_0)=0$, 则曲线 $f(x)$ 有拐点 $[x_0,f(x_0)]$.　　(　)
4. 如果曲线 $f(x)$ 有拐点 $[x_0,f(x_0)]$, 则必有 $f''(x_0)=0$.　　(　)
5. 若函数 $f(x)$ 在 x_0 取得极值, 则必有 $f'(x_0)=0$.　　(　)
6. 若在 (a,b) 内, $f''(x)<0$, 则曲线在 (a,b) 内为凹的.　　(　)
7. 曲线 $y=\dfrac{x}{x^2-1}$ 有两条铅直渐近线, 一条水平渐近线.　　(　)
8. 如果函数 $f(x)$ 在 $x<x_0$ 时 $f'(x)>0$, 在 $x>x_0$ 时 $f'(x)<0$, 那么 $f(x)$ 在 $x=x_0$ 处有极大值.　　(　)

9. 如果函数 $f(x)$ 在 (a,b) 内具有二阶导数,且 $f'(x)<0$,$f''(x)>0$,那么曲线在 (a,b) 内单调增加且是凹的. ( )

二、填空题

1. 函数 $f(x)$ 在 $[a,b]$ 上连续,在 (a,b) 内可导,且 $f(a)=f(b)$,则在 (a,b) 内至少存在一点 ξ,有 $f'(\xi)=$ _____ .
2. 函数 $f(x)=\arctan x$ 在区间 $[0,1]$ 上满足拉格朗日中值定理的条件,则 $\xi=$ _____ .
3. 函数 $f(x)=x\sqrt{6-x}$ 在区间 $[0,6]$ 上满足罗尔定理的 $\xi=$ _____ .
4. 设函数 $f(x)$ 在 (a,b) 内可导,如果 $f'(x)>0$,则函数在 (a,b) 内是 _____ .
5. 设函数 $f(x)$ 在 (a,b) 内可导,如果 $f'(x)=0$,则函数 $f(x)$ 在 (a,b) 内是 _____ .
6. 如果曲线 $y=f(x)$ 在 $x>0$ 时是凹的,在 $x<0$ 时是凸的,且函数 $y=f(x)$ 在 $x=0$ 处连续,则曲线有拐点 _____ .
7. 在曲线 $y=2x^2-x+1$ 上求一点,使过此点的切线平行于连接曲线上点 $A(-1,4)$ 与 $B(3,16)$ 所成之弦,该点坐标是 _____ .
8. $\lim\limits_{x\to\infty} x(e^{\frac{1}{x}}-1)=$ _____ .
9. $\lim\limits_{x\to\infty} \dfrac{e^x+\sin x}{e^x-\cos x}=$ _____ .
10. 函数 $y=(x-1)(x+1)^3$ 单调增加的区间是 _____ .
11. 设函数 $f(x)$ 在 x_0 处可导,且 x_0 是函数的极值点,则曲线 $y=f(x)$ 上点 $[x_0,f(x_0)]$ 处的切线方程是 _____ .
12. 函数 $f(x)=e^x-x$ 在区间 $[0,2]$ 上的最大值是 _____ .
13. 函数 $f(x)=e^{-x}+x$ 在区间 $[-1,1]$ 上的最大值是 _____ ;最小值是 _____ .
14. 设 $y=f(x)$ 是 x 的三次函数,其图形关于原点对称,且 $x=\dfrac{1}{2}$ 时, y 有极小值 -1,则 $f(x)=$ _____ .
15. 曲线 $y=xe^{2x}$ 的凹区间是 _____ .
16. 曲线 $y=2\ln x+x^2-1$ 的拐点是 _____ .
17. 如果函数 $y=f(x)$ 在闭区间 $[a,b]$ 上连续,则必在 $[a,b]$ 上有 _____ 值和 _____ 值.
18. 过曲线 $y=x^2$ 上两点 $A(2,4)$ 和 $B(2+\Delta x,4+\Delta y)$ 作割线 AB,当 $\Delta x=1$ 时,割线 AB 的斜率 $k=$ _____ .
19. 若曲线 $y=x^3-3px^2+q$ 的拐点横坐标是 1,则 $p=$ _____ .
20. 曲线 $y=x^2-x^3$ 的拐点为 _____ .
21. 当 $x=\pm 1$ 时,函数 $y=x^3+3px+q$ 取得极值,则 $p=$ _____ .
22. 函数 $y=f(x)$ 在点 x_0 处的导数 $f'(x_0)=0$ 的几何意义是曲线 $y=f(x)$ 在点 $[x_0,f(x_0)]$ 处的切线与 x 轴 _____ .
23. 曲线 $y=2x-\dfrac{5}{3}x^3$ 在点 $M\left(1,\dfrac{1}{3}\right)$ 处的法线与 x 轴的交点为 _____ .
24. 曲线 $y=\dfrac{1}{x-1}$ 的水平和铅直渐近线分别为 _____ .
25. 设函数 $y=f(x)$ 在 (a,b) 内二阶可导,若 $x\in(a,b)$,当 _____ 时,曲线 $y=f(x)$ 在

(a,b) 内是凹的.

26. 若函数 $y=f(x)$ 在点 x_0 处可导,且 $f(x_0)$ 为函数的极值,则 $f'(x_0)=$ _____.
27. 函数 $y=f(x)$ 具有二阶导数,则曲线 $y=f(x)$ 在其拐点处的曲率 $K=$ _____.
28. 设曲线方程为 $x^2+y^2-2y=0$,则曲线在点 $(0,0)$ 处的曲率半径为 $R=$ _____.
29. 双曲线 $xy=4$ 在点 $(2,2)$ 处的曲率 $K|_{(2,2)}=$ _____.
30. 曲线 $y=\sin x$ 在点 $\left(\dfrac{\pi}{2},1\right)$ 处的曲率半径为 $R=$ _____.
31. 直线 $\dfrac{x}{a}+\dfrac{y}{b}=1$ 上任意一点处的曲率 $K=$ _____.
32. 抛物线 $y=ax^2+bx+c$ 上曲率最大的点为 _____.

三、单项选择题

1. 设函数 $f(x)=(x-1)(x-2)(x-3)$,则方程 $f'(x)=0$ 的实根个数为( ).
   A. 1 个　　　　B. 2 个　　　　C. 3 个　　　　D. 0 个

2. 下列函数中在闭区间 $[1,e]$ 上满足拉格朗日中值定理条件的是( ).
   A. $\ln\ln x$　　B. $\ln x$　　C. $\dfrac{1}{\ln x}$　　D. $\ln(2-x)$

3. $\lim\limits_{x\to x_0}\dfrac{f'(x)}{g'(x)}=A$ 或不存在,是使用洛必达法则计算"$\dfrac{0}{0}$"型未定式 $\lim\limits_{x\to x_0}\dfrac{f(x)}{g(x)}$ 的( ).
   A. 必要条件但非充分条件　　　　B. 充分条件但非必要条件
   C. 充分必要条件　　　　　　　　D. 无关条件

4. 极限 $\lim\limits_{x\to 0^+}\dfrac{e^{-\frac{1}{x}}}{x}$ ( ).
   A. 0　　　　B. 1　　　　C. -1　　　　D. ∞

5. 设函数 $f(x)$ 一阶连续可导,且 $f(0)=f'(0)=1$,则 $\lim\limits_{x\to 0}\dfrac{f(\sin x)-1}{\ln f(x)}=$ ( ).
   A. -1　　　　B. 0　　　　C. 1　　　　D. 以上都不对

6. 设函数 $f(x)$ 在区间 (a,b) 内可导,则在 (a,b) 内 $f'(x)>0$ 是 $f(x)$ 在 (a,b) 内单调增加的( ).
   A. 必要条件,非充分条件　　　　B. 充分条件,非必要条件
   C. 充分必要条件　　　　　　　　D. 无关条件

7. 当 $x<x_0$ 时,$f'(x)>0$;当 $x>x_0$ 时,$f'(x)<0$,则( ).
   A. x_0 必是 $f(x)$ 的驻点　　　　B. x_0 必是 $f(x)$ 的极大值点
   C. x_0 必是 $f(x)$ 的极小值点　　D. 不能判定 x_0 属于以上哪一种情况

8. 设函数 $f(x)=x^3+3ax^2+3bx+c$ 在 $x=1$ 处取极大值,在 $x=2$ 处取极小值,则( ).
   A. $a=\dfrac{3}{2},b=2$　　　　B. $a=-\dfrac{3}{2},b=2$
   C. $a=\dfrac{3}{2},b=-2$　　　　D. $a=-\dfrac{3}{2},b=-2$

9. 在区间 (a,b) 内任意一点函数的曲线弧总是位于其切线的上方,则该曲线在 (a,b) 内是( ).

A. 凸的 　　　　B. 凹的 　　　　C. 单调增加 　　　　D. 单调减少

10. 函数 $y = x - \ln(1+x)$ 的单调减少区间是(　　).
    A. $(-1, +\infty)$ 　　B. $(-1, 0)$ 　　C. $(0, +\infty)$ 　　D. $(-\infty, -1)$

11. 设曲线 $y = e^{-x}$,那么在区间 $(-1, 0)$ 和 $(0, 1)$ 内,曲线分别为(　　).
    A. 凸的,凸的 　　B. 凸的,凹的 　　C. 凹的,凸的 　　D. 凹的,凹的

12. 设函数 $f(x)$ 在 x_0 处二阶可导,则 $f'(x_0) = 0, f''(x_0) > 0$ 是 $f(x)$ 在 x_0 处有极值的(　　).
    A. 必要条件,非充分条件 　　　　B. 充分条件,非必要条件
    C. 充分必要条件 　　　　D. 无关条件

13. 若函数 $y = 2 + x - x^2$ 的极大值点是 $x = \frac{1}{2}$,则函数 $y = \sqrt{2 + x - x^2}$ 的极大值是(　　).
    A. $\frac{1}{\sqrt{2}}$ 　　B. $\frac{81}{16}$ 　　C. $\frac{9}{4}$ 　　D. $\frac{3}{2}$

14. 函数 $y = |x-1| + 2$ 的极小值是(　　).
    A. 0 　　B. 1 　　C. 2 　　D. 3

15. 已知函数 $f(x) = -f(-x)$,且在区间 $(0, +\infty)$ 内 $f'(x) > 0, f''(x) > 0$,则 $f(x)$ 在 $(-\infty, 0)$ 内是(　　).
    A. 单调增加且是凹的 　　　　B. 单调减少且是凹的
    C. 单调增加且是凸的 　　　　D. 单调减少且是凸的

16. 设曲线 $y = \ln x$,那么 $x = 0$ 是曲线的(　　).
    A. 水平渐近线 　　B. 铅直渐近线 　　C. 极值点 　　D. 驻点

17. 设函数 $y = x^2 - x$,那么函数在区间 $[0, 1]$ 上的最小值是(　　).
    A. 0 　　B. $-\frac{1}{4}$ 　　C. $\frac{1}{2}$ 　　D. -2

18. 曲线 $y = (x-1)^4$(　　).
    A. 没有拐点 　　B. 有一个拐点 　　C. 有两个拐点 　　D. 有三个拐点

19. 函数 $f(x) = 2x^2 - \ln x$ 单调增加的区间是(　　).
    A. $\left(0, \frac{1}{2}\right)$ 　　　　B. $\left(-\frac{1}{2}, 0\right) \cup \left(\frac{1}{2}, +\infty\right)$
    C. $\left(\frac{1}{2}, +\infty\right)$ 　　　　D. $\left(-\infty, -\frac{1}{2}\right) \cup \left(0, \frac{1}{2}\right)$

20. 函数 $f(x) = 2x + \frac{1}{x} - \frac{x^3}{3}$ 单调减少的区间是(　　).
    A. $(-\infty, -1)$ 　　B. $(-1, 1)$ 　　C. $(1, +\infty)$ 　　D. $(-\infty, 0) \cup (0, +\infty)$

21. 设 $x_1 = 1, x_2 = 2$ 都是函数 $y = a\ln x + bx^2 + 3x$ 的极值点,则(　　).
    A. $a = 2, b = \frac{1}{2}$ 　　B. $a = -2, b = \frac{1}{2}$ 　　C. $a = 2, b = -\frac{1}{2}$ 　　D. $a = -2, b = -\frac{1}{2}$

22. 若函数 $f(x) = x^3 + ax^3 + bx + a^2 (a > 0)$ 在 $x = 1$ 处取极值为 10,则(　　).
    A. $a = -3, b = 3$ 　　B. $a = 4, b = -11$ 　　C. $a = 3, b = -3$ 　　D. $a = -4, b = 11$

23. 设函数 $f(x)$ 在 x_0 处二阶可导,则 $f''(x_0) = 0$ 是曲线 $y = f(x)$ 在 $x = x_0$ 处有拐点的

( ).
A. 必要条件但非充分条件　　　　B. 充分条件但非必要条件
C. 充分必要条件　　　　　　　　D. 无关条件

24. 函数 $f(x)=\dfrac{x-1}{x+1}$ 在区间 $[0,4]$ 上( ).

　　A. 极大值是 $\dfrac{3}{5}$　　B. 极小值是 -1　　C. 最大值是 $\dfrac{3}{5}$　　D. 是单调减少的

25. 设 $f(x)=ax^3-6ax^2+b$ 在区间 $[-1,2]$ 上的最大值为 3，最小值为 -29，又 $a>0$，则
( ).

　　A. $a=2,b=-29$　　B. $a=2,b=3$　　C. $a=3,b=2$　　D. 以上都不对

26. 在 $[a,b]$ 上单调增加的连续函数 $y=f(x)$ 在该区间上( ).

　　A. 只能取得最大值　　　　　　B. 只能取得最小值
　　C. 能取得极大值或极小值　　　D. 能取得最大值和最小值

四、计算题

1. 用洛必达法则求下列函数的极限：

(1) $\lim\limits_{x\to\frac{\pi}{2}}\dfrac{\cos x}{x-\dfrac{\pi}{2}}$；　　(2) $\lim\limits_{x\to 2}\dfrac{\ln(x-1)}{x-2}$；　　(3) $\lim\limits_{x\to\pi}\dfrac{1+\cos x}{\tan^2 x}$；

(4) $\lim\limits_{x\to 0}\dfrac{x-\sin x}{x^3}$；　　(5) $\lim\limits_{x\to 3}\dfrac{2^x-8}{x-3}$；　　(6) $\lim\limits_{x\to 0}\dfrac{e^x-e^{-x}}{\sin x}$；

(7) $\lim\limits_{x\to 1}\dfrac{x^n-1}{x-1}$；　　(8) $\lim\limits_{x\to a}\dfrac{\sin x-\sin a}{x-a}$；　　(9) $\lim\limits_{x\to 0}\dfrac{e^x+\sin x-1}{\ln(1+x)}$；

(10) $\lim\limits_{x\to\frac{\pi}{4}}\dfrac{\tan x-1}{\sin 4x}$；　　(11) $\lim\limits_{x\to 0}\dfrac{e^x-e^{-x}-2x}{x-\sin x}$；　　(12) $\lim\limits_{x\to\frac{\pi}{2}}\dfrac{\tan x}{\tan 3x}$；

(13) $\lim\limits_{x\to 0}\dfrac{1-\cos x^2}{x^2\sin x^2}$；　　(14) $\lim\limits_{x\to+\infty}\dfrac{\ln x}{x^n}(n>0)$；　　(15) $\lim\limits_{x\to 0}\dfrac{\tan x-x}{x^2\sin x}$；

(16) $\lim\limits_{x\to 0^+}\dfrac{\ln x}{\ln\sin x}$；　　(17) $\lim\limits_{x\to 0^+}\dfrac{\ln\sin 3x}{\ln\sin x}$；　　(18) $\lim\limits_{x\to+\infty}\dfrac{\ln\left(\dfrac{2}{\pi}\arctan x\right)}{e^{-x}}$；

(19) $\lim\limits_{x\to 0}x\cot 2x$；　　(20) $\lim\limits_{x\to 1}\left(\dfrac{2}{x^2-1}-\dfrac{1}{x-1}\right)$；　　(21) $\lim\limits_{x\to\infty}x^2\left(\dfrac{\pi}{2}-\arctan 3x^2\right)$；

(22) $\lim\limits_{x\to\infty}x(e^{\frac{1}{x}}-1)$；　　(23) $\lim\limits_{x\to 0}x^2 e^{\frac{1}{x^2}}$；　　(24) $\lim\limits_{x\to 0}\left(\dfrac{1}{x}-\dfrac{1}{e^x-1}\right)$；

(25) $\lim\limits_{x\to\frac{\pi}{2}}(\sec x-\tan x)$；　　(26) $\lim\limits_{x\to 0}\dfrac{1}{x^2}\left(2\arctan\dfrac{1}{x^2}-\pi\right)$；　　(27) $\lim\limits_{x\to\infty}\left(1+\dfrac{a}{x}\right)^x$；

(28) $\lim\limits_{x\to 0^+}x^{\sin x}$；　　(29) $\lim\limits_{x\to 0^+}\left(\dfrac{1}{x}\right)^{\tan x}$；　　(30) $\lim\limits_{x\to 0^+}(\sin x)^{\frac{2}{1+\ln x}}$.

2. 求下列函数的单调区间和极值：

(1) $y=x^4-2x^2-5$；　　(2) $y=2x^2-\ln x$；　　(3) $y=x-\ln(1+x)$；

(4) $y=\dfrac{x^2}{1+x}$；　　(5) $y=x^3-3x$；　　(6) $y=3x^4-8x^3+6x^2$；

(7) $y=x-\dfrac{3}{2}x^{\frac{2}{3}}$；　　(8) $y=(2x-x^2)^{\frac{2}{3}}$；　　(9) $f(x)=\dfrac{3}{8}x^{\frac{8}{3}}-\dfrac{3}{2}x^{\frac{2}{3}}$.

3. 求下列曲线的拐点和凹凸区间：

(1) $y = x\arctan x$；

(2) $y = x^4 - 6x^3 + 12x^2 - 10$；

(3) $y = x + x^{\frac{5}{3}}$；

(4) $y = \dfrac{2x}{\ln x}$；

(5) $y = xe^{-x}$；

(6) $y = x^3 - 5x^2 + 3x + 5$；

(7) $y = (x+1)^4 + e^x$；

(8) $y = \ln(x^2 + 1)$；

(9) $y = x + \dfrac{1}{x}$ $x > 0$；

(10) $y = x^4 - 4x^3 + 1$.

4. 求下列函数的最大值和最小值：

(1) $f(x) = 2x^3 + 3x^2 - 12x + 14, x \in [-3, 4]$；

(2) $f(x) = x^4 - 8x^2 + 2, x \in [-1, 3]$；

(3) $f(x) = 2x^2 - \ln x, x \in [\dfrac{1}{3}, 3]$；

(4) $f(x) = \dfrac{x-1}{x+1}, x \in [0, 4]$；

(5) $f(x) = 1 - \dfrac{2}{3}(x-2)^{\frac{2}{3}}, x \in [0, 3]$；

(6) $f(x) = x + \sqrt{1-x}, x \in [-5, 1]$；

(7) $f(x) = \sqrt[3]{2x^3 - 12x^2}, x \in [-2, 4]$；

(8) $f(x) = \dfrac{\ln x}{x}, x \in [1, e^2]$；

(9) $f(x) = x^2 - 4x - 6, x \in [-3, 10]$；

(10) $f(x) = x + \cos x, x \in [0, \pi]$.

5. 描绘下列函数的图形：

(1) $f(x) = 3x - x^3$；

(2) $f(x) = \dfrac{1}{5}(x^4 - 6x^2 + 8x + 7)$；

(3) $f(x) = \dfrac{x}{x^2 + 1}$；

(4) $f(x) = x^2 + \dfrac{1}{x}$；

(5) $f(x) = \ln(x^2 + 1)$；

(6) $f(x) = e^{-x^2}$.

6. 最大值与最小值的应用问题：

(1) 某工厂要靠墙壁用石条沿围成一块长方形场地，现只有够砌 36 m 长的石条沿，问应围成怎样的长方形才能使长方形场地最大？并求出场地最大面积？

(2) 欲用长 6 m 的木料加工一日字型的窗框，问它的边长和边宽各为多少时，才能使窗框的面积最大？最大的面积是多少？

(3) 要做一个底面为长方形的带盖的箱子，其体积为 72 cm²，底边的长和宽成 2∶1 的关系，问各边长为多少时，才能使表面积最小？

(4) 要造一圆柱形容器(有盖)，体积为 V，问底半径 r 和高 h 等于多少时，才能使表面积最小？这时底直径与高的比是多少？

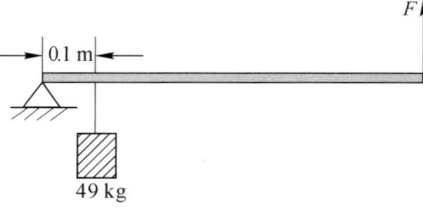

题(5)图

(5) 有一杠杆，支点在它的一端，在距支点 0.1 m 处挂一质量为 49 kg 的物体，加力于杠杆的另一端使杠杆保持水平(如图所示)，如果杠杆的线密度为 5 kg/m，求最省力的杆长？

(6) 输电干线上 AB 段的距离为 6 km，用户 C 距 A 处 2 km，AC 垂直于 AB，用户 D 距 B 处 3 km，DB 垂直于 AB(如图所示). 现要在输电干线 AB 上选一点 P 设一

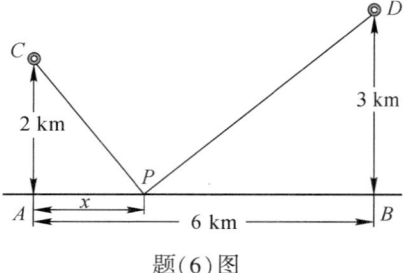

题(6)图

台变压器供两个用户使用,问 P 点选在何处使得所需输电线最短?

(7) 从一边长为 12 cm 的正方形薄铁板的四个角各剪去一个小正方形,做一个无盖的方铁盒,问剪去的小正方形的边长是多少时铁盒的容积最大? 最大的容积是多少?

(8) 铁路线上 AB 段的距离为 100 km,工厂 C 距 A 处为 20 km,AC 垂直于 AB(如图所示). 为了运输的需要,要在 AB 线上选定一点 D 向工厂修筑一条公路. 已知铁路上每千米货运的运费与公路上每千米货运的运费之比为 3∶5. 为了使货物从供应站 B 运到工厂 C 的运费最省,问 D 点应选在何处?

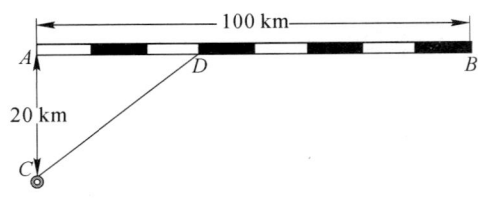

题(8)图

7. 求下列曲线在指定点处的曲率:

(1) $y = x^2$,在点 $(\sqrt{2}, 2)$ 处; (2) $y = x^3$,在点 $(-1, -1)$ 处;

(3) $y = 4x - x^2$,在顶点处; (4) $y = \ln x$,在点 $(e, 1)$ 处;

(5) $xy = 4$,在点 $(2, 2)$ 处; (6) $y = \sin x$ 在点 $\left(\dfrac{\pi}{2}, 1\right)$ 处;

(7) $y = x^2 - 4x + 3$,在点 $(2, -1)$ 处.

一、是非题

1. 如果函数 $f(x)$ 在 (a, b) 内单调递增,且在 (a, b) 内可导,则必有 $f'(x) > 0$.

答案: 正确.

解析: 根据判别单调性的充分条件可知,若函数 $f(x)$ 在区间 I 内可导,如果 $f'(x) > 0$,则函数 $f(x)$ 是单调增加的.

2. 若 $f'(x_0) = 0$,则点 x_0 必是极值点.

答案: 错误.

解析: 因为 $f'(x_0) = 0$ 不是极值存在的充分条件,只能说明 x_0 是函数的驻点,但驻点不一定是极值点.

3. 如果 $f''(x_0) = 0$,则曲线 $f(x)$ 有拐点 $[x_0, f(x_0)]$.

答案: 错误.

解析: 因为 $f''(x_0) = 0$ 是拐点存在的必要条件,并非充分条件,即当 $f''(x_0) = 0$,且在 x_0 的左右近旁 $f''(x)$ 异号时,点 $[x_0, f(x_0)]$ 才是曲线 $f(x)$ 的拐点;如果在 x_0 的左右近旁 $f''(x)$ 同号,点 $[x_0, f(x_0)]$ 就不是曲线 $f(x)$ 的拐点.

4. 如果曲线 $f(x)$ 有拐点 $[x_0, f(x_0)]$,则必有 $f''(x_0) = 0$.

答案: 错误.

解析:因为如果点$[x_0,f(x_0)]$是曲线$f(x)$的拐点,那么,在点x_0处可能有$f''(x_0)=0$,也可能$f''(x_0)$不存在.

5. 若函数$f(x)$在x_0取得极值,则必有$f'(x_0)=0$.

答案:错误.

解析:因为若函数$f(x)$在x_0取得极值,那么,在x_0处可能有$f'(x_0)=0$,也可能$f'(x_0)$不存在.

6. 若在(a,b)内,$f''(x)<0$,则曲线在(a,b)内为凹的.

答案:错误.

解析:根据曲线凹凸性的判别法可知,当在(a,b)内,$f''(x)<0$时,曲线在(a,b)内时凸的.

7. 曲线$y=\dfrac{x}{x^2-1}$有两条铅直渐近线,一条水平渐近线.

答案:正确.

解析:因为$\lim\limits_{x\to\infty}\dfrac{x}{x^2-1}=0$,所以曲线有一条水平渐近线$y=0$;又$\lim\limits_{x\to\pm1}\dfrac{x}{x^2-1}=\infty$,所以曲线有两条铅直渐近线$x=-1$和$x=1$.

8. 如果函数$f(x)$在$x<x_0$时$f'(x)>0$,在$x>x_0$时$f'(x)<0$,那么$f(x)$在$x=x_0$处有极大值.

答案:正确.

解析:根据极值存在的第一充分条件可知.

9. 如果函数$f(x)$在(a,b)内具有二阶导数,且$f'(x)<0$,$f''(x)>0$,那么曲线在(a,b)内单调增加且是凹的.

答案:错误.

解析:因为当$f'(x)<0$时,曲线是单调减少的.

二、填空题

1. 函数$f(x)$在$[a,b]$上连续,在(a,b)内可导,且$f(a)=f(b)$,则在(a,b)内至少存在一点ξ,有$f'(\xi)=$ _____ .

答案:0.

解析:因为函数满足罗尔定理的三个条件,则必有罗尔定理的结论,即有$f'(\xi)=0$.

2. 函数$f(x)=\arctan x$在区间$[0,1]$上满足拉格朗日中值定理的条件,则$\xi=$ _____ .

答案:$\sqrt{\dfrac{4}{\pi}-1}$.

解析:因为函数在$[0,1]$上满足拉格朗日中值定理的条件,且

$$f'(x)=\dfrac{1}{1+x^2},$$

根据拉格朗日中值定理可得

$$\dfrac{1}{1+\xi^2}=\dfrac{\pi}{4},$$

即$\xi^2=\dfrac{4}{\pi}-1$,由此可得$\xi=\sqrt{\dfrac{4}{\pi}-1}\in[0,1]$,$\xi=-\sqrt{\dfrac{4}{\pi}-1}\notin[0,1]$(舍去).

3. 函数 $f(x)=x\sqrt{6-x}$ 在区间 $[0,6]$ 上满足罗尔定理的 $\xi=$ _____.

答案: 4.

解析: 显然函数 $f(x)=x\sqrt{6-x}$ 在区间 $[0,6]$ 上连续, 又因为

$$f'(x)=\frac{12-3x}{2\sqrt{6-x}}$$

容易看出, 函数在 $(0,6)$ 内可导, 且

$$f(0)=f(6)=0,$$

则函数在区间 $[0,6]$ 上满足罗尔定理, 所以有 $f'(\xi)=0$, 即

$$\frac{12-3\xi}{2\sqrt{6-\xi}}=0 \Rightarrow \xi=4,$$

4. 设函数 $f(x)$ 在 (a,b) 内可导, 如果 $f'(x)>0$, 则函数在 (a,b) 内是 _____.

答案: 单调增加.

解析: 根据函数单调性的判定法可知, 函数在 (a,b) 内是单调增加的.

5. 设函数 $f(x)$ 在 (a,b) 内可导, 如果 $f'(x)=0$, 则函数 $f(x)$ 在 (a,b) 内是 _____.

答案: 常数.

解析: 根据拉格朗日中值定理的推论可知, 函数 $f(x)$ 在 (a,b) 内是常数.

6. 如果曲线 $y=f(x)$ 当 $x>0$ 时是凹的, 当 $x<0$ 时是凸的, 且函数 $y=f(x)$ 在 $x=0$ 处连续, 则曲线有拐点 _____.

答案: $[0, f(0)]$.

解析: 根据拐点的定义可知, 点 $[0,f(0)]$ 是曲线的拐点.

7. 在曲线 $y=2x^2-x+1$ 上求一点, 使过此点的切线平行于连接曲线上点 $A(-1,4)$ 与 $B(3,16)$ 所成之弦, 该点坐标是 _____.

答案: $(1,2)$.

解析: 设该点坐标为 (x_0,y_0), 因为

$$y'=4x-1, \quad 且 \ k_{AB}=\frac{16-4}{3-(-1)}=3,$$

根据两直线平行的关系可得

$$4x_0-1=3, \quad 即 \ x_0=1, y_0=2.$$

8. $\lim\limits_{x\to\infty} x(e^{\frac{1}{x}}-1)=$ _____.

答案: 1.

解析: 因为

$$\lim_{x\to\infty} x(e^{\frac{1}{x}}-1)=\lim_{x\to\infty}\frac{e^{\frac{1}{x}}-1}{\frac{1}{x}}=\lim_{x\to\infty}\frac{-\frac{1}{x^2}\cdot e^{\frac{1}{x}}}{-\frac{1}{x^2}}=1.$$

9. $\lim\limits_{x\to\infty}\dfrac{e^x+\sin x}{e^x-\cos x}=$ _____.

答案: 1.

解析: 因为 $\lim\limits_{x\to\infty}\dfrac{e^x+\sin x}{e^x-\cos x}=\lim\limits_{x\to\infty}\dfrac{1+\dfrac{1}{e^x}\cdot\sin x}{1-\dfrac{1}{e^x}\cdot\cos x}=1,$

其中,当 $x\to\infty$ 时, $\dfrac{1}{e^x}\to 0$(即 $\dfrac{1}{e^x}$ 是无穷小量),而 $|\sin x|\leqslant 1$, $|\cos x|\leqslant 1$,即 $\sin x$ 和 $\cos x$ 都是有界变量,此题只能用无穷小的性质,而不能用洛必达法则.

10. 函数 $y=(x-1)(x+1)^3$ 单调增加的区间是_____.

答案: $\left(\dfrac{1}{2},+\infty\right)$.

解析: 因为 $y'=2(x+1)^2(2x-1)$,令 $y'=0$,得
$$x=-1, x=\dfrac{1}{2},$$
当 $x>\dfrac{1}{2}$ 时, $y'>0$,函数单调增加;当 $x<\dfrac{1}{2}$ 时, $y'<0$,函数单调减少.

11. 设函数 $f(x)$ 在 x_0 处可导,且 x_0 是函数的极值点,则曲线 $y=f(x)$ 上点 $[x_0,f(x_0)]$ 处的切线方程是_____.

答案: $y=f(x_0)$.

解析: 因为函数 $f(x)$ 在 x_0 处可导,且 x_0 是函数的极值点,则 $f'(x_0)=0$,根据导数的几何意义可知 $k_{切}=0$,故曲线 $y=f(x)$ 上点 $[x_0,f(x_0)]$ 处的切线方程为
$$y-f(x_0)=0, \quad 即 \quad y=f(x_0).$$

12. 函数 $f(x)=e^x-x$ 在区间 $[0,2]$ 上的最大值是_____.

答案: e^2-2.

解析: 因为 $f'(x)=e^x-1$,令 $f'(x)=0$,得 $x=0$,

又 $f(0)=1, f(2)=e^2-2,$

即函数在区间 $[0,2]$ 上的最小值为 1,最大值为 e^2-2.

13. 函数 $f(x)=e^{-x}+x$ 在区间 $[-1,1]$ 上的最大值是_____;最小值是_____.

答案: $e-1, 1$.

解析: 因为 $f'(x)=-e^{-x}+1$,令 $f'(x)=0$,得 $x=0$,

又 $f(-1)=e-1, \quad f(1)=\dfrac{1}{e}+1, \quad f(0)=1,$

即函数在区间 $[-1,1]$ 上的最大值为 $e-1$,最小值为 1.

14. 设 $y=f(x)$ 是 x 的三次函数,其图形关于原点对称,且 $x=\dfrac{1}{2}$ 时, y 有极小值 -1,则 $f(x)=$ _____.

答案: $4x^3-3x$.

解析: 根据条件可设 $f(x)=ax^3+bx$,且 $f'(x)=3ax^2+b$,则
$$\begin{cases}\dfrac{a}{8}+\dfrac{b}{2}=-1\\ \dfrac{3a}{4}+b=0\end{cases},\text{得 } a=4, b=-3,$$

即函数为 $f(x)=4x^3-3x$.

15. 曲线 $y = xe^{2x}$ 的凹区间是_____.

答案：$(-1, +\infty)$.

解析：由于 $y' = e^{2x}(1+2x)$，$y'' = 4e^{2x}(x+1)$，令 $y'' = 0$，得 $x = -1$.

当 $x < -1$ 时，$y'' < 0$；当 $x > -1$ 时，$y'' > 0$. 根据曲线凹凸性的判别法可知，曲线在区间 $(-1, +\infty)$ 内为凹曲线.

16. 曲线 $y = 2\ln x + x^2 - 1$ 的拐点是_____.

答案：$(1, 0)$.

解析：因为函数的定义域为 $(0, +\infty)$，由于 $y' = \dfrac{2}{x} + 2x$，$y'' = \dfrac{(x+1)(x-1)}{x^2}$，令 $y'' = 0$，得 $x = 1$ 和 $x = -1$（舍）；

当 $x \in (0, 1)$ 时，$y'' < 0$；当 $x \in (1, +\infty)$ 时，$y'' > 0$. 所以曲线有拐点 $(1, 0)$.

17. 如果函数 $y = f(x)$ 在闭区间 $[a, b]$ 上连续，则必在 $[a, b]$ 上有_____值和_____值.

答案：最大，最小.

解析：根据最大值与最小值定理可知，函数在 $[a, b]$ 上有最大值和最小值.

18. 过曲线 $y = x^2$ 上两点 $A(2, 4)$ 和 $B(2+\Delta x, 4+\Delta y)$ 作割线 AB，当 $\Delta x = 1$ 时，割线 AB 的斜率 $k =$ _____.

答案：5.

解析：因为 $\Delta y = (2+\Delta x)^2 - 2^2 = 4 \cdot \Delta x + (\Delta x)^2$，则

$$k_{AB} = \dfrac{(4+\Delta y)-4}{(2+\Delta x)-2} = \dfrac{\Delta y}{\Delta x} = \dfrac{4 \cdot \Delta x + (\Delta x)^2}{\Delta x} = 4 + \Delta x,$$

当 $\Delta x = 1$ 时，$k_{AB}|_{\Delta x = 1} = 5$.

19. 若曲线 $y = x^3 - 3px^2 + q$ 的拐点横坐标是 1，则 $p =$ _____.

答案：1.

解析：由于 $y' = 3x^2 - 6px$，$y'' = 6x - 6p = 6(x - p)$，根据条件可得 $6(1-p) = 0$，即 $p = 1$.

20. 曲线 $y = x^2 - x^3$ 的拐点为_____.

答案：$\left(\dfrac{1}{3}, \dfrac{2}{27}\right)$.

解析：函数的定义域为 $(-\infty, +\infty)$，且 $y' = 2x - 3x^2$，$y'' = 2 - 6x = 2(1-3x)$，令 $y'' = 0$，得 $x = \dfrac{1}{3} \in (-\infty, +\infty)$.

当 $x \in \left(-\infty, \dfrac{1}{3}\right)$ 时，$y'' > 0$；当 $x \in \left(\dfrac{1}{3}, +\infty\right)$ 时，$y'' < 0$. 根据拐点的判别法可知，曲线有拐点 $\left(\dfrac{1}{3}, \dfrac{2}{27}\right)$.

21. 当 $x = \pm 1$ 时，函数 $y = x^3 + 3px + q$ 取得极值，则 $p =$ _____.

答案：-1.

解析：由于 $y' = 3x^2 + 3p$，根据条件有

$$\begin{cases} 3 \cdot (-1)^2 + 3p = 0 \\ 3 \cdot 1^2 + 3p = 0 \end{cases},$$ 解得 $p = -1$.

22. 函数 $y = f(x)$ 在点 x_0 处的导数 $f'(x_0) = 0$ 的几何意义是曲线 $y = f(x)$ 在点 $[x_0,$

$f(x_0)]$ 处的切线与 x 轴_____.

答案:平行.

解析:由已知条件,根据导数的几何意义知,曲线 $y=f(x)$ 在点 x_0 处的切线斜率为 $k=0$,即曲线 $y=f(x)$ 在点 $[x_0, f(x_0)]$ 处的切线平行于 x 轴.

23. 曲线 $y=2x-\dfrac{5}{3}x^3$ 在点 $M\left(1,\dfrac{1}{3}\right)$ 处的法线与 x 轴的交点为_____.

答案:$(0,0)$.

解析:由于 $y'=2-5x^2$,则在点 $M\left(1,\dfrac{1}{3}\right)$ 处的切线斜率为 $k_{切}=-3$,则法线斜率为 $k_{法}=\dfrac{1}{3}$,可得法线方程 $y-\dfrac{1}{3}=\dfrac{1}{3}(x-1)$,即 $x-3y=0$.

令 $y=0$,得 $x=0$,即曲线上点 $M\left(1,\dfrac{1}{3}\right)$ 处的法线与 x 轴的交点为 $(0,0)$.

24. 曲线 $y=\dfrac{1}{x-1}$ 的水平和铅直渐近线分别为_____.

答案:$y=0, x=1$.

解析:$\lim\limits_{x\to\infty}\dfrac{1}{x-1}=0$,即曲线有水平渐近线 $y=0$;

$\lim\limits_{x\to 1}\dfrac{1}{x-1}=\infty$,即曲线有铅直渐近线 $x=1$.

25. 设函数 $y=f(x)$ 在 (a,b) 内二阶可导,若 $x\in(a,b)$,当_____时,曲线 $y=f(x)$ 在 (a,b) 内是凹的.

答案:$f''(x)>0$.

解析:根据曲线凹凸性的判别法可知,如果函数 $y=f(x)$ 在 (a,b) 内二阶可导,若 $x\in(a,b)$,当 $f''(x)>0$ 时,曲线在 (a,b) 内为凹的.

26. 若函数 $y=f(x)$ 在点 x_0 处可导,且 $f(x_0)$ 为函数的极值,则 $f'(x_0)=$ _____.

答案:0.

解析:根据极值存在的必要条件可知,$f'(x_0)=0$.

27. 函数 $y=f(x)$ 具有二阶导数,则曲线 $y=f(x)$ 在其拐点处的曲率 $K=$ _____.

答案:0.

解析:由于 $K=\dfrac{|y''|}{(1+y'^2)^{3/2}}$,因为在拐点处的二阶导数为零,所以有 $K=0$.

28. 设曲线方程为 $x^2+y^2-2y=0$,则曲线在点 $(0,0)$ 处的曲率半径为 $R=$ _____

答案:1.

解析:因为 $y'=\dfrac{x}{1-y}, y''=\dfrac{(1-y)^2+x^2}{(1-y)^3}$,所以 $y'\big|_{\substack{x=0\\y=0}}=0, y''\big|_{\substack{x=0\\y=0}}=1$,则 $k=1$,故

$$R=\dfrac{1}{K}=1.$$

29. 双曲线 $xy=4$ 在点 $(2,2)$ 处的曲率 $K\big|_{(2,2)}=$ _____.

答案:$\dfrac{\sqrt{2}}{4}$.

解析:由于 $y'=-\dfrac{4}{x^2}, y''=\dfrac{8}{x^3}$,所以 $y'\big|_{\substack{x=2\\y=2}}=-1, y''\big|_{\substack{x=2\\y=2}}=1$.

故
$$K|_{(2,2)} = \frac{1}{(1+1)^{3/2}} = \frac{\sqrt{2}}{4}.$$

30. 曲线 $y = \sin x$ 在点 $\left(\dfrac{\pi}{2}, 1\right)$ 处的曲率半径为 $R = $ _____ .

答案:1.

解析:由于 $y' = \cos x, y'' = -\sin x$,所以 $y'\big|_{x=\frac{\pi}{2}} = 0, y''\big|_{x=\frac{\pi}{2}} = -1$,

故有 $K = -1$,则 $R = \dfrac{1}{K} = 1$.

31. 直线 $\dfrac{x}{a} + \dfrac{y}{b} = 1$ 上任意一点处的曲率 $K = $ _____ .

答案:0.

解析:由于 $y' = -\dfrac{b}{a}, y'' = 0$,所以 $K = 0$.

32. 抛物线 $y = ax^2 + bx + c$ 上曲率最大的点为 _____ .

答案:顶点.

解析:由于 $y' = 2ax + b, y'' = 2a$,带入曲率的计算公式得

$$K = \frac{|2a|}{[1 + (2dx + b)^2]^{3/2}},$$

因为 K 的分子是常数 $|2a|$,所以,只要分母最小,K 就最大;容易看出,当 $2ax + b = 0$ 时,即 $x = -\dfrac{b}{2a}$,K 的分母最小,因而 K 有最大值 $|2a|$;而即 $x = -\dfrac{b}{2a}$ 所对应的点为抛物线的顶点,因此,抛物线在顶点处的曲率最大.

三、单项选择题

1. 设函数 $f(x) = (x-1)(x-2)(x-3)$,则方程 $f'(x) = 0$ 的实根个数为( ).

   A. 1个　　　　B. 2个　　　　C. 3个　　　　D. 0个

答案:B.

解析:因为可证明函数 $f(x)$ 满足罗尔定理的条件,则在 $(1,2)$ 内至少有点 ξ_1,使得 $f'(\xi_1) = 0$,同理在 $(2,3)$ 内至少有一点 ξ_2,使得 $f'(\xi_2) = 0$,则方程 $f'(x) = 0$ 至少有两个实根;又因为函数 $f(x)$ 为 3 次函数,所以方程 $f'(x) = 0$ 为 2 次方程,则该方程最多有两个实根.

2. 下列函数中在闭区间 $[1, e]$ 上满足拉格朗日中值定理条件的是( ).

   A. $\ln\ln x$　　　B. $\ln x$　　　C. $\dfrac{1}{\ln x}$　　　D. $\ln(2-x)$

答案:B.

解析:因为当 $x = 1$ 时,$\ln 1 = 0$,故 $\ln\ln x, \dfrac{1}{\ln x}$ 在 $x = 1$ 处无定义,从而在 $[1, e]$ 上不连续;因 $e > 2$,而当 $x > 2$ 时,$\ln(2-x)$ 无定义,所以它在 $[1, e]$ 上不连续. 故 A,C,D 均不满足定理的条件.

容易验证 $\ln x$ 在 $[1, e]$ 上连续,在 $(1, e)$ 内可导,故满足定理的条件.

3. $\lim\limits_{x \to x_0} \dfrac{f'(x)}{g'(x)} = A$ 或不存在,是使用洛必达法则计算"$\dfrac{0}{0}$"型未定式 $\lim\limits_{x \to x_0} \dfrac{f(x)}{g(x)}$ 的( ).

   A. 必要条件但非充分条件　　　　B. 充分条件但非必要条件

C. 充分必要条件　　　　　　　　　　D. 无关条件

答案：B.

解析：因为当 $f(x)$ 和 $g(x)$ 满足定理条件时，必有
$$\lim_{x\to x_0}\frac{f(x)}{g(x)} = \lim_{x\to x_0}\frac{f'(x)}{g'(x)} = A;$$

但并非"$\frac{0}{0}$"型未定式都可以用洛必达法则，如 $\lim\limits_{x\to 0}\dfrac{x^2\sin\frac{1}{x}}{\sin x}$ 是 $\dfrac{0}{0}$ 型，但不能用洛必达法则，若用该法则，则

$$\lim_{x\to 0}\frac{x^2\sin\frac{1}{x}}{\sin x} = \lim_{x\to 0}\frac{2x\sin\frac{1}{x}-\cos\frac{1}{x}}{\cos x},$$

由于当 $x\to 0$ 时，$2x\sin\frac{1}{x}\to 0$，而 $\cos\frac{1}{x}$ 振荡无极限，所以上式右端振荡无极限，从而洛必达法则失效.

4. 极限 $\lim\limits_{x\to 0}\dfrac{\mathrm{e}^{-\frac{1}{x}}}{x} = (\quad)$.

   A. 0　　　　　B. 1　　　　　C. -1　　　　　D. ∞

答案：A.

解析：因为 $\lim\limits_{x\to 0^+}\dfrac{\mathrm{e}^{-\frac{1}{x}}}{x} = \lim\limits_{x\to 0^+}\dfrac{\frac{1}{x}}{\mathrm{e}^{\frac{1}{x}}} = \lim\limits_{x\to 0^+}\dfrac{-\frac{1}{x^2}}{-\frac{1}{x^2}\cdot \mathrm{e}^{\frac{1}{x}}} = \lim\limits_{x\to 0^+}\dfrac{1}{\mathrm{e}^{\frac{1}{x}}} = 0.$

5. 设函数 $f(x)$ 一阶连续可导，且 $f(0)=f'(0)=1$，则 $\lim\limits_{x\to 0}\dfrac{f(\sin x)-1}{\ln f(x)} = (\quad)$.

   A. -1　　　　　B. 0　　　　　C. 1　　　　　D. 以上都不对

答案：C.

解析：因为 $\lim\limits_{x\to 0}\dfrac{f(\sin x)-1}{\ln f(x)} = \lim\limits_{x\to 0}\dfrac{f'(\sin x)\cos x}{\frac{1}{f(x)}\cdot f'(x)} = 1.$

6. 设函数 $f(x)$ 在区间 (a,b) 内可导，则在 (a,b) 内 $f'(x)>0$ 是 $f(x)$ 在 (a,b) 内单调增加的（　　）.

   A. 必要条件，非充分条件　　　　B. 充分条件，非必要条件
   C. 充分必要条件　　　　　　　　D. 无关条件

答案：B.

解析：因为当函数在区间 (a,b) 内单调增加时，可能有个别点 x_0 使 $f'(x_0)=0$.

7. 当 $x<x_0$ 时，$f'(x)>0$；当 $x>x_0$ 时，$f'(x)<0$，则（　　）.

   A. x_0 必是 $f(x)$ 的驻点　　　　B. x_0 必是 $f(x)$ 的极大值点
   C. x_0 必是 $f(x)$ 的极小值点　　D. 不能判定 x_0 属于以上哪一种情况

答案：D.

解析：根据极值存在的第一充分条件，题未给出函数 $f(x)$ 在 x_0 处有定义这一条件，故不能确定；如函数 $f(x)=\dfrac{1}{(x-1)^2}$ 在 $x=1$ 处就是如此.

8. 设函数 $f(x) = x^3 + 3ax^2 + 3bx + c$ 在 $x = 1$ 处取极大值,在 $x = 2$ 处取极小值,则( ).

    A. $a = \frac{3}{2}, b = 2$ B. $a = -\frac{3}{2}, b = 2$

    C. $a = \frac{3}{2}, b = -2$ D. $a = -\frac{3}{2}, b = -2$

答案: B.

解析: 由于 $f'(x) = 3x^2 + 6ax + 3b$,则有
$$\begin{cases} f'(1) = 3 + 6a + 3b = 0 \\ f'(2) = 12 + 12a + 3b = 0 \end{cases}$$
解得 $a = -\frac{3}{2}, b = 2$.

9. 在区间 (a,b) 内任意一点函数的曲线弧总是位于其切线的上方,则该曲线在 (a,b) 内是( ).

    A. 凸的   B. 凹的   C. 单调增加   D. 单调减少

答案: B.

解析: 根据曲线凹凸定义可得

10. 函数 $y = x - \ln(1+x)$ 的单调减少区间是( ).

    A. $(-1, +\infty)$ B. $(-1, 0)$ C. $(0, +\infty)$ D. $(-\infty, -1)$

答案: C.

解析: 函数的定义域为 $(-1, +\infty)$,且 $y' = \frac{x}{1+x}$,令 $y' = 0$,得 $x = 0$. 当 $-1 < x < 0$ 时,$y' < 0$;当 $x > 0$ 时,$y' > 0$. 根据函数单调性的判别法,函数在 $(0, +\infty)$ 内是单调增加的.

11. 设曲线 $y = e^{-x}$,那么在区间 $(-1,0)$ 和 $(0,1)$ 内,曲线分别为( ).

    A. 凸的,凸的   B. 凸的,凹的   C. 凹的,凸的   D. 凹的,凹的

答案: D.

解析: 由于 $y' = -e^{-x}, y'' = e^{-x}$,当 $x \in (-1, 0)$ 时,$y'' > 0$;当 $x \in (0,1)$ 时,$y'' > 0$. 所以,曲线在区间 $(-1, 0)$ 和 $(0, 1)$ 内均是凹的.

12. 设函数 $f(x)$ 在 x_0 处二阶可导,则 $f'(x_0) = 0, f''(x_0) > 0$ 是 $f(x)$ 在 x_0 处有极值的( ).

    A. 必要条件,非充分条件   B. 充分条件,非必要条件

    C. 充分必要条件   D. 无关条件

答案: B.

解析: 若有 $f'(x_0) = 0, f''(x_0) > 0$,则 $f(x_0)$ 一定是函数 $f(x)$ 的极小值,这是充分条件,但非必要的. 因为当 $f'(x_0) = 0, f''(x_0) = 0$ 时,$f(x_0)$ 也可能是 $f(x)$ 的极值;如函数 $f(x) = x^4, f'(x) = 4x^3, f''(x) = 12x^2$,则 $f'(0) = f''(0) = 0$. 容易验证函数 $f(x) = x^4$ 在 $x = 0$ 处有极小值.

13. 若函数 $y = 2 + x - x^2$ 的极大值点是 $x = \frac{1}{2}$,则函数 $y = \sqrt{2 + x - x^2}$ 的极大值是( ).

    A. $\frac{1}{\sqrt{2}}$ B. $\frac{81}{16}$ C. $\frac{9}{4}$ D. $\frac{3}{2}$

答案: D.

解析: 容易验证 $y=\sqrt{2+x-x^2}$ 与 $y=2+x-x^2$ 的极大值点是相同,故
$$y\Big|_{x=\frac{1}{2}}=\sqrt{2+x-x^2}\Big|_{x=\frac{1}{2}}=\frac{3}{2}.$$

14. 函数 $y=|x-1|+2$ 的极小值是( ).

  A. 0   B. 1   C. 2   D. 3

答案: C.

解析: 函数的定义域是 $(-\infty,+\infty)$,函数可以变形为
$$y=\begin{cases} x+1 & x\geq 1,\\ -x+3 & x<1, \end{cases}$$
所以,当 $x<1$ 时,$f'_-(x)=-1<0$;当 $x>1$ 时,$f'_+(x)=1>0$. 故函数在 $x=1$ 处取得极小值,且极小值为 2.

15. 已知函数 $f(x)=-f(-x)$,且在区间 $(0,+\infty)$ 内 $f'(x)>0$,$f''(x)>0$,则 $f(x)$ 在 $(-\infty,0)$ 内是( ).

  A. 单调增加且是凹的   B. 单调减少且是凹的
  C. 单调增加且是凸的   D. 单调减少且是凸的

答案: C.

解析: 由条件 $f(x)=-f(-x)$ 可知,函数 $f(x)$ 是奇函数,则图形关于原点对称,根据条件可知函数 $f(x)$ 在区间 $(0,+\infty)$ 内是单调增加且是凹的,故根据对称性可知函数 $f(x)$ 在 $(-\infty,0)$ 内是单调增加且是凸的.

16. 设曲线 $y=\ln x$,那么 $x=0$ 是曲线的( ).

  A. 水平渐近线   B. 铅直渐近线   C. 极值点   D. 驻点

答案: B.

解析: 因为
$$\lim_{x\to 0^+}\ln x=-\infty,$$
所以,$x=0$ 为曲线 $y=\ln x$ 的铅直渐近线.

17. 设函数 $y=x^2-x$,那么函数在区间 $[0,1]$ 上的最小值是( ).

  A. 0   B. $-\dfrac{1}{4}$ C. $\dfrac{1}{2}$ D. -2

答案: B.

解析: 由于 $y'=2x-1$,可见 $x=\dfrac{1}{2}$ 是区间 $[0,1]$ 上的唯一驻点;又
$$f(0)=0,\quad f(1)=0,\quad f\left(\frac{1}{2}\right)=-\frac{1}{4},$$
所以函数在区间 $[0,1]$ 上的最小值是 $-\dfrac{1}{4}$.

18. 曲线 $y=(x-1)^4$ ( ).

  A. 没有拐点   B. 有一个拐点   C. 有两个拐点   D. 有三个拐点

答案: A.

解析: 函数的定义域是 $(-\infty,+\infty)$,由于
$$y'=4(x-1)^3,\quad y''=12(x-2)^2\geq 0,$$

所以曲线没有拐点.

19. 函数 $f(x)=2x^2-\ln x$ 单调增加的区间是( ).

  A. $\left(0,\dfrac{1}{2}\right)$ B. $\left(-\dfrac{1}{2},0\right)\cup\left(\dfrac{1}{2},+\infty\right)$

  C. $\left(\dfrac{1}{2},+\infty\right)$ D. $\left(-\infty,-\dfrac{1}{2}\right)\cup\left(0,\dfrac{1}{2}\right)$

答案：C.

解析：该函数的定义域为 $(0,+\infty)$，且 $f'(x)=4x-\dfrac{1}{x}$，令 $f'(x)=0$，得
$$x=-\dfrac{1}{2}(\text{舍}),x=\dfrac{1}{2}.$$

当 $x\in\left(0,\dfrac{1}{2}\right)$ 时，$f'(x)<0$；当 $x\in\left(\dfrac{1}{2},+\infty\right)$ 时，$f'(x)>0$. 所以函数 $f(x)$ 在区间 $\left(\dfrac{1}{2},+\infty\right)$ 内是单调增加的.

20. 函数 $f(x)=2x+\dfrac{1}{x}-\dfrac{x^3}{3}$ 单调减少的区间是( ).

  A. $(-\infty,-1)$ B. $(-1,1)$ C. $(1,+\infty)$ D. $(-\infty,0)\cup(0,+\infty)$

答案：D.

解析：函数 $f(x)$ 的定义域为 $(-\infty,0)\cup(0,+\infty)$，且
$$f'(x)=-\dfrac{(x^2-1)^2}{x^2}\leqslant 0,$$

所以函数 $f(x)$ 在 $(-\infty,0)\cup(0,+\infty)$ 内单调减少.

21. 设 $x_1=1,x_2=2$ 都是函数 $y=a\ln x+bx^2+3x$ 的极值点，则( ).

  A. $a=2,b=\dfrac{1}{2}$ B. $a=-2,b=\dfrac{1}{2}$

  C. $a=2,b=-\dfrac{1}{2}$ D. $a=-2,b=-\dfrac{1}{2}$

答案：D.

解析：由于 $y'=\dfrac{a}{x}+2bx+3$，则有
$$\begin{cases}f'(1)=a+2b+3=0,\\ f'(2)=\dfrac{a}{2}+4b+3=0,\end{cases}\text{解得 }a=-2,b=-\dfrac{1}{2}.$$

22. 若函数 $f(x)=x^3+ax^2+bx+a^2(a>0)$ 在 $x=1$ 处取极值为 10，则( ).

  A. $a=-3,b=3$ B. $a=4,b=-11$

  C. $a=3,b=-3$ D. $a=-4,b=11$

答案：B.

解析：由于 $f'(x)=3x^2+2ax+b$，则有
$$\begin{cases}f'(1)=3+2a+b=0,\\ f(1)=1+a+b+a^2=10,\end{cases}\text{解得 }\begin{cases}a=-3,b=3(\text{舍}),\\ a=4,b=-11.\end{cases}$$

23. 设函数 $f(x)$ 在 x_0 处二阶可导，则 $f''(x_0)=0$ 是曲线 $y=f(x)$ 在 $x=x_0$ 处有拐点的 ( ).

A. 必要条件但非充分条件　　　　B. 充分条件但非必要条件
C. 充分必要条件　　　　　　　　D. 无关条件

答案：A．

解析：因为若函数$f(x)$在x_0处二阶可导,且点$[x_0,f(x_0)]$是曲线的拐点,则必有$f''(x)=0$,这是必要条件;但是,若$f''(x)=0$,则点$[x_0,f(x_0)]$未必是曲线的拐点,只有在x_0的左右邻近,当$f''(x)$的符号异号时,曲线上的点$[x_0,f(x_0)]$才是拐点;当$f''(x)$的符号同号时,点$[x_0,f(x_0)]$就不是曲线的拐点．

24. 函数$f(x)=\dfrac{x-1}{x+1}$在区间$[0,4]$上(　　).

A. 极大值是$\dfrac{3}{5}$　　B. 极小值是-1　　C. 最大值是$\dfrac{3}{5}$　　D. 是单调减少的

答案：C．

解析：由于$f'(x)=\dfrac{2}{(x+2)^2}>0$,显然函数$f(x)$在区间$[0,4]$内没有驻点,是单调增加的,所以函数$f(x)$在区间$[0,4]$上有最大值$\dfrac{3}{5}$．

25. 设$f(x)=ax^3-6ax^2+b$在区间$[-1,2]$上的最大值为3,最小值为-29,又$a>0$,则(　　).

A. $a=2,b=-29$　　B. $a=2,b=3$　　C. $a=3,b=2$　　D. 以上都不对

答案：B．

解析：由于$f'(x)=3ax^2-12ax=3ax(x-4)$,令$f'(x)=0$,得$x=0,x=4$,(舍),且$f(0)=b$,而在区间端点处有$f(-1)=-7a+b,f(2)=-16a+b$,因为$a>0$,所以$f(0)>f(-1)>f(2)$,故最大值是$f(0)=b=3$,最小值是$f(2)=-16a+b=-29$,由此可得$a=2$,即$a=2,b=3$．

26. 在$[a,b]$上单调增加的连续函数$y=f(x)$在该区间上(　　).

A. 只能取得最大值　　　　　　B. 只能取得最小值
C. 能取得极大值或极小值　　　D. 能取得最大值和最小值

答案：D．

解析：由于函数$f(x)$在$[a,b]$上连续,则根据最大值与最小值定理可知,函数$f(x)$在该区间上必有最大值和最小值;又函数$f(x)$在$[a,b]$上单调增加,故在区间的端点处有最大值和最小值．

四、计算题

1. 用洛必达法则求下列函数的极限：

(1) $\lim\limits_{x\to\frac{\pi}{2}}\dfrac{\cos x}{x-\dfrac{\pi}{2}}$;

解：$\lim\limits_{x\to\frac{\pi}{2}}\dfrac{\cos x}{x-\dfrac{\pi}{2}}=\lim\limits_{x\to\frac{\pi}{2}}(-\sin x)=-1$．

(2) $\lim\limits_{x\to 2}\dfrac{\ln(x-1)}{x-2}$;

解：$\lim\limits_{x\to 2}\dfrac{\ln(x-1)}{x-2}=\lim\limits_{x\to 2}\dfrac{1}{x-1}=1$．

(3) $\lim\limits_{x\to\pi}\dfrac{1+\cos x}{\tan^2 x}$;

解:$\lim\limits_{x\to\pi}\dfrac{1+\cos x}{\tan^2 x}=\lim\limits_{x\to\pi}\dfrac{-\sin x}{2\tan x\cdot\sec^2 x}=-\dfrac{1}{2}\lim\limits_{x\to\pi}\cos^3 x=\dfrac{1}{2}.$

(4) $\lim\limits_{x\to 0}\dfrac{x-\sin x}{x^3}$;

解:$\lim\limits_{x\to 0}\dfrac{x-\sin x}{x^3}=\lim\limits_{x\to 0}\dfrac{1-\cos x}{3x^2}=\lim\limits_{x\to 0}\dfrac{\sin x}{6x}=\dfrac{1}{6}.$

(5) $\lim\limits_{x\to 3}\dfrac{2^x-8}{x-3}$;

解:$\lim\limits_{x\to 3}\dfrac{2^x-8}{x-3}=\lim\limits_{x\to 3}2^x\ln 2=2^3\cdot\ln 2=8\ln 2.$

(6) $\lim\limits_{x\to 0}\dfrac{e^x-e^{-x}}{\sin x}$;

解:$\lim\limits_{x\to 0}\dfrac{e^x-e^{-x}}{\sin x}=\lim\limits_{x\to 0}\dfrac{e^x+e^{-x}}{\cos x}=2.$

(7) $\lim\limits_{x\to 1}\dfrac{x^n-1}{x-1}$;

解:$\lim\limits_{x\to 1}\dfrac{x^n-1}{x-1}=\lim\limits_{x\to 1}nx^{n-1}=n.$

(8) $\lim\limits_{x\to a}\dfrac{\sin x-\sin a}{x-a}$;

解:$\lim\limits_{x\to a}\dfrac{\sin x-\sin a}{x-a}=\lim\limits_{x\to a}\cos x=\cos a.$

(9) $\lim\limits_{x\to 0}\dfrac{e^x+\sin x-1}{\ln(1+x)}$;

解:$\lim\limits_{x\to 0}\dfrac{e^x+\sin x-1}{\ln(1+x)}=\lim\limits_{x\to 0}\dfrac{e^x+\cos x}{\dfrac{1}{x+1}}=2.$

(10) $\lim\limits_{x\to\frac{\pi}{4}}\dfrac{\tan x-1}{\sin 4x}$;

解:$\lim\limits_{x\to\frac{\pi}{4}}\dfrac{\tan x-1}{\sin 4x}=\lim\limits_{x\to\frac{\pi}{4}}\dfrac{\sec^2 x}{4\cos 4x}=\dfrac{2}{-4}=-\dfrac{1}{2}.$

(11) $\lim\limits_{x\to 0}\dfrac{e^x-e^{-x}-2x}{x-\sin x}$;

解:$\lim\limits_{x\to 0}\dfrac{e^x-e^{-x}-2x}{x-\sin x}=\lim\limits_{x\to 0}\dfrac{e^x+e^{-x}-2}{1-\cos x}=\lim\limits_{x\to 0}\dfrac{e^x-e^{-x}}{\sin x}=\lim\limits_{x\to 0}\dfrac{e^x+e^{-x}}{\cos x}=2.$

(12) $\lim\limits_{x\to\frac{\pi}{2}}\dfrac{\tan x}{\tan 3x}$;

解:$\lim\limits_{x\to\frac{\pi}{2}}\dfrac{\tan x}{\tan 3x}=\lim\limits_{x\to\frac{\pi}{2}}\dfrac{\sec^2 x}{3\sec^2 3x}=\lim\limits_{x\to\frac{\pi}{2}}\dfrac{\cos^2 3x}{3\cos^2 x}=\lim\limits_{x\to\frac{\pi}{2}}\dfrac{\sin 6x}{\sin 2x}=\lim\limits_{x\to\frac{\pi}{2}}\dfrac{6\cos 6x}{2\cos 2x}=3.$

(13) $\lim\limits_{x\to 0}\dfrac{1-\cos x^2}{x^2\sin x^2}$;

解:$\lim\limits_{x\to 0}\dfrac{1-\cos x^2}{x^2\sin x^2}=\lim\limits_{x\to 0}\dfrac{1-\cos x^2}{x^4}\cdot\dfrac{x^2}{\sin x^2}=\lim\limits_{x\to 0}\dfrac{1-\cos x^2}{x^4}=\lim\limits_{x\to 0}\dfrac{2x\sin x^2}{4x^3}=\dfrac{1}{2}.$

(注意,根据第一个重要的极限可得 $\lim\limits_{x\to 0}\dfrac{x^2}{\sin x^2}=1$)

(14) $\lim\limits_{x\to\infty}\dfrac{\ln x}{x^n}(n>0)$;

解: $\lim\limits_{x\to\infty}\dfrac{\ln x}{x^n}=\lim\limits_{x\to+\infty}\dfrac{1}{nx^n}=0.$

(15) $\lim\limits_{x\to 0}\dfrac{\tan x-x}{x^2\sin x}$;

解: $\lim\limits_{x\to 0}\dfrac{\tan x-x}{x^2\sin x}=\lim\limits_{x\to 0}\dfrac{\tan x-x}{x^3}\cdot\dfrac{x}{\sin x}=\lim\limits_{x\to 0}\dfrac{\tan x-x}{x^3}=\lim\limits_{x\to 0}\dfrac{\sec^2 x-1}{3x^2}=\lim\limits_{x\to 0}\dfrac{\tan^2 x}{3x^2}=\dfrac{1}{3}.$

(16) $\lim\limits_{x\to 0^+}\dfrac{\ln x}{\ln\sin x}$;

解: $\lim\limits_{x\to 0^+}\dfrac{\ln x}{\ln\sin x}=\lim\limits_{x\to 0^+}\dfrac{\sin x}{x\cdot\cos x}=1.$

(17) $\lim\limits_{x\to 0^+}\dfrac{\ln\sin 3x}{\ln\sin x}$;

解: $\lim\limits_{x\to 0^+}\dfrac{\ln\sin 3x}{\ln\sin x}=\lim\limits_{x\to 0^+}\dfrac{3\cot 3x}{\cot x}=\lim\limits_{x\to 0^+}\dfrac{3\tan x}{\tan 3x}=\lim\limits_{x\to 0^+}\dfrac{3\sec^2 x}{3\sec^2 3x}=\lim\limits_{x\to 0^+}\dfrac{\cos^2 3x}{\cos^2 x}=1.$

(18) $\lim\limits_{x\to +\infty}\dfrac{\ln\left(\dfrac{2}{\pi}\arctan x\right)}{e^{-x}}$;

解: $\lim\limits_{x\to +\infty}\dfrac{\ln\left(\dfrac{2}{\pi}\arctan x\right)}{e^{-x}}=\lim\limits_{x\to +\infty}\dfrac{\dfrac{1}{(1+x^2)\arctan x}}{-e^{-x}}=-\lim\limits_{x\to +\infty}\dfrac{e^x}{(1+x^2)\arctan x}$
$=\dfrac{2}{\pi}\lim\limits_{x\to +\infty}\dfrac{e^x}{1+x^2}=\dfrac{2}{\pi}\lim\limits_{x\to +\infty}\dfrac{e^x}{2x}=\dfrac{2}{\pi}\lim\limits_{x\to +\infty}\dfrac{e^x}{2}=\infty.$

(19) $\lim\limits_{x\to 0}x\cot 2x$;

解: $\lim\limits_{x\to 0}x\cot 2x=\lim\limits_{x\to 0}\dfrac{2x}{\sin 2x}\cdot\dfrac{\cos 2x}{2}=\dfrac{1}{2}.$

(20) $\lim\limits_{x\to 1}\left(\dfrac{2}{x^2-1}-\dfrac{1}{x-1}\right)$;

解: $\lim\limits_{x\to 1}\left(\dfrac{2}{x^2-1}-\dfrac{1}{x-1}\right)=\lim\limits_{x\to 1}\dfrac{1-x}{x^2-1}=\lim\limits_{x\to 1}\dfrac{-1}{2x}=-\dfrac{1}{2}.$

(21) $\lim\limits_{x\to\infty}x^2\left(\dfrac{\pi}{2}-\arctan 3x^2\right)$;

解: $\lim\limits_{x\to\infty}x^2\left(\dfrac{\pi}{2}-\arctan 3x^2\right)=\lim\limits_{x\to\infty}\dfrac{\dfrac{\pi}{2}-\arctan 3x^2}{\dfrac{1}{x^2}}=\lim\limits_{x\to\infty}\dfrac{\dfrac{6x}{1+9x^4}}{-\dfrac{2}{x^3}}=-\lim\limits_{x\to\infty}\dfrac{3x^4}{1+9x^4}=-\dfrac{1}{3}.$

(22) $\lim\limits_{x\to\infty}x(e^{\frac{1}{x}}-1)$;

解: $\lim\limits_{x\to\infty}x(e^{\frac{1}{x}}-1)=\lim\limits_{x\to\infty}\dfrac{e^{\frac{1}{x}}-1}{\dfrac{1}{x}}=\lim\limits_{x\to\infty}\dfrac{-\dfrac{1}{x^2}\cdot e^{\frac{1}{x}}}{-\dfrac{1}{x^2}}=1.$

(23) $\lim\limits_{x\to 0}x^2 e^{\frac{1}{x^2}}$;

解: $\lim\limits_{x\to 0}x^2 e^{\frac{1}{x^2}} = \lim\limits_{x\to 0}\dfrac{e^{\frac{1}{x^2}}}{\frac{1}{x^2}} = \lim\limits_{x\to 0}\dfrac{-\frac{2}{x^3}\cdot e^{\frac{1}{x^2}}}{-\frac{2}{x^3}} = +\infty.$

(24) $\lim\limits_{x\to 0}\left(\dfrac{1}{x} - \dfrac{1}{e^x - 1}\right);$

解: $\lim\limits_{x\to 0}\left(\dfrac{1}{x} - \dfrac{1}{e^x-1}\right) = \lim\limits_{x\to 0}\dfrac{e^x - x - 1}{x(e^x - 1)} = \lim\limits_{x\to 0}\dfrac{e^x - 1}{xe^x + e^x - 1} = \lim\limits_{x\to 0}\dfrac{e^x}{2e^x + xe^x} = \lim\limits_{x\to 0}\dfrac{1}{2+x} = \dfrac{1}{2}.$

(25) $\lim\limits_{x\to \frac{\pi}{2}}(\sec x - \tan x);$

解: $\lim\limits_{x\to \frac{\pi}{2}}(\sec x - \tan x) = \lim\limits_{x\to \frac{\pi}{2}}\dfrac{1 - \sin x}{\cos x} = \lim\limits_{x\to \frac{\pi}{2}}\dfrac{\cos x}{\sin x} = 0.$

(26) $\lim\limits_{x\to 0}\dfrac{1}{x^2}\left(2\arctan\dfrac{1}{x^2} - \pi\right);$

解: $\lim\limits_{x\to 0}\dfrac{1}{x^2}\left(2\arctan\dfrac{1}{x^2} - \pi\right) = \lim\limits_{x\to 0}\dfrac{2\arctan\frac{1}{x^2} - \pi}{x^2}$

$= \lim\limits_{x\to 0}\dfrac{2\cdot\left(-\frac{2}{x^3}\right)\cdot\frac{x^4}{x^4+1}}{2x} = \lim\limits_{x\to 0}\dfrac{-2}{x^4+1} = -2.$

(27) $\lim\limits_{x\to\infty}\left(1 + \dfrac{a}{x}\right)^x;$

解: 设 $y = \left(1 + \dfrac{a}{x}\right)^x$, 两边同时取对数, 得 $\ln y = x\ln\left(1 + \dfrac{a}{x}\right),$

$$\lim\limits_{x\to\infty}\ln y = \lim\limits_{x\to\infty}x\ln\left(1 + \dfrac{a}{x}\right) = \lim\limits_{x\to\infty}\dfrac{\ln\left(1+\frac{a}{x}\right)}{\frac{1}{x}} = \lim\limits_{x\to\infty}\dfrac{ax}{x+a} = a,$$

因为 $y = e^{\ln y}$, 而 $\lim\limits_{x\to\infty}y = \lim\limits_{x\to\infty}e^{\ln y} = e^a$, 所以 $\lim\limits_{x\to\infty}\left(1 + \dfrac{a}{x}\right)^x = e^a.$

(28) $\lim\limits_{x\to 0^+}x^{\sin x};$

解: 设 $y = x^{\sin x}$, 两边同时取对数, 得 $\ln y = \sin x \cdot \ln x,$

$$\lim\limits_{x\to 0^+}\ln y = \lim\limits_{x\to 0^+}\sin x \cdot \ln x = \lim\limits_{x\to 0^+}\dfrac{\ln x}{\frac{1}{\sin x}} = -\lim\limits_{x\to 0^+}\dfrac{\sin^2 x}{x\cdot\cos x} = 0,$$

因为 $y = e^{\ln y}$, 而 $\lim\limits_{x\to 0^+}y = \lim\limits_{x\to 0^+}e^{\ln y} = e^0 = 1,$

所以 $\lim\limits_{x\to 0^+}x^{\sin x} = 1.$

(29) $\lim\limits_{x\to 0^+}\left(\dfrac{1}{x}\right)^{\tan x};$

解: 设 $y = \left(\dfrac{1}{x}\right)^{\tan x}$, 两边同时取对数, 得 $\ln y = \tan x \cdot (-\ln x),$

$$\lim\limits_{x\to 0^+}\ln y = \lim\limits_{x\to 0^+}\tan x \cdot (-\ln x) = -\lim\limits_{x\to 0^+}\dfrac{\ln x}{\cot x} = \lim\limits_{x\to 0^+}\dfrac{\sin^2 x}{x} = 0,$$

因为　　$y = e^{\ln y}$，而 $\lim_{x \to 0^+} y = \lim_{x \to 0^+} e^{\ln y} = e^0 = 1$，

所以　　$\lim_{x \to 0^+} \left(\dfrac{1}{x}\right)^{\tan x} = e^0 = 1$.

（30）$\lim_{x \to 0^+} (\sin x)^{\frac{2}{1+\ln x}}$.

解：设 $y = (\sin x)^{\frac{2}{1+\ln x}}$，两边同时取对数，得 $\ln y = \dfrac{2\ln\sin x}{1+\ln x}$，

$$\lim_{x \to 0^+} \ln y = \lim_{x \to 0^+} \dfrac{2\ln\sin x}{1+\ln x} = \lim_{x \to 0^+} \dfrac{2x \cdot \cos x}{\sin x} = 2,$$

因为　　$y = e^{\ln y}$，而 $\lim_{x \to 0^+} y = \lim_{x \to 0^+} e^{\ln y} = e^2$，

所以　　$\lim_{x \to 0^+} (\sin x)^{\frac{2}{1+\ln x}} = e^2$.

2. 求下列函数的单调区间和极值：

（1）$y = x^4 - 2x^2 - 5$；

解：定义域 $(-\infty, +\infty)$，求函数的导数
$$y' = 4x^3 - 4x = 4x(x+1)(x-1),$$

令 $y' = 0$，得 $x_1 = -1, x_2 = 0, x_3 = 1$，这三个根把定义域分成四个区间，分别讨论单调性，列表如下：

x	$(-\infty, -1)$	-1	$(-1, 0)$	0	$(0, 1)$	1	$(1, +\infty)$
y'	$-$	0	$+$	0	$-$	0	$+$
y	↘	-6	↗	-5	↘	-6	↗

所以，函数在 $(-\infty, -1), (0, 1)$ 内单调减少，在 $(-1, 0), (1, +\infty)$ 内单调增加；极大值为 $f(0) = -5$，极小值为 $f(-1) = f(1) = -6$.

（2）$y = 2x^2 - \ln x$；

解：函数定义域为 $(0, +\infty)$，求函数的导数
$$y' = 4x - \dfrac{1}{x} = \dfrac{4x^2 - 1}{x} = \dfrac{4\left(x + \dfrac{1}{2}\right)\left(x - \dfrac{1}{2}\right)}{x},$$

令 $y' = 0$. 得 $x_1 = -\dfrac{1}{2}$（舍），$x = \dfrac{1}{2}$，这一个根把定义域分成两个区间，分别讨论单调性；

当 $x \in \left(0, \dfrac{1}{2}\right)$ 时，$y' < 0$；当 $x \in \left(\dfrac{1}{2}, +\infty\right)$ 时，$y' > 0$. 所以，函数在 $\left(0, \dfrac{1}{2}\right)$ 内单调减少，在 $\left(\dfrac{1}{2}, +\infty\right)$ 内单调增加；极小值为 $f\left(\dfrac{1}{2}\right) = \dfrac{1}{2} + \ln 2$.

（3）$y = x - \ln(1+x)$；

解：函数定义域 $(-1, +\infty)$，求函数的导数
$$y' = 1 - \dfrac{1}{1+x} = \dfrac{x}{1+x},$$

令 $y' = 0$，得 $x = 0$，这个根把定义域分成两个区间，分别讨论单调性，列表如下：

x	$(-1,0)$	0	$(0,+\infty)$
y'	$-$	0	$+$
y	↘	0	↗

所以,函数在$(-1,0)$内单调减少,在$(0,+\infty)$内单调增加;极小值为$f(0)=0$.

(4) $y=\dfrac{x^2}{1+x}$;

解:函数定义域$(-\infty,-1)\cup(-1,+\infty)$,求函数的导数

$$y'=\frac{2x(1+x)-x^2}{(1+x)^2}=\frac{x(x+2)}{(1+x)^2},$$

令$y'=0$,得$x_1=-2,x_2=0$,这两个根和-1把定义域分成四个区间,分别讨论单调性,列表如下:

x	$(-\infty,-2)$	-2	$(-2,-1)$	$(-1,0)$	0	$(0,+\infty)$
y'	$+$	0	$-$	$-$	0	$+$
y	↗	-4	↘	↘	0	↗

所以,函数在$(-\infty,-2),(0,+\infty)$内是单调增加的;在$(-2,-1),(-1,0)$内是单调减少的;极大值$f(-2)=-4$,极小值$f(0)=0$.

(5) $y=x^3-3x$;

解:函数定义域$(-\infty,+\infty)$,求函数导数

$$y'=3x^2-3=3(x+1)(x-1),$$

令$y'=0$,得$x_1=-1,x_2=1$,这两个根把定义域分成三个区间,分别讨论单调性;

当$x<-1$时,$y'>0$;当$-1<x<1$时,$y'<0$;当$x>1$时,$y'>0$. 所以,函数在$(-\infty,-1)$和$(1,+\infty)$内是单调增加的,在$(-1,1)$内是单调减少的;极大值$f(-1)=2$,极小值$f(1)=-2$.

(6) $y=3x^4-8x^3+6x^2$;

解:函数定义域$(-\infty,+\infty)$,求函数导数

$$y'=12x^3-24x^2+12x=12x(x-1)^2,$$

令$y'=0$,得$x_1=0,x_2=1$这两个根把定义域分成三个区间,分别讨论单调性;

当$x<0$时,$y'<0$;当$0<x<1$时,$y'>0$;当$x>1$时,$y'>0$;所以,函数在$(-\infty,0)$内单调减少,在$(0,+\infty)$内单调增加;有极小值$f(0)=0$.

(7) $y=x-\dfrac{3}{2}x^{\frac{2}{3}}$;

解:函数定义域$(-\infty,+\infty)$,求函数的导数

$$y'=1-x^{-\frac{1}{3}}=1-\frac{1}{\sqrt[3]{x}},$$

令$y'=0$,得$x=1$,当$x=0$时函数不可导,则$x=1$和$x=0$把定义域分成三个区间,分别讨论单调性:

当$x<0$时,$y'>0$;当$0<x<1$时,$y'<0$;当$x>1$时,$y'>0$. 所以,函数在$(-\infty,0)$和

$(1,+\infty)$ 内单调增加,在$(0,1)$内单调减少;有极大值$f(0)=0$,极小值$f(1)=-\dfrac{1}{2}$.

(8) $y=(2x-x^2)^{\frac{2}{3}}$;

解:函数定义域$(-\infty,+\infty)$,求函数导数

$$y'=\dfrac{2}{3}(2x-x^2)^{-\frac{1}{3}}(2-2x)=-\dfrac{4(x-1)}{3\sqrt[3]{x(2-x)}},$$

令 $y'=0$,得 $x=1$,当 $x=0$ 和 $x=2$ 时函数不可导,则 0、1、2 这三个值把定义域分成四个区间,分别讨论单调性;

当 $x<0$ 时,$y'<0$;当 $0<x<1$ 时,$y'>0$;当 $1<x<2$ 时,$y'<0$;当 $x>2$ 时,$y'>0$. 所以函数在$(-\infty,0)$和$(1,2)$内单调减少,在$(0,1)$和$(2,+\infty)$内单调增加;函数有极小值$f(0)=0$,$f(2)=0$,极大值$f(1)=1$.

(9) $f(x)=\dfrac{3}{8}x^{\frac{8}{3}}-\dfrac{3}{2}x^{\frac{2}{3}}$;

解:函数定义域$(-\infty,+\infty)$,求函数的导数

$$f'(x)=x^{\frac{5}{3}}-x^{-\frac{1}{3}}=\dfrac{(x+1)(x-1)}{\sqrt[3]{x}},$$

令 $y'=0$,得 $x_1=-1$,$x_2=2$,当 $x=0$ 时函数不可导,则 -1、0、1 这三个值把定义域分成四个区间,分别讨论单调性;

当 $x<-1$ 时,$y'<0$;当 $-1<x<0$ 时,$y'>0$;当 $0<x<1$ 时,$y'<0$;当 $x>1$ 时,$y'>0$. 所以,函数在$(-\infty,-1)$和$(0,1)$内单调减少,在$(-1,0)$和$(1,+\infty)$内单调增加;函数有极小值$f(-1)=-\dfrac{8}{9}$,$f(1)=-\dfrac{8}{9}$,极大值$f(0)=0$.

3. 求下列曲线的拐点和凹凸区间:

(1) $y=x\arctan x$;

解:函数定义域$(-\infty,+\infty)$,由于

$$y'=\arctan x+\dfrac{x}{1+x^2},$$

$$y''=\dfrac{1}{1+x^2}+\dfrac{1+x^2-2x\cdot x}{(1+x^2)^2}=\dfrac{1}{1+x^2}+\dfrac{1-x^2}{(1+x^2)^2}=\dfrac{2}{(1+x^2)^2}>0,$$

所以,曲线在$(-\infty,+\infty)$内是凹的,无拐点.

(2) $y=x^4-6x^3+12x^2-10$;

解:定义域$(-\infty,+\infty)$,求函数导数

$$y'=4x^3-18x^2+24x,\qquad y''=12x^2-36x+24=12(x-1)(x-2),$$

令 $y''=0$,得 $x_1=1$,$x_2=2$,这两个根把定义域分成三个区间,分别讨论凹凸性,列表如下:

x	$(-\infty,1)$	1	$(1,2)$	2	$(2,+\infty)$
$f''(x)$	+	0	−	0	+
$f(x)$	∪	拐点	∩	拐点	∪

所以,曲线在区间$(-\infty,1)$和$(2,+\infty)$内是凹,在区间$(1,2)$内是凸的;有两个拐点是$(1,-3)$和$(2,6)$.

(3) $y = x + x^{\frac{5}{3}}$;

解:定义域$(-\infty, +\infty)$,求函数的导数

$$y' = 1 + \frac{5}{3}x^{\frac{2}{3}}, \qquad y'' = \frac{10}{9}x^{-\frac{1}{3}} = \frac{10}{9\sqrt[3]{x}},$$

令$y'' = 0$,无解,但当$x = 0$时,函数的二阶导数不存在,则$x = 0$把定义域分成两个部分区间;

当$x < 0$时,$y'' < 0$;当$x > 0$时,$y'' > 0$. 所以,曲线在区间$(-\infty, 0)$内是凸的,在区间$(0, +\infty)$内是凹的;曲线的拐点是$(0, 0)$.

(4) $y = \dfrac{2x}{\ln x}$;

解:定义域$(0, 1) \cup (1, +\infty)$,求函数的导数

$$y' = \frac{2(\ln x - 1)}{(\ln x)^2}, \qquad y'' = \frac{2\left[\frac{1}{x}(\ln x)^2 - (\ln x - 1) \cdot 2\ln x \cdot \frac{1}{x}\right]}{(\ln x)^4} = \frac{2(2 - \ln x)}{x(\ln x)^3},$$

令$y'' = 0$,得$x = e^2$;则按三个区间$(0, 1)$、$(1, e^2)$、$(e^2, +\infty)$来讨论曲线的凹凸性;

当$0 < x < 1$时,$y'' < 0$;当$1 < x < e^2$时,$y'' > 0$;当$x > e^2$时,$y'' < 0$. 所以曲线在区间$(0, 1)$和$(e^2, +\infty)$内时凸的,在区间$(1, e^2)$内时凹的;曲线的拐点是(e^2, e^2).

(5) $y = xe^{-x}$;

解:定义域$(-\infty, +\infty)$,求函数的导数

$$y' = e^{-x} - xe^{-x} = e^{-x}(1 - x), y'' = -e^{-x}(1 - x) - e^{-x} = e^{-x}(x - 2).$$

令$y'' = 0$,得$x = 2$;这个根把定义域分成两个部分区间,分别讨论曲线的凹凸性;

当$x < 2$时,$y'' < 0$;当$x > 2$时,$y'' > 0$. 所以曲线在区间$(-\infty, 2)$内是凸的,在区间$(2, +\infty)$内是凹的;曲线的拐点是$\left(2, \dfrac{2}{e^2}\right)$.

(6) $y = x^3 - 5x^2 + 3x + 5$;

解:定义域$(-\infty, +\infty)$,求函数的导数

$$y' = 3x^2 - 10x + 3, \qquad y'' = 6x - 10 = 6\left(x - \frac{5}{3}\right),$$

令$y'' = 0$,得$x = \dfrac{5}{3}$;当$x < \dfrac{5}{3}$时,$y'' < 0$;当$x > \dfrac{5}{3}$时,$y'' > 0$. 所以,曲线在区间$\left(-\infty, \dfrac{5}{3}\right)$内是凸的,在区间$\left(\dfrac{5}{3}, +\infty\right)$内是凹的;曲线的拐点是$\left(\dfrac{5}{3}, \dfrac{20}{27}\right)$.

(7) $y = (x + 1)^4 + e^x$;

解:定义域$(-\infty, +\infty)$,由于

$$y' = 4(x + 1)^3 + e^x, \qquad y'' = 12(x + 1)^2 + e^x > 0,$$

所以,曲线在定义域内是凹的,无拐点.

(8) $y = \ln(x^2 + 1)$;

解:定义域$(-\infty, +\infty)$,求函数的导数

$$y' = \frac{2x}{x^2 + 1}, \qquad y'' = -\frac{2(x - 1)(x + 1)}{x^2 + 1},$$

令$y'' = 0$,得$x_1 = -1, x_2 = 1$,这两个根把定义域分成三个区间,分别讨论曲线的凹凸性,列表

如下：

x	$(-\infty,-1)$	-1	$(-1,1)$	1	$(1,+\infty)$
$f''(x)$	$+$	0	$-$	0	$+$
$f(x)$	$\smile$	拐点	$\frown$	拐点	$\smile$

所以曲线在区间$(-\infty,-1)$和$(1,+\infty)$内是凸的，在区间$(-1,1)$内是凹的；曲线的拐点是$(-1,\ln 2),(1,\ln 2)$.

(9) $y=x+\dfrac{1}{x}$ $x>0$；

解：由题意知，x的取值范围是$(0,+\infty)$，由于
$$y'=1-\dfrac{1}{x^2} \qquad y''=\dfrac{2}{x^3}>0,$$
所以，曲线在$(0,+\infty)$内是凹的，无拐点.

(10) $y=x^4-4x^3+1$；

解：定义域$(-\infty,+\infty)$，求函数的导数
$$y'=4x^3-12x^2, \qquad y''=12x^2-24x=12x(x-2),$$
令$y''=0$，得$x_1=0,x_2=2$. 这两个根把定义域分成三个区间，分别讨论曲线的凹凸性，列表如下：

x	$(-\infty,0)$	0	$(0,2)$	2	$(2,+\infty)$
$f''(x)$	$+$	0	$-$	0	$+$
$f(x)$	$\smile$	拐点	$\frown$	拐点	$\smile$

所以，曲线在区间$(-\infty,0)$和$(2,+\infty)$内是凹的，在区间$(0,2)$内是凸的；曲线的拐点是$(0,1)$、$(2,-15)$.

4. 求下列函数的最大值和最小值：

(1) $f(x)=2x^3+3x^2-12x+14, x\in[-3,4]$；

解：由于 $f'(x)=6x^2+6x-12=6(x+2)(x-1)$，
令$f'(x)=0$，得驻点为$x_1=-2,x_2=1$，因为
$$f(-2)=34, \quad f(1)=7, \quad f(-3)=23, \quad f(4)=142,$$
所以，函数在区间$[-3,4]$上的最大值是$f(4)=142$，最小值是$f(1)=7$.

(2) $f(x)=x^4-8x^2+2, x\in[-1,3]$；

解：$f'(x)=4x^3-16x=4x(x+2)(x-2)$，
令$f'(x)=0$，得驻点$x_1=-2$（舍），$x_2=0,x_3=2$，由于
$$f(0)=2, \quad f(2)=-14, \quad f(-1)=-5, \quad f(3)=11,$$
所以，函数在$[-1,3]$上的最大值是$f(3)=11$，最小值是$f(2)=-14$.

(3) $f(x)=2x^2-\ln x, x\in\left[\dfrac{1}{3},3\right]$；

解：$f'(x)=4x-\dfrac{1}{x}=\dfrac{4\left(x+\dfrac{1}{2}\right)\left(x-\dfrac{1}{2}\right)}{x}$，

令 $f'(x)=0$,得驻点 $x=-\frac{1}{2}$(舍),$x=\frac{1}{2}$,由于

$$f\left(\frac{1}{2}\right)=\frac{1}{2}+\ln 2, \qquad f\left(\frac{1}{3}\right)=\frac{2}{9}+\ln 3, \qquad f(3)=18-\ln 3,$$

则函数在 $[\frac{1}{3},3]$ 上的最大值是 $f(3)=18-\ln 3$,最小值是 $f(\frac{1}{2})=\frac{1}{2}+\ln 2$.

(4) $f(x)=\frac{x-1}{x+1}; x\in[0,4]$;

解:由于 $f'(x)=\frac{x+1-x+1}{(x+1)^2}=\frac{2}{(x+1)^2}>0$,

所以,该函数在 $[0,4]$ 上是单调增加的,最小值 $f(0)=-1$,最大值 $f(4)=\frac{3}{5}$.

(5) $f(x)=1-\frac{2}{3}(x-2)^{\frac{2}{3}}, x\in[0,3]$;

解:$f'(x)=-\frac{4}{9}(x-2)^{-\frac{1}{3}}=-\frac{4}{9\sqrt[3]{x-2}}$,

令 $f'(x)=0$,该函数在 $[0,3]$ 内没有驻点,但当 $x=2$ 时函数不可导,由于

$$f(2)=1, \qquad f(0)=1-\frac{2}{3}\sqrt[3]{4}, \qquad f(3)=\frac{1}{3},$$

所以,函数在 $[0,3]$ 上的最大值 $f(2)=1$,最小值 $f(0)=1-\frac{2}{3}\sqrt[3]{4}$.

(6) $f(x)=x+\sqrt{1-x}, x\in[-5,1]$;

解:$f'(x)=1-\frac{1}{2\sqrt{1-x}}$,

令 $f'(x)=0$,得驻点 $x=\frac{3}{4}$,由于

$$f\left(\frac{3}{4}\right)=1.25, \qquad f(-5)=-5+\sqrt{6}, \qquad f(1)=1,$$

所以,函数在 $[-5,1]$ 上的最大值是 $f\left(\frac{3}{4}\right)=1.25$,最小值是 $f(-5)=-5+\sqrt{6}$.

(7) $f(x)=\sqrt[3]{2x^3-12x^2}, x\in[-2,4]$;

解:$f'(x)=\frac{1}{3}(2x^3-12x^2)^{-\frac{2}{3}}(6x^2-24x)=\frac{2(x-4)}{\sqrt[3]{4x(x-6)^2}}$,

令 $f'(x)=0$,得驻点 $x=4$,当 $x=0, x=6$(舍)时,函数的导数不存在,由于

$$f(0)=0, \qquad f(4)=-4, \qquad f(-2)=-4.$$

所以,函数在 $[-2,4]$ 上的最大值是 $f(0)=0$,最小值是 $f(-2)=f(4)=-4$.

(8) $f(x)=\frac{\ln x}{x}, x\in[1,e^2]$;

解:$f'(x)=\frac{1-\ln x}{x^2}$,

令 $f'(x)=0$,得驻点 $x=e$,由于

$$f(e)=\frac{1}{e}, \qquad f(1)=0, \qquad f(e^2)=\frac{2}{e^2},$$

所以,函数在 $[1,e^2]$ 上的最大值是 $f(e)=\frac{1}{e}$,最小值是 $f(1)=0$.

(9) $f(x) = x^2 - 4x - 6, x \in [-3, 10]$；

解：$f'(x) = 2x - 4 = 2(x - 2)$，

令 $f'(x) = 0$，得驻点 $x = 2$，由于

$$f(2) = -10, \quad f(-3) = 15, \quad f(10) = 54,$$

所以，函数在 $[-3, 10]$ 上的最大值是 $f(10) = 54$，最小值是 $f(2) = -10$.

(10) $f(x) = x + \cos x, x \in [0, \pi]$；

解：$f'(x) = 1 - \sin x$，

由于在 $[0, \pi]$ 内，$f'(x) \geqslant 0$，所以函数在 $[0, \pi]$ 上单调增加，故最大值和最小值在端点处取得，最大值是 $f(\pi) = \pi - 1$，最小值 $f(0) = 1$.

5. 描绘下列函数的图形：

(1) $f(x) = 3x - x^3$；

解：定义域 $(-\infty, +\infty)$，

$$f'(x) = 3 - 3x^2 = -3(x-1)(x+1), \quad f''(x) = -6x,$$

令 $f'(x) = 0$，得 $x_1 = -1, x_2 = 1$；令 $f''(x) = 0$，得 $x = 0$.

曲线的性态如下表：

x	$(-\infty, -1)$	-1	$(-1, 0)$	0	$(0, 1)$	1	$(1, +\infty)$
$f'(x)$	$-$	0	$+$	$+$	$+$	0	$-$
$f''(x)$	$+$	$+$	$+$	0	$-$	$-$	$-$
$f(x)$	↘	极小	↗	拐点	↗	极大	↘

特征点 $M_1(-1, -2), M_2(1, 2), M_3(0, 0)$，

辅助点 $M_4(-\sqrt{3}, 0), M_5(\sqrt{3}, 0)$，

作图如图所示．

(2) $f(x) = \dfrac{1}{5}(x^4 - 6x^2 + 8x + 7)$；

解：定义域 $(-\infty, +\infty)$，

$$f'(x) = \frac{1}{5}(4x^3 - 12x + 8) = \frac{4}{5}(x^3 - 3x + 2)$$

$$= \frac{4}{5}(x+2)(x-1)^2,$$

$$f''(x) = \frac{4}{5}(3x^2 - 3) = \frac{12}{5}(x+1)(x-1),$$

题 5(1) 图

令 $f'(x) = 0$，得 $x_1 = -2, x_2 = 1$，

令 $f''(x) = 0$，得 $x_3 = -1, x_4 = 1$.

曲线性态如下表：

x	$(-\infty, -2)$	-2	$(-2, -1)$	-1	$(-1, 1)$	1	$(1, +\infty)$
$f'(x)$	$-$	0	$+$	$+$	$+$	0	$+$
$f''(x)$	$+$	$+$	$+$	0	$-$	0	$+$
$f(x)$	↘	极小	↗	拐点	↗	拐点	↗

特征点　$M_1\left(-2,-\dfrac{17}{5}\right),M_2\left(-1,-\dfrac{6}{5}\right),M_3(1,2)$.

辅助点　$M_4(-3,2),M_5(2,3)$.

作图如图所示.

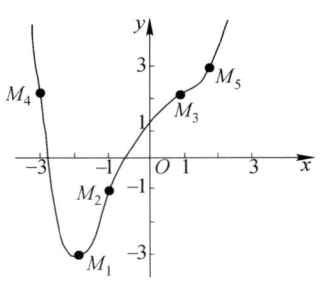

题 5(2)图

(3) $f(x)=\dfrac{x}{x^2+1}$;

解:定义域$(-\infty,+\infty)$,因为

$$f(-x)=\dfrac{-x}{(-x)^2+1}=-\dfrac{x}{x^2+1}=-f(x),$$

即函数是奇函数,所以曲线关于原点对称,故可只讨论 $x\geq 0$ 时函数的图形.

$$f'(x)=\dfrac{x^2+1-2x\cdot x}{(x^2+1)^2}=-\dfrac{(x-1)(x+1)}{(x^2+1)^2},$$

$$f''(x)=\dfrac{-2x(x^2+1)^2-2(x^2+1)\cdot 2x\cdot(1-x^2)}{(x^2+1)^4}=\dfrac{2x(x-\sqrt{3})(x+\sqrt{3})}{(x^2+1)^3}.$$

令 $f'(x)=0$,得 $x_1=1$,令 $f''(x)=0$,得 $x_2=0,x_3=\sqrt{3}$.

曲线性态如下表:

x	0	$(0,1)$	1	$(1,\sqrt{3})$	$\sqrt{3}$	$(\sqrt{3},+\infty)$
$f'(x)$	+	+	0	-	-	-
$f''(x)$	0	-	-	-	0	+
$f(x)$	拐点	↗	极大	↘	拐点	↘

特征点　$M_1(0,0),M_2\left(1,\dfrac{1}{2}\right),M_3\left(\sqrt{3},\dfrac{\sqrt{3}}{4}\right)$.

因为 $\lim\limits_{x\to\infty}f(x)=\lim\limits_{x\to\infty}\dfrac{x}{x^2+1}=0$,所以 $y=0$ 是曲线的水平渐近线.

作图如图所示.

(4) $f(x)=x^2+\dfrac{1}{x}$;

解:定义域$(-\infty,0)\cup(0,\infty)$,

$f'(x)=2x-\dfrac{1}{x^2}=\dfrac{2x^3-1}{x^2}$, $f''(x)=2+\dfrac{2}{x^3}=\dfrac{2(x^3+1)}{x^3}$.

令 $f'(x)=0$,得 $x=\dfrac{1}{\sqrt[3]{2}}$;令 $f''(x)=0$,得 $x=-1$.

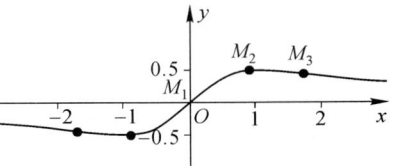

题 5(3)图

曲线性态如下表:

x	$(-\infty,-1)$	-1	$(-1,0)$	$\left(0,\dfrac{1}{\sqrt[3]{2}}\right)$	$\dfrac{1}{\sqrt[3]{2}}$	$\left(\dfrac{1}{\sqrt[3]{2}},+\infty\right)$
$f'(x)$	-	-	-	-	0	+
$f''(x)$	+	0	-	+	+	+
$f(x)$	↘	拐点	↘	↘	极小	↗

特征点 $M_1(1,0)$，$M_2\left(\dfrac{1}{\sqrt[3]{2}},\dfrac{3\sqrt[3]{2}}{2}\right)$.

因为 $\lim\limits_{x\to 0}f(x)=\lim\limits_{x\to 0}\left(x^2+\dfrac{1}{x}\right)=\infty$，所以曲线有铅直渐近线 $x=0$.

作图如图所示.

(5) $f(x)=\ln(x^2+1)$；

解：定义域 $(-\infty,+\infty)$，

$$f'(x)=\dfrac{2x}{x^2+1},\quad f''(x)=\dfrac{2(x^2+1)-2x\cdot 2x}{(x^2+1)^2}=-\dfrac{2(x+1)(x-1)}{(x^2+1)^2};$$

令 $f'(x)=0$，得 $x_1=0$；令 $f''(x)=0$，得 $x_2=-1,x_3=1$.

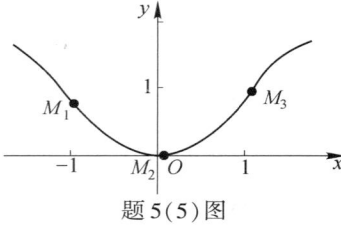

题 5(4)图

曲线性态如下表：

x	$(-\infty,-1)$	-1	$(-1,0)$	0	$(0,1)$	1	$(1,+\infty)$
$f'(x)$	$-$	$-$	$-$	0	$+$	$+$	$+$
$f''(x)$	$-$	0	$+$	$+$	$+$	0	$-$
$f(x)$	↘	拐点	↘	极小	↗	拐点	↗

特征点 $M_1(-1,\ln 2)$，$M_2(0,0)$，$M_3(1,\ln 2)$，

作图如图所示.

(6) $f(x)=e^{-x^2}$；

解：定义域 $(-\infty,+\infty)$，

因为 $f(-x)=e^{-(-x)^2}=e^{-x^2}=f(x)$，即函数是偶函数，则图形关于 y 轴对称，故可以讨论 $x\geq 0$ 时函数的图形.

$$f'(-x)=-2xe^{-x^2},\quad f''(x)=4\left(x+\dfrac{1}{\sqrt{2}}\right)\left(x-\dfrac{1}{\sqrt{2}}\right)e^{-x^2},$$

令 $f'(x)=0$，得 $x=0$；令 $f''(x)=0$，得 $x=\dfrac{1}{\sqrt{2}}$.

曲线性态如下表：

x	0	$\left(0,\dfrac{1}{\sqrt{2}}\right)$	$\dfrac{1}{\sqrt{2}}$	$\left(\dfrac{1}{\sqrt{2}},+\infty\right)$
$f'(x)$	0	$-$	$-$	$-$
$f''(x)$	$-$	$-$	0	$+$
$f(x)$	极大	↘	拐点	↘

特征点 $M_1(0,1)$，$M_2\left(\dfrac{1}{\sqrt{2}},e^{-\frac{1}{2}}\right)$.

因为 $\lim\limits_{x\to\infty}f(x)=\lim\limits_{x\to\infty}e^{-x^2}=0$，所以曲线有水平渐近线 $y=0$.

作图如图所示.

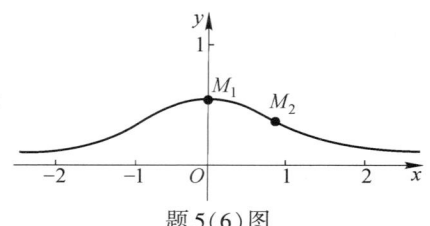

题 5(6)图

6. 最大值与最小值的应用问题：

（1）某工厂要靠墙壁用石条沿围成一块长方形场地，现只有够砌 36 m 长的石条沿，问应围成怎样的长方形才能使长方形场地最大？并求出场地最大面积？

解：设长方形场地的长为 x，宽为 y，面积为 A（如图所示），则
$$A = xy,$$
又因为 $x + 2y = 36$，即 $x = 36 - 2y$，所以有
$$A = xy = y(36 - 2y) = 2(18y - y^2), y \in (0, 18),$$
$$A' = 2(18 - 2y) = 4(9 - y),$$

题 6(1)图

令 $A' = 0$，解得唯一驻点 $y = 9$ m，从而有 $x = 18$ m，且 $A = 9 \times 18 = 162$ m^2；
所以，当长方形场地的长为 18 m，宽为 9 m 时面积最大，且最大面积为 162 m^2.

（2）欲用长 6 m 的木料加工一日字型的窗框，问它的边长和边宽各为多少时，才能使窗框的面积最大？最大的面积是多少？

解：设日字型窗框的边长为 x，边宽为 y，面积为 A（如图所示），则
$$A = xy,$$
又因为 $2x + 3y = 6$，即 $x = \dfrac{6 - 3y}{2}$，

所以有 $A = xy = \dfrac{3(2y - y^2)}{2}, y \in (0, 2)$，$A' = \dfrac{6(1 - y)}{2}$.

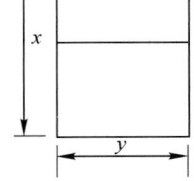

令 $A' = 0$，解得唯一驻点 $y = 1$ m，从而有 $x = 1.5$ m，则 $A = 1 \times 1.5 = 1.5$ m^2.

题 6(2)图

所以，当日字型窗框的边长为 1.5 m，边宽为 1 m 时面积最大，且最大面积为 1.5 m^2.

（3）要做一个底面为长方形的带盖的箱子，其体积为 72 cm^2，底边的长和宽成 2∶1 的关系，问各边长为多少时，才能使表面积最小？

解：设长方形箱子的底边长为 x，底边宽为 y，高为 h，如图所示，表面积为 A，则
$$A = 2(xy + xh + yh),$$
由条件可知 $x = 2y, 72 = xyh$，
所以有 $A = 2(xy + xh + yh) = x^2 + \dfrac{432}{x} \quad (x > 0),$
$$A' = 2x - \dfrac{432}{x^2} = \dfrac{2(x^3 - 216)}{x^2},$$

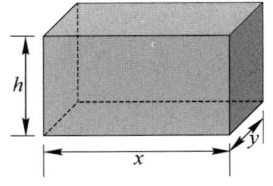

题 6(3)图

令 $A' = 0$，解得唯一驻点 $x = 6$ m，从而 $y = 3$ m，$h = 4$ m，即当长方形带盖的箱子底边长为 6 m，底边宽为 3 m，高为 4 m 时，表面积最大.

（4）要造一圆柱形容器（有盖），体积为 V，问底半径 r 和高 h 等于多少时，才能使表面积最小？这时底直径与高的比是多少？

解：设圆柱形容器的表面为 A，如图所示，则
$$A = 2\pi r^2 + 2r\pi h,$$
由条件可知 $V = \pi r^2 h$，即 $h = \dfrac{V}{\pi r^2}$，所以

$$A = 2\pi r^2 + 2r\pi h = 2\pi r^2 + 2r\pi \dfrac{V}{\pi r^2}$$

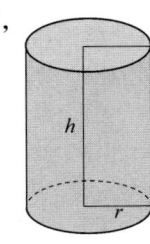

题 6(4)图

$$=2\left(\pi r^2+\frac{V}{r}\right),(r>0),$$

$$A'=2\left(2\pi r-\frac{V}{r^2}\right)=\frac{2(2\pi r^3-V)}{r^2},$$

令 $A'=0$,解得唯一驻点 $r=\sqrt[3]{\frac{V}{2\pi}}$,从而有 $h=2\sqrt[3]{\frac{V}{2\pi}}$.

所以,当圆柱形容器的底半径 $r=\sqrt[3]{\frac{V}{2\pi}}$,高 $h=2\sqrt[3]{\frac{V}{2\pi}}$ 时表面积最小,这时底直径与高的比是 1：1.

（5）有一杠杆,支点在它的一端,在距支点 0.1 m 处挂一质量为 49 kg 的物体,加力于杠杆的另一端使杠杆保持水平(如图所示),如果杠杆的线密度为 5 kg/m,求最省力的杆长？

解：设当杠杆的长度为 x 时最省力,则

$$Fx=49\times0.1+5x\cdot\frac{x}{2},$$

整理得 $F=\frac{4.9}{x}+\frac{5}{2}x\quad(x>0)$,

$$F'=-\frac{4.9}{x^2}+\frac{5}{2},$$

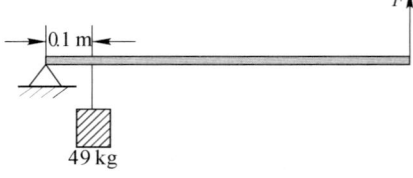

题 6(5)图

令 $F'=0$,解得唯一驻点 $x=1.4$ m,则 F 在此驻点处取最小值,故最省力的杆长为 1.4 m.

（6）输电干线上 AB 段的距离为 6 km,用户 C 距 A 处 2 km,AC 垂直于 AB,用户 D 距 B 处 3 km,DB 垂直于 AB（如图所示）. 现要在输电干线 AB 上选一点 P 设一台变压器供两个用户使用,问 P 点选在何处使得所需输电线最短？

解：设变压器建在距用户 C 到输电干线的垂足右侧 x 处,输电线总长为 l,则

$$l=CP+PD=\sqrt{x^2+4}+\sqrt{9+(6-x)^2},(0<x<6),$$

$$l'=\frac{x}{\sqrt{x^2+4}}+\frac{-(6-x)}{\sqrt{9+(6-x)^2}},$$

令 $l'=0$,即

$$\frac{x}{\sqrt{x^2+4}}+\frac{-(6-x)}{\sqrt{9+(6-x)^2}}=0,$$

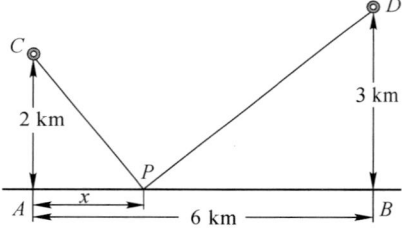

题 6(6)图

整理解得唯一驻点 $x=2.4$ km,所以,变压器建在由用户 C 到输电干线的垂足右侧 2.4 km 处,所需输电线最短.

（7）从一边长为 12 cm 的正方形薄铁板的四个角各剪去一个小正方形,做一个无盖的方铁盒,问剪去的小正方形的边长是多少时铁盒的容积最大？最大的容积是多少？

解：设小正方形的边长为 x,则方盒底的边长为 $12-2x$,设方盒的容积为 V,则 V 与 x 的关系是

$$V=x(12-2x)^2,\quad(0<x<6),$$

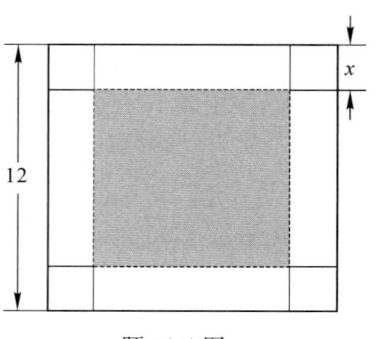

题 6(7)图

于是 $V' = (12-2x)^2 + x \cdot 2(12-2x)(-2)$
$\qquad = 12(6-x)(2-x),$

令 $V'=0$,解得在区间 $(0,6)$ 内有唯一驻点 $x=2$,则容积 V 在此驻点处取极大值,即当剪去的小正方形的边长为 $2\ \mathrm{cm}$ 时铁盒的容积最大,最大容积为 $128\ \mathrm{cm}^3$.

(8) 铁路线上 AB 段的距离为 $100\ \mathrm{km}$,工厂 C 距 A 处为 $20\ \mathrm{km}$,AC 垂直于 AB (如图所示). 为了运输的需要,要在 AB 线上选定一点 D 向工厂修筑一条公路. 已知铁路上每千米货运的运费与公路上每千米货运的运费之比为 $3:5$. 为了使货物从供应站 B 运到工厂 C 的运费最省,问 D 点应选在何处?

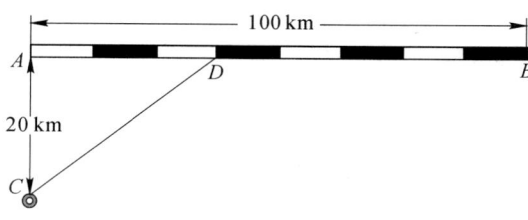

题 6(8)图

解:设从 B 点到 C 点所需要的总运费为 y,另 D 点选在距 A 的距离为 x,即 $AD=x$,那么 $DB=100-x$,则

$$y = 5k \cdot CD + 3k \cdot DB$$
$$= 5k\sqrt{20^2 + x^2} + 3k(100-x) \quad (0<x<100),$$

于是 $y' = \dfrac{5kx}{\sqrt{20^2+x^2}} = -3k$,令 $y'=0$,即 $\dfrac{5kx}{\sqrt{20^2+x^2}} - 3k = 0$,

解得区间 $(0,100)$ 内唯一驻点 $x=15$,即在此驻点处取最小值,故当 D 点选在距 A 点 $15\ \mathrm{km}$ 处总运费最省.

7. 求下列曲线在指定点处的曲率:

(1) $y=x^2$,在点 $(\sqrt{2},2)$ 处;

解:由于 $y'=2x$,$y''=2$,则有

$$y' \big|_{x=\sqrt{2}} = 2\sqrt{2}, \quad y'' \big|_{x=\sqrt{2}} = 2,$$

所以 $K = \dfrac{|2|}{[1+(2\sqrt{2})^2]^{3/2}} = \dfrac{2}{27}.$

(2) $y=x^3$,在点 $(-1,-1)$ 处;

解:由于 $y'=3x^2$,$y''=6x$,则有

$$y' \big|_{x=-1} = 3, \quad y'' \big|_{x=-1} = -6,$$

所以 $K = \dfrac{|-6|}{(1+3^2)^{3/2}} = \dfrac{6}{10^{3/2}} = \dfrac{3}{5\sqrt{10}}.$

(3) $y=4x-x^2$,在顶点处;

解:先求曲线的顶点

$$y = 4x-x^2 = -(x^2-4x+4)+4 = -(x-2)^2+4,$$

故得顶点为 $(2,4)$；

由于 $y' = 4 - 2x, y'' = -2$，则有
$$y' \big|_{x=2} = 0, \qquad y'' \big|_{x=2} = -2,$$

所以 $K = \dfrac{|-2|}{(1+0^2)^{3/2}} = 2.$

(4) $y = \ln x$，在点 $(e, 1)$ 处；

解：由于 $y' = \dfrac{1}{x}, y'' = -\dfrac{1}{x^2}$，则有
$$y' \big|_{x=e} = \dfrac{1}{e}, \qquad y'' \big|_{x=e} = -\dfrac{1}{e^2},$$

所以 $K = \dfrac{\left|\dfrac{1}{e^2}\right|}{\left[1 + \left(\dfrac{1}{e}\right)^2\right]^{3/2}} = \dfrac{e}{(e^2+1)^{3/2}}.$

(5) $xy = 4$，在点 $(2, 2)$ 处；

解：由于 $y' = -\dfrac{4}{x^2}, y'' = \dfrac{8}{x^3}$，则有
$$y' \big|_{x=2} = -1, \qquad y'' \big|_{x=2} = 1,$$

所以 $K = \dfrac{|1|}{[1 + (-1)^2]^{3/2}} = \dfrac{1}{2\sqrt{2}}.$

(6) $y = \sin x$ 在点 $\left(\dfrac{\pi}{2}, 1\right)$ 处；

解：由于 $y' = \cos x, y'' = -\sin x$，则有
$$y' \big|_{x=\frac{\pi}{2}} = \cos \dfrac{\pi}{2} = 0, \qquad y'' \big|_{x=\frac{\pi}{2}} = -\sin \dfrac{\pi}{2} = -1,$$

所以 $K = \dfrac{|-1|}{(1+0^2)^{3/2}} = 1.$

(7) $y = x^2 - 4x + 3$，在点 $(2, -1)$ 处；

解：由于 $y' = 2x - 4, y'' = 2$，则有
$$y' \big|_{x=2} = 0, \qquad y'' \big|_{x=2} = 2,$$

所以 $K = \dfrac{|2|}{(1+0^2)^{3/2}} = 2.$

第四章 不定积分

(1) 理解不定积分的概念,不定积分与导数的互逆关系.
(2) 掌握不定积分的换元法和分步积分法,结合基本积分公式及性质能熟练进行一般的积分计算.

一、原函数与不定积分的概念

定义 1 如果在区间 I 上,可导函数 $F(x)$ 的导函数为 $f(x)$,即对任意 $x \in I$,都有
$$F'(x) = f(x) \text{ 或 } dF(x) = f(x)dx,$$
那么函数 $F(x)$ 就称为 $f(x)[$ 或 $f(x)dx]$ 在区间 I 上的原函数.

原函数存在定理 如果函数 $f(x)$ 在区间 I 上连续,那么在区间 I 上存在可导函数 $F(x)$,使对任意 $x \in I$ 都有
$$F'(x) = f(x).$$
简言之就是:连续函数一定有原函数.

定义 2 在区间 I 上,函数 $F(x)$ 的带有任意常数项的原函数称为 $f(x)[$ 或 $f(x)dx]$ 在区间 I 上的不定积分,记作
$$\int f(x)dx.$$
其中记号 $\int$ 称为积分号,$f(x)$ 称为被积函数,$f(x)dx$ 称为被积表达式,x 称为积分变量. 如果 $F(x)$ 是 $f(x)$ 在区间 I 上的一个原函数,那么 $F(x) + C$ 就是 $f(x)$ 的不定积分,即
$$\int f(x)dx = F(x) + C.$$

二、不定积分的性质

性质 1 设函数 $f(x)$ 及 $g(x)$ 的原函数存在,则
$$\int [f(x) \pm g(x)]dx = \int f(x)dx \pm \int g(x)dx.$$

性质 2 设函数 $f(x)$ 的原函数存在,k 为非零常数,则
$$\int kf(x)dx = k\int f(x)dx.$$

三、换元积分法

定理 1 设 $f(u)$ 具有原函数, $u = \varphi(x)$ 可导, 则有换元公式

$$\int f[\varphi(x)]\varphi'(x)dx = \left[\int f(u)du\right]_{u=\varphi(x)}.$$

定理 2 设 $x = \Psi(t)$ 是单调的、可导的函数, 并且 $\Psi'(t) \neq 0$. 又设 $f[\Psi(t)]\Psi'(t)$ 具有原函数, 则有换元公式

$$\int f(x)dx = \left\{\int f[\Psi(t)]\Psi'(t)dt\right\}_{t=\Psi^{-1}(x)},$$

其中, $\Psi^{-1}(x)$ 是 $x = \Psi(t)$ 的反函数.

四、分部积分法

设函数 $u = u(x)$ 及 $v = v(x)$ 具有连续导数. 那末, 两个函数乘积的导数公式为

$$(uv)' = u'v + uv',$$

移项, 得

$$uv' = (uv)' - u'v.$$

对这个等式两边求不定积分, 得

$$\int uv'dx = uv - \int u'vdx, \qquad (4-1)$$

公式(1)称为分部积分公式, 可简记为

$$\int udv = uv - \int vdu. \qquad (4-2)$$

五、积分表的使用

为了实用的方便, 把常用的积分公式汇集成表, 叫做**积分表**. 按照被积函数的类型来排列求积分时, 可根据被积函数的类型直接地或经过简单的变形后, 在表内查得所需的结果.

一、判断题

1. $\int \arcsin x dx = \dfrac{1}{\sqrt{1-x^2}} + C.$ ( )

2. $\dfrac{d}{dx}\int \dfrac{\cos x dx}{3 + 2\sin x} = \dfrac{\cos x dx}{3 + 2\sin x}.$ ( )

3. $\int d\left(\dfrac{\cos x}{3 + 2\sin^3 x}\right) = \dfrac{\cos x}{3 + 2\sin^3 x}.$ ( )

4. $\int f(x)g(x)dx = \int f(x)dx \int g(x)dx.$ ( )

5. $\int \dfrac{1}{x}dx = \ln|x| + C.$ ( )

6. $\int e^{2x}dx = e^{2x} + C.$ ( )

7. $\int \dfrac{3}{1+9t^2}dt = \arctan 3t + C.$ ( )

二、填空题

1. $\int (x\sin x)'dx = $ _____;

2. $\dfrac{d}{dx}\int x\sin x\,dx = $ _____ ；

3. $\int$ _____ $dx = \sqrt[3]{x} - 3x + C$ ；

4. $\dfrac{d}{dx}\int \dfrac{dx}{1+\cos x} = $ _____ ；

5. $\int \dfrac{dx}{a^2+x^2} = \dfrac{1}{a}\arctan\dfrac{x}{a} + C\,(a>0)$ 是函数 _____ 的 _____ 原函数；

6. $\dfrac{1}{x^2}dx = d$ _____ ，$\dfrac{dx}{\sqrt{1-x^2}} = d$ _____ ，$x^2 dx = $ _____ $d(2-3x^3)$ ；

7. $\int \dfrac{4}{1+x^2}dx = $ _____ ；

8. $\int \dfrac{4x}{1+x^2}dx = $ _____ ；

9. $\int \dfrac{4x^2}{1+x^2}dx = $ _____ ；

10. $\int e^x \ln(1+e^x)\,dx = $ _____ .

三、单项选择题

1. 在下面(1)、(2)、(3)、(4)中,正确的有(　　).

(1) $\int f(x)\,dx = f'(x) + C$ ；　　(2) $\int f(x)\,dx$ 是 $f(x)$ 的一个原函数；

(3) $\int f(x)\,dx$ 表示 $f(x)$ 的任意原函数；　　(4) $\dfrac{d}{dx}\int f(x)\,dx = f'(x)$.

A. 1个　　　　B. 2个　　　　C. 3个　　　　D. 4个

2. 下列格式中正确的是(　　).

A. $\int x^2 dx = 3x^2 + C$　　　　B. $\int \sin x\,d(\sin x) = \cos x + C$

C. $\int e^{-x}dx = e^{-x} + C$　　　　D. $\int x^{-2}dx = -\dfrac{1}{x} + C$

3. 如果 $F'(u) = f(u)$ ，那么 $\int xf(x^2)\,dx = ($　　$)$.

A. $F(x^2) + C$　　B. $2F(x^2) + C$　　C. $\dfrac{1}{2}F(x^2) + C$　　D. $F\left(\dfrac{x^2}{2}\right) + C$

4. 下列各式中正确的是(　　).

A. $\int 2^x dx = 2^x \ln 2 + C$　　　　B. $\int \dfrac{dx}{1+x^2} = \arctan x$

C. $\int \sin(-t)\,dt = -\cos(-t) + C$　　D. $\int f'\left(\dfrac{1}{x}\right)\dfrac{1}{x^2}dx = -f\left(\dfrac{1}{x}\right) + C$

5. 如果 $\int f(x)\,dx = F(x) + C$ ，那末 $\int f(ax+b)\,dx = ($　　$)$.

A. $F(ax+b) + C$　　　　B. $aF(ax+b) + C$

C. $\dfrac{1}{a}F(ax+b) + C$　　　　D. $F\left(x + \dfrac{b}{a}\right) + C$

6. 如果 $\int f(x)\,dx = x\ln x + C$ ，那末 $\int xf(x)\,dx = ($　　$)$.

A. $x^2\left(\dfrac{1}{4}\ln x + \dfrac{1}{2}\right) + C$　　　　B. $x^2\left(\dfrac{1}{2}\ln x + \dfrac{1}{4}\right) + C$

C. $x^2\left(\dfrac{1}{4}-\dfrac{1}{2}\ln x\right)+C$ D. $x^2\left(\dfrac{1}{2}-\dfrac{1}{4}\ln x\right)+C$

7. 在下列各结果中, 与 $\int \sin 2x\,dx$ 不相等的是 (　　).

   A. $\sin^2 x + C$ B. $\dfrac{1}{2}\sin 2x + C$

   C. $-\dfrac{1}{2}\cos 2x + C$ D. $-\cos^2 x + C$

四、计算题

1. 计算不定积分:

   (1) $\dfrac{d}{dx}\int \dfrac{x}{\sqrt{1+x^2}}\,dx.$;   (2) $\int \dfrac{1+x^4}{1+x^2}\,dx$;   (3) $\int\left(\sin\dfrac{2}{x}-\cos\dfrac{x}{2}\right)^2 dx$;

   (4) $\int \dfrac{\cos 2x}{\cos^2 x \sin^2 x}\,dx$;   (5) $\int \dfrac{\sqrt{\ln(2x+1)}}{2x+1}\,dx$;   (6) $\int \dfrac{dt}{e^{-t}+e^t}$;

   (7) $\int \dfrac{2x-3}{x^2-4x+5}\,dx$;   (8) $\int x\sin x\cos x\,dx$;   (9) $\int (\ln x)^2 dx$;

   (10) $\int \dfrac{x}{x-\sqrt{x^2-1}}\,dx$;   (11) $\int \dfrac{dx}{\sin 2x\cos x}$;   (12) $\int \dfrac{1+2x^2}{x^2(1+x^2)}\,dx$;

   (13) $\int \dfrac{dx}{\sin x\cos x}$;   (14) $\int \sqrt{\dfrac{a+x}{a-x}}\,dx$;   (15) $\int \dfrac{\sin x\cos x}{1+\sin^4 x}\,dx$;

   (16) $\int \dfrac{\ln\tan x}{\sin x\cos x}\,dx$;   (17) $\int \dfrac{1}{\sqrt{x}+\sqrt[3]{x^2}}\,dx$;   (18) $\int \dfrac{2+x}{\sqrt[3]{3-x}}\,dx$;

   (19) $\int \dfrac{\sqrt{x^2-9}}{x}\,dx$;   (20) $\int \dfrac{dx}{x^4\sqrt{1+x^2}}$;   (21) $\int \sqrt{x}\ln^2 x\,dx$;

   (22) $\int \cos(\ln x)\,dx$;   (23) $\int \dfrac{dx}{x\sqrt{x^2-1}}$;   (24) $\int \dfrac{x\,dx}{\sqrt{1-2x^2}}$;

   (25) $\int \dfrac{4-\ln x}{x}\,dx$;   (26) $\int \dfrac{\ln x}{x(\ln^2 x-1)}\,dx$;   (27) $\int \dfrac{e^x}{1+e^x}\,dx$;

   (28) $\int \dfrac{2+\sin^2 x}{\cos^2 x}\,dx$;   (29) $\int \left(\dfrac{1}{x^2}-\dfrac{1}{1+x^2}\right)dx$;   (30) $\int e^t(3-e^{-t}\sqrt[3]{t})\,dt$;

   (31) $\int 2\sin^2\dfrac{x}{2}\,dx$;   (32) $\int \dfrac{2+x^2}{1+x^2}\,dx$;   (33) $\int \left(\dfrac{1}{x}-\dfrac{1}{\sqrt{1-x^2}}\right)dx$;

   (34) $\int \dfrac{1}{x(1+\ln^2 x)}\,dx$;   (35) $\int \dfrac{\sqrt{1-\sqrt{x}}}{\sqrt{x}}\,dx$;   (36) $\int \dfrac{1}{1+e^{-x}}\,dx$;

   (37) $\int \dfrac{1}{1+\cos x}\,dx$;   (38) $\int \dfrac{1}{x^2-2x-3}\,dx$;   (39) $\int \dfrac{1}{1+\sqrt[3]{x}}\,dx$;

   (40) $\int \dfrac{1}{(x+2)\sqrt{x+1}}\,dx$;   (41) $\int \dfrac{1}{\sqrt[3]{(1-x)^2}}\,dx$;   (42) $\int \dfrac{1}{\sqrt{1+e^x}}\,dx$;

   (43) $\int \dfrac{\sqrt{x^2-a^2}}{x}\,dx$;   (44) $\int \dfrac{\sqrt{x^2-a^2}}{x}\,dx$;   (45) $\int \dfrac{dx}{\sqrt{4x^2+4x-3}}$;

   (46) $\int (x-1)e^x\,dx$;   (47) $\int (x^2+x)e^{-x}\,dx$;   (48) $\int \dfrac{\ln x}{x^3}\,dx$;

   (49) $\int \ln^2 x\,dx$;   (50) $\int \sin\ln x\,dx$;   (51) $\int \dfrac{\ln\ln x}{x}\,dx$;

(52) $\int e^{\sqrt{x}} dx$;   (53) $\int \dfrac{xdx}{(1-x^2)^{\frac{3}{2}}}$;   (54) $\int (x+1)\ln x dx$;

(55) $\int \ln\sqrt{1+x^2} dx$;   (56) $\int \arctan(1+\sqrt{x})dx$;   (57) $\int \sin^4 x dx$.

2. 一条曲线经过点 $(-e,1)$，且其上任意点 (x,y) 处的切线的斜率等于 $\dfrac{2}{x}$，求这条曲线的方程．

3. 已知某物体以初速度 1 时开始作直线运动，在任意时刻 t 的加速度为 $2\sqrt{t}+1$，试求该物体的位移 s 与时间 t 的函数关系式．

4. 求证：若 $\int f(x)dx = e^{-x^2} + C$，则 $f'(x) = e^{-x^2}(4x^2-2)$．

5. 设 $f(x)$ 的一个原函数是 $\sin x$，则 $\int xf'(x)dx = x\cos x - \sin x + C$．

6. 已知 $f'(\sin^2 x) = \cos^2 x + \tan^2 x$，当 $0 < x < 1$ 时，求 $f(x)$．

 习题详解

一、判断题

1. $\int \arcsin x dx = \dfrac{1}{\sqrt{1-x^2}} + C$．

答案：错误．

解析：因为 $\dfrac{1}{\sqrt{1-x^2}}$ 不是 $\arcsin x$ 的一个原函数．

2. $\dfrac{d}{dx}\int \dfrac{\cos x dx}{3+2\sin x} = \dfrac{\cos x dx}{3+2\sin x}$．

答案：正确．

解析：导数与不定积分是逆运算关系．

3. $\int d\left(\dfrac{\cos x}{3+2\sin^3 x}\right) = \dfrac{\cos x}{3+2\sin^3 x}$．

答案：错误．

解析：缺少一个常数 C．

4. $\int f(x)g(x)dx = \int f(x)dx \int g(x)dx$．

答案：错误．

解析：没有乘积的积分法则．

5. $\int \dfrac{1}{x}dx = \ln|x| + C$．

答案：正确．

解析：基本公式．

6. $\int e^{2x}dx = e^{2x} + C$．

答案：错误．

解析：因为 e^{2x} 不是被积函数的原函数．

7. $\int \dfrac{3}{1+9t^2}dt = \arctan 3t + C.$

答案:正确.

解析:因为 $\arctan 3t$ 是被积函数的原函数.

二、填空题

1. $\int (x\sin x)' dx = \underline{\qquad}$;

答案: $x\sin x + C.$

解析:由导数与不定积分的逆运算关系可得 $\int (x\sin x)' dx = x\sin x + C.$

2. $\dfrac{d}{dx}\int x\sin x dx = \underline{\qquad}$;

答案: $x\sin x.$

解析:与第一题相同.

3. $\int \underline{\qquad} dx = \sqrt[3]{x} - 3x + C$;

答案: $\dfrac{1}{3}x^{-\frac{2}{3}} - 3.$

解析:因为 $\sqrt[3]{x} - 3x$ 的导数为 $\dfrac{1}{3}x^{-\frac{2}{3}} - 3$,

4. $\dfrac{d}{dx}\int \dfrac{dx}{1+\cos x} = \underline{\qquad}$;

答案: $\dfrac{1}{1+\cos x}.$

解析:与第一题相同.

5. $\int \dfrac{dx}{a^2+x^2} = \dfrac{1}{a}\arctan \dfrac{x}{a} + C (a>0)$ 是函数_____的_____原函数;

答案: $\dfrac{1}{a^2+x^2}$;一族.

解析:不定积分的定义.

6. $\dfrac{1}{x^2}dx = d\underline{\qquad}$, $\dfrac{dx}{\sqrt{1-x^2}} = d\underline{\qquad}$, $x^2 dx = \underline{\qquad} d(2-3x^3)$;

答案: $-\dfrac{1}{x} + C$; $\arcsin x + C$; $-\dfrac{1}{9}.$

解析:利用求导公式可得

$d\left(-\dfrac{1}{x}\right) = \dfrac{1}{x^2}dx, d(\arcsin x) = \dfrac{dx}{\sqrt{1-x^2}}, d(2-3x^3) = -9x^2 dx.$

7. $\int \dfrac{4}{1+x^2}dx = \underline{\qquad}$;

答案: $4\arctan x + C.$

解析:由积分公式可得 $\int \dfrac{1}{1+x^2}dx = \arctan x + C.$

8. $\int \dfrac{4x}{1+x^2}dx = \underline{\qquad}$;

答案: $2\ln(1+x^2) + C.$

解析: 因为 $\int \dfrac{4x}{1+x^2}dx = 2\int \dfrac{1}{1+x^2}d(1+x^2) = 2\ln(1+x^2) + C.$

9. $\int \dfrac{4x^2}{1+x^2}dx = $ _____;

答案: $4x - 4\arctan x + C.$

解析: 由于 $\int \dfrac{4x^2}{1+x^2} = 4\int \dfrac{1+x^2-1}{1+x^2}dx = 4\int \left(1 - \dfrac{1}{1+x^2}\right)dx = 4x - 4\arctan x + C.$

10. $\int e^x \ln(1+e^x)dx = $ _____;

答案: $(1+e^x)\ln(1+e^x) - (1+e^x) + C.$

解析: 由于 $\int e^x \ln(1+e^x)dx = \int \ln(1+e^x)d(e^x+1)$

$$\xlongequal{\diamondsuit 1+e^x=t} \int \ln t\, dt = t\ln t - \int t\,d\ln t = t\ln t - t + C$$

$$= (1+e^x)\ln(1+e^x) - (1+e^x) + C.$$

三、单项选择题

1. 在下面(1)、(2)、(3)、(4)中,正确的有( ).

   (1) $\int f(x)dx = f'(x) + C$;   (2) $\int f(x)dx$ 是 $f(x)$ 的一个原函数;

   (3) $\int f(x)dx$ 表示 $f(x)$ 的任意原函数;   (4) $\dfrac{d}{dx}\int f(x)dx = f'(x)$

   A. 1个   B. 2个   C. 3个   D. 4个

答案: A.

解析: 由不定积分的定义可知,若 $F'(x) = f(x)$,则有

$$\int f(x)dx = F(x) + C,$$

所以,只有(3)是正确的.

2. 下列格式中正确的是( ).

   A. $\int x^2 dx = 3x^2 + C$ B. $\int \sin x\, d(\sin x)\cos x + C$

   C. $\int e^{-x}dx = e^{-x} + C$ D. $\int x^{-2}dx = -\dfrac{1}{x} + C.$

答案: D.

解析: 因为 $-\dfrac{1}{x}$ 是 x^{-2} 的一个原函数.

3. 如果 $F'(u) = f(u)$,那么 $\int xf(x^2)dx = ($).

   A. $F(x^2) + C$ B. $2F(x^2) + C$ C. $\dfrac{1}{2}F(x^2) + C$ D. $F\left(\dfrac{x^2}{2}\right) + C$

答案: C.

解析: 因为 $\int xf(x^2)dx = \dfrac{1}{2}\int f(x^2)dx^2 \xlongequal{\diamondsuit u=x^2} \dfrac{1}{2}\int f(u)du$

$$= \dfrac{1}{2}F(u) + C = \dfrac{1}{2}F(x^2) + C.$$

4. 下列各式中正确的是( ).

A. $\int 2^x dx = 2^x \ln 2 + C$ B. $\int \dfrac{dx}{1+x^2} = \arctan x$

C. $\int \sin(-t) dt = -\cos(-t) + C$ D. $\int f'\left(\dfrac{1}{x}\right) \dfrac{1}{x^2} dx = -f\left(\dfrac{1}{x}\right) + C$

答案：D.

解析：因为 $\int 2^x dx = \dfrac{2^x}{\ln 2} + C$；$\int \dfrac{dx}{1+x^2} = \arctan x + C$；

$\int \sin(-t) dt = \cos(-t) + C = \cos t + C$；

$\int f'\left(\dfrac{1}{x}\right)\dfrac{1}{x^2} dx = -\int f'\left(\dfrac{1}{x}\right) d\left(\dfrac{1}{x}\right) = -\int df\left(\dfrac{1}{x}\right) = -f\left(\dfrac{1}{x}\right) + C.$

5. 如果 $\int f(x) dx = F(x) + C$，那么 $\int f(ax+b) dx = ($ $).$

A. $F(ax+b) + C$ B. $aF(ax+b) + C$

C. $\dfrac{1}{a} F(ax+b) + C$ D. $F\left(x + \dfrac{b}{a}\right) + C$

答案：C.

解析：因为 $\int f(ax+b) dx = \dfrac{1}{a} \int f(ax+b) d(ax+b)$

$\xrightarrow{\text{令 } ax+b=u} \dfrac{1}{a} \int f(u) du = \dfrac{1}{a} F(u) + C = \dfrac{1}{a} F(ax+b) + C.$

6. 如果 $\int f(x) dx = x \ln x + C$，那么 $\int x f(x) dx = ($ $).$

A. $x^2 \left(\dfrac{1}{4} \ln x + \dfrac{1}{2}\right) + C$ B. $x^2 \left(\dfrac{1}{2} \ln x + \dfrac{1}{4}\right) + C$

C. $x^2 \left(\dfrac{1}{4} - \dfrac{1}{2} \ln x\right) + C$ D. $x^2 \left(\dfrac{1}{2} - \dfrac{1}{4} \ln x\right) + C$

答案：B.

解析：由已知 $f(x) = [x \ln x]' = \ln x + 1$，所以

$\int x f(x) dx = \int x(\ln x + 1) dx = \int x \ln x dx + \int x dx$

$= \dfrac{1}{2} \int \ln x dx^2 + \dfrac{1}{2} x^2 = \dfrac{1}{2} \left(x^2 \ln x - \int x^2 d\ln x\right) + \dfrac{1}{2} x^2$

$= \dfrac{1}{2} \left(x^2 \ln x - \int x dx\right) + \dfrac{1}{2} x^2 = x^2 \left(\dfrac{1}{2} \ln x + \dfrac{1}{4}\right) + C.$

7. 在下列各结果中，与 $\int \sin 2x dx$ 不相等的是 ($ $).

A. $\sin^2 x + C$ B. $\dfrac{1}{2} \sin 2x + C$ C. $-\dfrac{1}{2} \cos 2x + C$ D. $-\cos^2 x + C$

答案：B.

解析：因为 $(\sin^2 x + C)' = 2\sin x \cdot \cos x = \sin 2x$；

$\left(\dfrac{1}{2} \sin 2x + C\right)' = \cos 2x$；$\left(-\dfrac{1}{2} \cos 2x + C\right)' = \sin 2x$；

$(-\cos^2 x + C)' = -2\cos x \cdot (-\sin x) = \sin 2x.$

所以，只有 $\dfrac{1}{2} \sin 2x + C$ 与 $\int \sin 2x dx$ 不相等.

四、计算题

1. 计算不定积分：

（1）$\dfrac{\mathrm{d}}{\mathrm{d}x}\displaystyle\int \dfrac{x}{\sqrt{1+x^2}}\mathrm{d}x$；

解：根据不定积分的定义知，

$$\dfrac{\mathrm{d}}{\mathrm{d}x}\int \dfrac{x}{\sqrt{1+x^2}}\mathrm{d}x = \dfrac{x}{\sqrt{1+x^2}}.$$

（2）$\displaystyle\int \dfrac{1+x^4}{1+x^2}\mathrm{d}x$；

解：$\displaystyle\int \dfrac{1+x^4}{1+x^2}\mathrm{d}x = \int \dfrac{(x^4-1)+2}{1+x^2}\mathrm{d}x = \int \dfrac{(x^2-1)(x^2+1)+2}{1+x^2}\mathrm{d}x$

$= \displaystyle\int \left(x^2 - 1 + \dfrac{2}{1+x^2}\right)\mathrm{d}x = \int x^2 \mathrm{d}x - \int \mathrm{d}x + 2\int \dfrac{1}{1+x^2}\mathrm{d}x$

$= \dfrac{x^3}{3} - x + 2\arctan x + C.$

（3）$\displaystyle\int \left(\sin\dfrac{x}{2} - \cos\dfrac{x}{2}\right)^2 \mathrm{d}x$；

解：$\displaystyle\int \left(\sin\dfrac{x}{2} - \cos\dfrac{x}{2}\right)^2 \mathrm{d}x = \int \left(\sin^2\dfrac{x}{2} - 2\sin\dfrac{x}{2}\cdot\cos\dfrac{x}{2} + \cos^2\dfrac{x}{2}\right)\mathrm{d}x$

$= \displaystyle\int (1 - \sin x)\mathrm{d}x = \int \mathrm{d}x - \int \sin x \mathrm{d}x = x + \cos x + C.$

（4）$\displaystyle\int \dfrac{\cos 2x}{\cos^2 x \sin^2 x}\mathrm{d}x$；

解：$\displaystyle\int \dfrac{\cos 2x}{\cos^2 x \sin^2 x}\mathrm{d}x = \int \dfrac{\cos^2 x - \sin^2 x}{\cos^2 x \sin^2 x}\mathrm{d}x = \int \left(\dfrac{1}{\sin^2 x} - \dfrac{1}{\cos^2 x}\right)\mathrm{d}x$

$= \displaystyle\int (\csc^2 x - \sec^2 x)\mathrm{d}x = -\cot x - \tan x + C.$

（5）$\displaystyle\int \dfrac{\sqrt{\ln(2x+1)}}{2x+1}\mathrm{d}x$；

解：$\displaystyle\int \dfrac{\sqrt{\ln(2x+1)}}{2x+1}\mathrm{d}x = \dfrac{1}{2}\int \sqrt{\ln(2x+1)}\,\mathrm{d}[\ln(2x+1)] = \dfrac{1}{3}[\ln(2x+1)]^{\frac{3}{2}} + C.$

（6）$\displaystyle\int \dfrac{\mathrm{d}t}{\mathrm{e}^{-t} + \mathrm{e}^{t}}$；

解：因为 $\dfrac{1}{\mathrm{e}^{-t}+\mathrm{e}^{t}} = \dfrac{1}{\dfrac{1}{\mathrm{e}^{t}}+\mathrm{e}^{t}} = \dfrac{\mathrm{e}^{t}}{1+(\mathrm{e}^{t})^2}$，所以

$$\int \dfrac{\mathrm{d}t}{\mathrm{e}^{-t}+\mathrm{e}^{t}} = \int \dfrac{\mathrm{e}^{t}}{1+(\mathrm{e}^{t})^2}\mathrm{d}t = \int \dfrac{\mathrm{d}(\mathrm{e}^{t})}{1+(\mathrm{e}^{t})^2} = \arctan \mathrm{e}^{t} + C.$$

（7）$\displaystyle\int \dfrac{2x-3}{x^2-4x+5}\mathrm{d}x$；

解：$\displaystyle\int \dfrac{2x-3}{x^2-4x+5}\mathrm{d}x = \int \dfrac{(2x-4)+1}{x^2-4x+5}\mathrm{d}x = \int \dfrac{2x-4}{x^2-4x+5}\mathrm{d}x + \int \dfrac{1}{x^2-4x+5}\mathrm{d}x$

$= \displaystyle\int \dfrac{1}{x^2-4x+5}\mathrm{d}(x^2-4x+5) + \int \dfrac{\mathrm{d}(x-2)}{(x-2)^2+1}$

$= \ln(x^2-4x+5) + \arctan(x-2) + C.$

(8) $\int x\sin x\cos x\,dx$;

解: $\int x\sin x\cos x\,dx = \dfrac{1}{2}\int x\sin 2x\,dx = \dfrac{1}{4}\int x\,d(-\cos 2x)$

$= \dfrac{1}{4}\left(-x\cos 2x + \int \cos 2x\,dx\right) = \dfrac{1}{4}\left[-x\cos 2x + \dfrac{1}{2}\int \cos 2x\,d(2x)\right]$

$= -\dfrac{1}{4}\cos 2x + \dfrac{1}{8}\sin 2x + C.$

(9) $\int (\ln x)^2\,dx$;

解: $\int (\ln x)^2\,dx = x(\ln x)^2 - \int x\,d(\ln x)^2 = x(\ln x)^2 - \int \dfrac{2x\ln x}{x}\,dx$

$= x(\ln x)^2 - 2\int \ln x\,dx = x(\ln x)^2 - 2(x\ln x - \int x\,d\ln x)$

$= x(\ln x)^2 - 2(x\ln x - \int dx) = x(\ln x)^2 - 2x\ln x + 2x + C.$

(10) $\int \dfrac{x}{x - \sqrt{x^2-1}}\,dx$;

解: 用分式拆项法, 得

$\int \dfrac{x}{x - \sqrt{x^2-1}}\,dx = \int \dfrac{x(x + \sqrt{x^2-1})}{(x - \sqrt{x^2-1})(x + \sqrt{x^2-1})}\,dx$

$= \int \dfrac{x(x + \sqrt{x^2-1})}{x^2 - (x^2-1)}\,dx = \int x^2\,dx + \int x\sqrt{x^2-1}\,dx$

$= \dfrac{x^3}{3} + \dfrac{1}{2}\int \sqrt{x^2-1}\,d(x^2-1) = \dfrac{x^3}{3} + \dfrac{1}{3}(x^2-1)^{\frac{3}{2}} + C.$

(11) $\int \dfrac{dx}{\sin 2x\cos x}$;

解: 用三角公式恒等变换与分式拆项法, 得

$\int \dfrac{dx}{\sin 2x\cos x} = \int \dfrac{dx}{2\sin x\cos^2 x} = \int \dfrac{\sin^2 x + \cos^2 x}{2\sin x\cos^2 x}\,dx$

$= \dfrac{1}{2}\left(\int \tan x\sec x\,dx + \int \csc x\,dx\right) = \dfrac{1}{2}(\sec x + \ln|\csc x - \cot x|) + C.$

(12) $\int \dfrac{1 + 2x^2}{x^2(1 + x^2)}\,dx$;

解: 用分式拆项法得

$\int \dfrac{1 + 2x^2}{x^2(1 + x^2)}\,dx = \int \dfrac{(1 + x^2) + x^2}{x^2(1 + x^2)}\,dx$

$= \int \dfrac{1}{x^2}\,dx + \int \dfrac{1}{1 + x^2}\,dx = -\dfrac{1}{x} + \arctan x + C.$

(13) $\int \dfrac{dx}{\sin x\cos x}$;

解: 用凑微分法, 得

$\int \dfrac{dx}{\sin x\cos x} = \int \dfrac{dx}{\tan x\cos^2 x} = \int \dfrac{d(\tan x)}{\tan x} = \ln|\tan x| + C.$

(14) $\int \sqrt{\dfrac{a + x}{a - x}}\,dx$;

解:用凑微分法,得

$$\int \sqrt{\frac{a+x}{a-x}}dx = \int \frac{a+x}{\sqrt{a^2-x^2}}dx = a\int \frac{dx}{\sqrt{a^2-x^2}} - \frac{1}{2}\int \frac{d(a^2-x^2)}{\sqrt{a^2-x^2}} = a\arcsin\frac{x}{a} - \sqrt{a^2-x^2} + C.$$

(15) $\int \frac{\sin x \cos x}{1+\sin^4 x}dx$;

解: $\int \frac{\sin x \cos x}{1+\sin^4 x}dx = \int \frac{\sin x}{1+\sin^4 x}d(\sin x) = \frac{1}{2}\int \frac{d(\sin^2 x)}{1+(\sin^2 x)^2} = \frac{1}{2}\arctan(\sin^2 x) + C.$

(16) $\int \frac{\ln\tan x}{\sin x \cos x}dx$;

解: $\int \frac{\ln\tan x}{\sin x \cos x}dx = \int \frac{\ln\tan x}{\tan x \cos^2 x}dx = \int \frac{\ln\tan x}{\tan x}d(\tan x)$

$= \int \ln\tan x \, d[\ln(\tan x)] = \frac{1}{2}\ln^2(\tan x) + C.$

(17) $\int \frac{1}{\sqrt{x}+\sqrt[3]{x^2}}dx$;

解:令 $t = \sqrt[6]{x}$,则 $x = t^6$, $dx = 6t^5 dt$,所以

$$\int \frac{1}{\sqrt{x}+\sqrt[3]{x^2}}dx = \int \frac{6t^5}{t^3+t^4}dt = 6\int \frac{t^2}{1+t}dt = 6\int \frac{t^2-1+1}{1+t}dt$$

$$= 6\int \left(t-1+\frac{1}{1+t}\right)dt = 6\left(\frac{t^2}{2}-t+\ln(1+t)\right)+C$$

$$= 3t^2 - 6t + 6\ln(1+t) + C = 3\sqrt[3]{x} - 6\sqrt[6]{x} + 6\ln(1+\sqrt[6]{x}) + C.$$

(18) $\int \frac{2+x}{\sqrt[3]{3-x}}dx$;

解:如图所示,令 $t = \sqrt[3]{3-x}$,则 $x = 3-t^3$, $dx = -3t^2 dt$,故

$$\int \frac{2+x}{\sqrt[3]{3-x}}dx = \int \frac{2+3-t^3}{t}(-3t^2)dt = -3\int (5t-t^4)dt$$

$$= -3\left(\frac{5}{2}t^2 - \frac{1}{5}t^5\right) + C$$

$$= -\frac{15}{2}\sqrt[3]{(3-x)^2} + \frac{3}{5}(3-x)\sqrt[3]{(3-x)^2} + C$$

$$= -\frac{3}{5}\left(\frac{19}{2}+x\right)\sqrt[3]{(3-x)^2} + C.$$

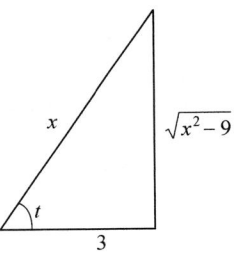

题1(18)图

(19) $\int \frac{\sqrt{x^2-9}}{x}dx$;

解:令 $x = 3\sec t$,则 $dx = 3\sec t \tan t \, dt$,故

$$\int \frac{\sqrt{x^2-9}}{x}dx = \int \frac{9\sec t \tan^2 t}{3\sec t}dt = 3\int \tan^2 t \, dx = 3\left(\int \sec^2 t \, dt - \int dt\right)$$

$$= 3\tan t - 3t + C = \sqrt{x^2-9} - 3\arccos\frac{3}{x} + C.$$

(20) $\int \frac{dx}{x^4\sqrt{1+x^2}}$;

解:如图所示,令 $x = \tan t$,则 $dx = \sec^2 t \, dt$,故

$$\int \frac{dx}{x^4\sqrt{1+x^2}} = \int \frac{\sec^2 t\, dt}{\sec t \tan^4 t} = \int \frac{d(\sin t)}{\sin^4 t} - \int \frac{d(\sin t)}{\sin^2 t}$$

$$= -\frac{1}{3}\sin^{-3} t + \frac{1}{\sin t} + C$$

$$= -\frac{\sqrt{(1+x^2)^3}}{3x^3} + \frac{\sqrt{1+x^2}}{x} + C.$$

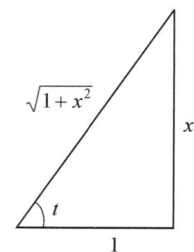

题 1(20)图

(21) $\int \sqrt{x}\ln^2 x\, dx$;

解: $\int \sqrt{x}\ln^2 x\, dx = \frac{2}{3}\int \ln^2 x\, d(x^{\frac{3}{2}}) = \frac{2}{3}x^{\frac{3}{2}}\ln^2 x - \frac{4}{3}\int \sqrt{x}\ln x\, dx$

$= \frac{2}{3}x^{\frac{3}{2}}\ln^2 x - \frac{8}{9}\int \ln x\, d(x^{\frac{3}{2}}) = \frac{2}{3}x^{\frac{3}{2}}\ln^2 x - \frac{8}{9}x^{\frac{3}{2}}\ln x + \frac{8}{9}\int \sqrt{x}\, dx$

$= \frac{2}{3}x^{\frac{3}{2}}\ln^2 x - \frac{8}{9}x^{\frac{3}{2}}\ln x + \frac{16}{27}x^{\frac{3}{2}} + C = \frac{2}{3}x^{\frac{3}{2}}\left(\ln^2 x - \frac{4}{3}\ln x + \frac{8}{9}\right) + C.$

(22) $\int \cos(\ln x)\, dx$;

解: $\int \cos(\ln x)\, dx = x\cos(\ln x) + \int \sin(\ln x)\, dx$

$= x\cos(\ln x) + x\sin(\ln x) - \int \cos(\ln x)\, dx,$

移项得 $2\int \cos(\ln x)\, dx = x[\cos(\ln x) + \sin(\ln x)] + C,$

所以 $\int \cos(\ln x)\, dx = \frac{x}{2}[\cos(\ln x) + \sin(\ln x)] + C_1, \quad \left(C_1 = \frac{C}{2}\right).$

(23) $\int \frac{dx}{x\sqrt{x^2-1}}$;

解: 用倒数换元法, 令 $x = \frac{1}{t}$, 则 $dx = -\frac{1}{t^2}dt$, 得

$\int \frac{dx}{x\sqrt{x^2-1}} = -\int \frac{dt}{\sqrt{1-t^2}} = -\arcsin t + C = -\arcsin \frac{1}{x} + C.$

(24) $\int \frac{x\, dx}{\sqrt{1-2x^2}}$;

解: $\int \frac{x\, dx}{\sqrt{1-2x^2}} = -\frac{1}{4}\int \frac{1}{\sqrt{1-2x^2}}d(1-2x^2) = -\frac{1}{2}\sqrt{1-2x^2} + C.$

(25) $\int \frac{4-\ln x}{x}dx$;

解: $\int \frac{4-\ln x}{x}dx = 4\int x^{-1}dx - \int \frac{1}{x}\ln x\, dx$

$= 4\ln x - \int \ln x\, d(\ln x) = 4\ln x - \frac{1}{2}\ln^2 x + C.$

(26) $\int \frac{\ln x}{x(\ln^2 x - 1)}dx$;

解: $\int \frac{\ln x}{x(\ln^2 x - 1)}dx = \int \frac{\ln x\, d(\ln x)}{\ln^2 x - 1} = \frac{1}{2}\int \frac{1}{\ln^2 x - 1}d(\ln^2 x - 1)$

$= \frac{1}{2}\ln|\ln^2 x - 1| + C.$

(27) $\int \dfrac{e^x}{1+e^x}dx$;

解: $\int \dfrac{e^x}{1+e^x}dx = \int \dfrac{d(e^x)}{1+e^x} = \int \dfrac{1}{1+e^x}d(1+e^x) = \ln(1+e^x) + C.$

(28) $\int \dfrac{2+\sin^2 x}{\cos^2 x}dx$;

解: $\int \dfrac{2+\sin^2 x}{\cos^2 x}dx = 2\int \sec^2 x dx + \int \tan^2 x dx = 2\int \sec^2 x dx + \int \sec^2 x dx - \int dx$

$\qquad = 3\int \sec^2 x dx - \int dx = 3\tan x - x + C.$

(29) $\int \left(\dfrac{1}{x^2} - \dfrac{1}{1+x^2}\right)dx$;

解: $\int \left(\dfrac{1}{x^2} - \dfrac{1}{1+x^2}\right)dx = -\dfrac{1}{x} - \arctan x + C.$

(30) $\int e^t(3 - e^{-t}\sqrt[3]{t})dt$;

解: $\int e^t(3 - e^{-t}\sqrt[3]{t})dt = \int 3e^t dt - \int \sqrt[3]{t}dt = 3e^t - \dfrac{3}{4}t^{\frac{4}{3}} + C.$

(31) $\int 2\sin^2 \dfrac{x}{2}dx$;

解: $\int 2\sin^2 \dfrac{x}{2}dx = \int (1 - \cos x)dx = x - \sin x + C.$

(32) $\int \dfrac{2+x^2}{1+x^2}dx$;

解: $\int \dfrac{2+x^2}{1+x^2}dx = \int \dfrac{x^2+1+1}{1+x^2}dx = \int \left(1 + \dfrac{1}{1+x^2}\right)dx = x + \arctan x + C.$

(33) $\int \left(\dfrac{1}{x} - \dfrac{1}{\sqrt{1-x^2}}\right)dx$;

解: $\int \left(\dfrac{1}{x} - \dfrac{1}{\sqrt{1-x^2}}\right)dx = \ln|x| - \arcsin x + C.$

(34) $\int \dfrac{1}{x(1+\ln^2 x)}dx$;

解: $\int \dfrac{1}{x(1+\ln^2 x)}dx = \int \dfrac{1}{1+\ln^2 x}d(\ln x) = \arctan \ln x + C.$

(35) $\int \dfrac{\sqrt{1-\sqrt{x}}}{\sqrt{x}}dx$;

解: $\int \dfrac{\sqrt{1-\sqrt{x}}}{\sqrt{x}}dx = 2\int \sqrt{1-\sqrt{x}}d(\sqrt{x})$

$\qquad = -2\int \sqrt{1-\sqrt{x}}d(1-\sqrt{x}) = -\dfrac{4}{3}(1-\sqrt{x})^{\frac{3}{2}} + C.$

(36) $\int \dfrac{1}{1+e^{-x}}dx$;

解: $\int \dfrac{1}{1+e^{-x}}dx = \int \dfrac{e^x}{e^x(1+e^{-x})}dx = \int \dfrac{e^x}{1+e^x}dx = \int \dfrac{d(1+e^x)}{1+e^x} = \ln(1+e^x) + C.$

(37) $\int \dfrac{1}{1+\cos x}dx$;

解：$\int \dfrac{1}{1+\cos x}\mathrm{d}x = \int \dfrac{1-\cos x}{(1+\cos x)(1-\cos x)}\mathrm{d}x = \int \dfrac{1-\cos x}{\sin^2 x}\mathrm{d}x$

$\qquad = \int \csc^2 x\,\mathrm{d}x - \int \dfrac{\cos x}{\sin^2 x}\mathrm{d}x = \int \csc^2 x\,\mathrm{d}x - \int \dfrac{\mathrm{d}(\sin x)}{\sin^2 x}$

$\qquad = -\cot x + \dfrac{1}{\sin x} + C.$

(38) $\int \dfrac{1}{x^2-2x-3}\mathrm{d}x$;

解：$\int \dfrac{1}{x^2-2x-3}\mathrm{d}x = \int \dfrac{1}{(x-3)(x+1)}\mathrm{d}x = \dfrac{1}{4}\int \dfrac{1}{x-3}\mathrm{d}x - \dfrac{1}{4}\int \dfrac{1}{x+1}\mathrm{d}x$

$\qquad = \dfrac{1}{4}\ln|x-3| - \dfrac{1}{4}\ln|x+1| + C = \dfrac{1}{4}\ln\left|\dfrac{x-3}{x+1}\right| + C.$

(39) $\int \dfrac{1}{1+\sqrt[3]{x}}\mathrm{d}x$;

解：$\int \dfrac{1}{1+\sqrt[3]{x}}\mathrm{d}x \xlongequal{\text{令}\,x=t^3} \int \dfrac{3t^2}{1+t}\mathrm{d}t = 3\int \dfrac{t^2-1+1}{1+t}\mathrm{d}t = 3\int (t-1)\mathrm{d}t + 3\int \dfrac{1}{1+t}\mathrm{d}t$

$\qquad = \dfrac{3}{2}t^2 - 3t + 3\ln|1+t| + C \xlongequal{\text{回代}\,t=\sqrt[3]{x}} \dfrac{3}{2}x^{\frac{2}{3}} - 3x^{\frac{1}{3}} + 3\ln|1+x^{\frac{1}{3}}| + C.$

(40) $\int \dfrac{1}{(x+2)\sqrt{x+1}}\mathrm{d}x$;

解：$\int \dfrac{1}{(x+2)\sqrt{x+1}}\mathrm{d}x \xlongequal{\text{令}\,\sqrt{x+1}=t} \int \dfrac{2\mathrm{d}t}{(t^2+1)} = 2\arctan t + C$

$\qquad \xlongequal{\text{回代}\,t=\sqrt{x+1}} 2\arctan\sqrt{x+1} + C.$

(41) $\int \dfrac{1}{\sqrt[3]{(1-x)^2}}\mathrm{d}x$;

解：$\int \dfrac{1}{\sqrt[3]{(1-x)^2}}\mathrm{d}x = -\int (1-x)^{-\frac{2}{3}}\mathrm{d}(1-x) = -3(1-x)^{\frac{1}{3}} + C.$

(42) $\int \dfrac{1}{\sqrt{1+e^x}}\mathrm{d}x$;

解：$\int \dfrac{1}{\sqrt{1+e^x}}\mathrm{d}x \xlongequal{\text{令}\,\sqrt{1+e^x}=t} \int \dfrac{2t}{(t^2-1)t}\mathrm{d}t = \int \left(\dfrac{1}{t-1} - \dfrac{1}{t+1}\right)\mathrm{d}t$

$\qquad = \ln|t-1| - \ln|t+1| + C = \ln\left|\dfrac{t-1}{t+1}\right| + C \xlongequal{\text{回代}\,t=\sqrt{1+e^x}} \ln\left|\dfrac{\sqrt{1+e^x}-1}{\sqrt{1+e^x}+1}\right| + C.$

(43) $\int \dfrac{\sqrt{x^2-a^2}}{x}\mathrm{d}x$;

解：如图所示，$\int \dfrac{\sqrt{x^2-a^2}}{x}\mathrm{d}x \xlongequal{\text{令}\,x=a\sec t} \int \dfrac{a\tan t}{a\sec t}a\sec t\tan t\,\mathrm{d}t = a\int \tan^2 t\,\mathrm{d}t$

$\qquad = a\int (\sec^2 t - 1)\mathrm{d}t = a\tan t - at + C$

$\qquad \xlongequal{\text{回代}} a\cdot\dfrac{\sqrt{x^2-a^2}}{a} - a\arccos\dfrac{a}{x} + C$

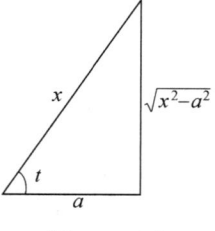

题 1(43)图

$$= \sqrt{x^2-a^2} - a\arccos\frac{a}{x} + C.$$

(44) $\int \dfrac{\sqrt{x^2-a^2}}{x^2}dx$;

解：如图所示，$\int \dfrac{\sqrt{x^2-a^2}}{x^2}dx \xlongequal{\text{令}\, x=a\sec t} \int \dfrac{a\tan t}{a^2\sec^2 t} a\sec t\tan t\, dt$

$$= \int \dfrac{\sin^2 t}{\cos t}dt = \int \dfrac{1-\cos^2 t}{\cos t}dt$$

$$= \int \sec t\, dt - \int \cos t\, dt$$

$$= \ln|\sec t + \tan t| - \sin t + C$$

$$= \ln\left|\dfrac{x}{a} + \dfrac{\sqrt{x^2-a^2}}{a}\right| - \dfrac{\sqrt{x^2-a^2}}{x} + C$$

$$= \ln\left|x + \sqrt{x^2-a^2}\right| - \dfrac{\sqrt{x^2-a^2}}{x} + C.$$

题1(44)图

(45) $\int \dfrac{dx}{\sqrt{4x^2+4x-3}}$;

解：$\int \dfrac{dx}{\sqrt{4x^2+4x-3}} = \dfrac{1}{2}\int \dfrac{d(2x+1)}{\sqrt{(2x+1)^2-4}} = \dfrac{1}{2}\ln\left|2x+1+\sqrt{(2x+1)^2-4}\right| + C$

$$= \dfrac{1}{2}\ln\left|2x+1+\sqrt{4x^2+4x-3}\right| + C.$$

(46) $\int (x-1)e^x dx$;

解：$\int (x-1)e^x dx = \int xe^x dx - \int e^x dx = \int x d(e^x) - e^x = xe^x - \int e^x dx - e^x = (x-2)e^x + C.$

(47) $\int (x^2+x)e^{-x} dx$;

解：$\int (x^2+x)e^{-x} dx = \int (x^2+x)d(-e^{-x}) = -(x^2+x)e^{-x} + \int (2x+1)e^{-x} dx$

$$= -(x^2+x)e^{-x} + \int (2x+1)d(-e^{-x}) = -(x^2+x)e^{-x} - (2x+1)e^{-x} + \int 2e^{-x} dx$$

$$= -(x^2+x)e^{-x} - (2x+1)e^{-x} - 2\int e^{-x} d(-x)$$

$$= -(x^2+x)e^{-x} - (2x+1)e^{-x} - 2e^{-x} + C$$

$$= -(x^2+3x+3)e^{-x} + C.$$

(48) $\int \dfrac{\ln x}{x^3}dx$;

解：$\int \dfrac{\ln x}{x^3}dx = \int \ln x\, d\left(-\dfrac{x^{-2}}{2}\right) = -\dfrac{x^{-2}}{2}\ln x + \dfrac{1}{2}\int \dfrac{1}{x^3}dx$

$$= -\dfrac{1}{2x^2}\ln x - \dfrac{1}{4x^2} + C = -\dfrac{1}{4x^2}(2\ln x + 1) + C.$$

(49) $\int \ln^2 x\, dx$;

解：$\int \ln^2 x\, dx = x\ln^2 x - \int x\dfrac{2\ln x}{x}dx = x\ln^2 x - 2\int \ln x\, dx$

$$= x\ln^2 x - 2x\ln x + 2\int dx = x\ln^2 x - 2x\ln x + 2x + C$$
$$= x(\ln^2 x - 2\ln x + 2) + C.$$

(50) $\int \sin\ln x\, dx$;

解：$\int \sin\ln x\, dx = x\sin\ln x - \int x\dfrac{\cos\ln x}{x}dx = x\sin\ln x - \int \cos\ln x\, dx$
$\qquad = x\sin\ln x - x\cos\ln x - \int \sin\ln x\, dx,$

移项得 $\quad 2\int \sin\ln x\, dx = x(\sin\ln x - \cos\ln x) + C,$

所以 $\quad \int \sin\ln x\, dx = \dfrac{x}{2}(\sin\ln x - x\cos\ln x) + C_1, \left(C_1 = \dfrac{C}{2}\right).$

(51) $\int \dfrac{\ln\ln x}{x}dx$;

解：$\int \dfrac{\ln\ln x}{x}dx = \int \ln\ln x\, d(\ln x) = \ln x \cdot \ln\ln x - \int \dfrac{1}{x}dx$
$\qquad = \ln x \cdot \ln\ln x - \ln|x| + C.$

(52) $\int e^{\sqrt{x}}dx$;

解：$\int e^{\sqrt{x}}dx \xlongequal{\text{令}\sqrt{x}=t} 2\int te^t dt = 2\int t\, d(e^t) = 2te^t - 2\int e^t dt$
$\qquad = 2te^t - 2e^t + C = 2e^t(t-1) + C = 2e^{\sqrt{x}}(\sqrt{x}-1) + C.$

(53) $\int \dfrac{x\,dx}{(1-x^2)^{\frac{3}{2}}}$;

解：$\int \dfrac{x\,dx}{(1-x^2)^{\frac{3}{2}}} = -\dfrac{1}{2}\int \dfrac{d(1-x^2)}{(1-x^2)^{\frac{3}{2}}} = -\dfrac{1}{2}(-2)(1-x^2)^{-\frac{1}{2}} + C = \dfrac{1}{\sqrt{1-x^2}} + C.$

(54) $\int (x+1)\ln x\, dx$;

解：$\int (x+1)\ln x\, dx = \int x\ln x\, dx + \int \ln x\, dx = \int \ln x\, d\left(\dfrac{1}{2}x^2\right) + \int \ln x\, dx$
$\qquad = \dfrac{1}{2}x^2\ln x - \dfrac{1}{2}\int x\, dx + x\ln x - \int dx$
$\qquad = \dfrac{1}{2}x^2\ln x - \dfrac{1}{4}x^2 + x\ln x - x + C.$

(55) $\int \ln\sqrt{1+x^2}\, dx$;

解：$\int \ln\sqrt{1+x^2}\, dx = x\ln\sqrt{1+x^2} - \int \dfrac{x^2}{1+x^2}dx = x\ln\sqrt{1+x^2} - \int \dfrac{x^2+1-1}{1+x^2}dx$
$\qquad = x\ln\sqrt{1+x^2} - \int dx + \int \dfrac{1}{1+x^2}dx = x\ln\sqrt{1+x^2} - x + \arctan x + C.$

(56) $\int \arctan(1+\sqrt{x})dx$;

解：$\int \arctan(1+\sqrt{x})dx \xlongequal{\text{令}\sqrt{x}=t} \int \arctan(1+t)2t\,dt = \int \arctan(1+t)\,d(t^2)$
$= t^2\arctan(1+t) - \int \dfrac{t^2}{t^2+2t+2}dt = t^2\arctan(1+t) - \int \dfrac{t^2+2t+2-2t-2}{t^2+2t+2}dt$

$$= t^2 \arctan(1+t) - \int dt + \int \frac{2t+2}{t^2+2t+2} dt = t^2 \arctan(1+t) - t + \int \frac{d(t^2+2t+2)}{t^2+2t+2}$$

$$= t^2 \arctan(1+t) - t + \ln|t^2+2t+2| + C$$

$$= x \arctan(1+\sqrt{x}) - \sqrt{x} + \ln|x+2\sqrt{x}+2| + C.$$

(57) $\int \sin^4 x dx$;

解: $\int \sin^4 x dx = \int \sin^2 x (1-\cos^2 x) dx = \int \sin^2 x dx - \int \sin^2 x \cos^2 x dx$

$$= \int \frac{1-\cos 2x}{2} dx - \frac{1}{4} \int \sin^2 2x dx$$

$$= \frac{1}{2} \int dx - \frac{1}{2} \int \cos 2x dx - \frac{1}{8} \int (1-\cos 4x) dx$$

$$= \frac{1}{2} x - \frac{1}{4} \int \cos 2x d(2x) - \frac{1}{8} \int dx + \frac{1}{32} \int \cos 4x d(4x)$$

$$= \frac{1}{2} x - \frac{1}{4} \sin 2x - \frac{1}{8} x + \frac{1}{32} \sin 4x + C$$

$$= \frac{3}{8} x - \frac{1}{4} \sin 2x + \frac{1}{32} \sin 4x + C.$$

2. 一条曲线经过点$(-e, 1)$,且其上任意点(x, y)处的切线的斜率等于$\frac{2}{x}$,求这条曲线的方程.

解:设曲线方程为$y = f(x)$,由不定积分的概念可得

$$y = f(x) = \int \frac{2}{x} dx = 2\ln|x| + C,$$

把点的坐标$(-e, 1)$代入,得

$$C = -1,$$

即所求曲线方程为$y = 2\ln|x| - 1$.

3. 已知某物体以初速度1时开始作直线运动,在任意时刻t的加速度为$2\sqrt{t}+1$,试求该物体的位移s与时间t的函数关系式.

解:取物体运动的始点为原点,设在时刻t的速度为$v = v(t)$,位移为$s = s(t)$,那么

$$s'(t) = v(t), v'(t) = 2\sqrt{t}+1,$$

且 $t = 0$时,$s = 0, v = 1$,

由不定积分的概念,得

$$v(t) = \int (2\sqrt{t}+1) dt = \frac{4}{3} t^{\frac{3}{2}} + t + C_1,$$

把$t = 0, v = 1$代入,得$C_1 = 1$,于是

$$v(t) = \frac{4}{3} t^{\frac{3}{2}} + t + 1,$$

进而,得 $s(t) = \int v(t) dt = \int \left(\frac{4}{3} t^{\frac{3}{2}} + t + 1\right) dt$

$$= \frac{8}{15} t^{\frac{5}{2}} + \frac{1}{2} t^2 + t + C_2,$$

把$t = 0, s = 0$代入,得$C_2 = 0$.

即所求的物体的位移s与时间t的函数关系式为

$$s(t) = \frac{8}{15}t^{\frac{5}{2}} + \frac{1}{2}t^2 + t.$$

4. 求证:若 $\int f(x)\,\mathrm{d}x = \mathrm{e}^{-x^2} + C$,则 $f'(x) = \mathrm{e}^{-x^2}(4x^2 - 2)$.

证明:因 $\left[\int f(x)\,\mathrm{d}x\right]' = (\mathrm{e}^{-x^2} + C)' = -2x\mathrm{e}^{-x^2} = f(x)$,

故 $\quad f'(x) = (-2x\mathrm{e}^{-x^2})' = -2\mathrm{e}^{-x^2} - 2x(-2x)\mathrm{e}^{-x^2} = \mathrm{e}^{-x^2}(4x^2 - 2).$

5. 设 $f(x)$ 的一个原函数是 $\sin x$,则 $\int xf'(x)\,\mathrm{d}x = x\cos x - \sin x + C.$

解: 因 $f(x) = (\sin x)' = \cos x$,则 $f'(x) = -\sin x$,

故 $\quad \int xf'(x)\,\mathrm{d}x = -\int x\sin x\,\mathrm{d}x = -\int x\,\mathrm{d}(-\cos x)$

$$= -x(-\cos x) - \int \cos x\,\mathrm{d}x$$

$$= x\cos x - \sin x + C.$$

6. 已知 $f'(\sin^2 x) = \cos^2 x + \tan^2 x$,当 $0 < x < 1$ 时,求 $f(x)$.

解:因 $f'(\sin^2 x) = (1 - \sin^2 x) + \sec^2 x - 1 = (1 - \sin^2 x) + \dfrac{1}{1 - \sin^2 x} - 1$,

故 $\quad f'(x) = (1 - x) + \dfrac{1}{(1 - x)} - 1 = \dfrac{1}{1 - x} - x,$

所以 $\quad f(x) = \int f'(x)\,\mathrm{d}x = \int \left(\dfrac{1}{1-x} - x\right)\mathrm{d}x = \int \dfrac{1}{1-x}\,\mathrm{d}x - \int x\,\mathrm{d}x$

$$= -\int \dfrac{\mathrm{d}(1-x)}{1-x} - \dfrac{1}{2}x^2 = -\ln|1-x| - \dfrac{1}{2}x^2 + C.$$

第五章　定积分及其应用

教学要求

（1）理解定积分的概念，掌握定积分的性质及微积分基本公式，掌握定积分的换元积分法和分部积分法．了解广义积分的概念和基本形式．
（2）了解定积分的微元法，利用微元法解决简单的几何学和物理学上的有关问题．

知识梳理

一、定积分的定义

定义：设$f(x)$是定义在区间$[a,b]$上的函数，用任意的分点$x_1,x_2,\cdots,x_{n-1}$，且

$$a = x_0 < x_1 < x_2 < \cdots < x_i < \cdots < x_n = b,$$

把区间$[a,b]$分成n个小区间$[x_{i-1},x_i]$（$i=1,2,\cdots,n$），小区间$[x_{i-1},x_i]$的长度为$\Delta x_i = x_i - x_{i-1}$（$i=1,2,\cdots,n$），并记$\|\Delta x_i\| = \max\{\Delta x_i\}$．在每个小区间$[x_{i-1},x_i]$上任取一点$\xi$（$x_{i-1} \leqslant \xi \leqslant x_i$），作和式

$$\sum_{i=1}^{n} f(\xi_i)\Delta x_i. \tag{1}$$

如果当$\|\Delta x_i\| \to 0$时，和式（1）的极限存在，那么就称函数$f(x)$在区间$[a,b]$上可积，这个极限值称为$f(x)$在区间$[a,b]$上的定积分，记作$\int_a^b f(x)\,\mathrm{d}x$，即

$$\int_a^b f(x)\,\mathrm{d}x = \lim_{\|\Delta x_i\| \to 0} \sum_{i=1}^{n} f(\xi_i)\Delta x_i.$$

并称$f(x)$为被积函数，$f(x)\mathrm{d}x$为被积表达式，x为积分变量，$[a,b]$为积分区间，a和b分别为积分的下限和上限．

二、定积分的几何意义

在几何上，定积分$\int_a^b f(x)\,\mathrm{d}x$的值表示：在$x=a$与$x=b$之间$x$轴上方的各曲边梯形面积之和减去在$x$轴下方的各曲边梯形面积之和．

三、定积分的性质

（1）$\int_a^b kf(x)\,\mathrm{d}x = k\int_a^b f(x)\,\mathrm{d}x$　（k为常数）．

（2）$\int_a^b [f(x) \pm g(x)]\,\mathrm{d}x = \int_a^b f(x)\,\mathrm{d}x \pm \int_a^b g(x)\,\mathrm{d}x$．

(3) $\int_a^b f(x)\mathrm{d}x = \int_a^c f(x)\mathrm{d}x + \int_c^b f(x)\mathrm{d}x$ （C 为任意常数）.

(4) 积分中值定理：设 $f(x)$ 在 $[a,b]$ 上连续，那么在 $[a,b]$ 上必存在 ξ，使得
$$\int_a^b f(x)\mathrm{d}x = f(\xi)(b-a).$$

(5) 设 $f(x)$ 在 $[-a,a]$ 上连续：

① 如果 $f(x)$ 是奇函数，那么 $\int_{-a}^a f(x)\mathrm{d}x = 0$；

② 如果 $f(x)$ 是偶函数，那么 $\int_{-a}^a f(x)\mathrm{d}x = 2\int_0^a f(x)\mathrm{d}x$.

另外，如果在 $[a,b]$ 上，$f(x) \leqslant g(x)$，那么
$$\int_a^b f(x)\mathrm{d}x \leqslant \int_a^b g(x)\mathrm{d}x.$$

四、牛顿－莱布尼兹公式

设函数 $f(x)$ 在闭区间 $[a,b]$ 上连续，$F(x)$ 是 $f(x)$ 在 $[a,b]$ 上的任意原函数，那么
$$\int_a^b f(x)\mathrm{d}x = F(b) - F(a).$$

五、换元积分法

$$\int_a^b f(x)\mathrm{d}x = \int_\alpha^\beta f[\varphi(t)]\varphi'(t)\mathrm{d}t,$$

其中代换为 $x = \varphi(t)$，满足以下条件：

(1) $\varphi(t)$ 在区间 $[\alpha,\beta]$（或 $[\beta,\alpha]$）上有连续的导数；

(2) 当 $t \in [\alpha,\beta]$（或 $t \in [\beta,\alpha]$）时，$a \leqslant \varphi(t) \leqslant b$；

(3) $\varphi(\alpha) = a, \varphi(\beta) = b$.

六、分部积分法

分部积分公式为 $\int_a^b u\mathrm{d}v = [uv]_a^b - \int_a^b v\mathrm{d}u$,

其中 $u = u(x), v = v(x)$ 都在 $[a,b]$ 上有连续的导数.

七、无限区间上的广义积分

(1) $\int_a^{+\infty} f(x)\mathrm{d}x = \lim\limits_{b\to+\infty}\int_a^b f(x)\mathrm{d}x$；

(2) $\int_{-\infty}^b f(x)\mathrm{d}x = \lim\limits_{a\to-\infty}\int_a^b f(x)\mathrm{d}x$；

(3) $\int_{-\infty}^{+\infty} f(x)\mathrm{d}x = \int_{-\infty}^0 f(x)\mathrm{d}x + \int_0^{+\infty} f(x)\mathrm{d}x$.

八、微元法及用微元法解决实际问题的步骤

1. 微元法

若 $F(x)$ 是 $f(x)$ 在区间 $[a,b]$ 上的一个原函数，在实用中，用 $[x, x+\Delta x]$ 表示任意小区间，若能把所求量 F 在这个小区间上的微小增量 ΔF 近似表示为
$$\Delta F \approx f(x)\Delta x,$$

而且当 $\Delta x \to 0$ 时，$\Delta F - f(x)\Delta x = \alpha \cdot \Delta x (\lim\limits_{\Delta x \to 0}\alpha = 0)$，即
$$\mathrm{d}F = f(x)\mathrm{d}x,$$

其中 $f(x)dx$ 称为 $F(x)$ 的微元. 这样,只要将微元从 a 到 b 取积分,即得 $\int_a^b f(x)dx$. 这种利用微元建立定积分的方法叫做微元法.

2. 用微元法解决问题的步骤

(1) 建立适当的直角坐标系,取方便的积分变量(假设为 x),确定积分区间 $[a,b]$;

(2) 在区间上,任取一小区间,根据实际问题找出在该区间上所求量的微元
$$dF = f(x)dx;$$

(3) 取积分,写出所求量 F 的定积分表达式 $F = \int_a^b f(x)dx$,并求出结果.

练习题

一、判断题

1. $\dfrac{d}{dx}\int_1^2 \dfrac{dx}{1+x^2} = \dfrac{1}{1+x^2}$. ( )

2. $\int_1^2 \left(\dfrac{1}{1+x^2}\right)' dx = \left[\dfrac{1}{1+x^2}\right]_1^2 = -\dfrac{3}{10}$. ( )

3. $\int_0^{4\pi} \sin x\, dx = 0$. ( )

4. $\int_{-2}^2 \dfrac{\sin^3 x}{2+\cos x}dx = 0$. ( )

5. $\int_{-2}^0 6 dx = -12$. ( )

6. $\int_{-1}^1 (|x| + x^3)dx = 2\int_0^1 x\, dx$. ( )

二、填空题

1. $\dfrac{d}{dx}\int_0^\pi x^2 \cos x\, dx = $ _____ .

2. $\int_0^1 d\left(\dfrac{x^3}{3} - x\right) = $ _____ .

3. 如果在区间 $[a,b]$ 上,恒有 $f(x) \leqslant g(x)$,则 $\int_a^b f(x)dx$ _____ $\int_a^b g(x)dx$.

4. 如果被积函数 $f(x) = 1$,则 $\int_a^b dx = $ _____ .

5. 如果函数 $f(x)$ 在区间 $[a,b]$ 上有最大值 M 和最小值 m,则 $m(b-a)$ _____ $\int_a^b f(x)dx$ _____ $M(b-a)$(用其估计定积分的值).

6. 如果函数 $f(x)$ 在区间 $[a,b]$ 上连续,则在 $[a,b]$ 内至少有一点 ξ,使得 $\int_a^b f(x)dx = $ _____ ,$\xi = \in [a,b]$(定积分中值定理).

7. $\int_{-\infty}^{+\infty} \dfrac{dx}{(x+1)^2 + 1} = $ _____ .

8. 设 $F(x) = x\int_1^{x^2} \sin t\, dt$,则 $F'(x) = $ _____ .

9. 设 $f(x) = \begin{cases} \sqrt{x}, & 0 \leq x \leq 1 \\ e^x, & 1 < x \leq 2 \end{cases}$,则 $\int_0^2 f(x) dx = $ _____.

10. $\int_{-\infty}^0 e^{3x} dx = $ _____.

三、单项选择题

1. 设 $I_1 = \int_0^{\frac{\pi}{4}} x dx, I_2 = \int_0^{\frac{\pi}{4}} \sqrt{x} dx, I_3 = \int_0^{\frac{\pi}{4}} \sin x dx$,则( ).

   A. $I_1 > I_2 > I_3$ B. $I_1 > I_3 > I_2$ C. $I_3 > I_1 > I_2$ D. $I_2 > I_1 > I_3$

2. 设 $I = \int_{-\frac{\pi}{4}}^{\frac{\pi}{4}} \cos x dx$,下列各式中正确的是( ).

   A. $0 \leq I \leq \frac{\sqrt{2}}{4}\pi$ B. $\frac{\sqrt{2}}{4}\pi \leq I \leq \frac{\pi}{2}$

   C. $\frac{\pi}{2} \leq I \leq \frac{3}{4}\pi$ D. $\frac{3}{4}\pi \leq I \leq \pi$

3. 设 $P = \int_0^{\frac{\pi}{2}} \sin^2 x dx, Q = \int_0^{\frac{\pi}{2}} \cos^2 x dx, R = \frac{1}{2} \int_{-\frac{\pi}{2}}^{\frac{\pi}{2}} \sin^2 x dx$ 则( ).

   A. $P = Q = R$ B. $P = Q < R$ C. $P < Q < R$ D. $P > Q > R$

4. 设函数 $f(x)$ 在闭区间 $[a,b]$ 上连续,则曲线 $y = f(x)$,直线 $x = a, x = b, y = 0$ 所围成的平面图形的面积等于( ).

   A. $\int_a^b f(x) dx$ B. $-\int_a^b f(x) dx$ C. $\left| \int_a^b f(x) dx \right|$ D. $\int_a^b |f(x)| dx$

5. 设 $\int_0^2 xf(x) dx = k \int_0^1 xf(2x) dx$,则 $k = $ ( ).

   A. 1   B. 2   C. 3   D. 4

6. $\frac{d}{dx} \int_a^b \arctan x dx = $ ( ).

   A. $\arctan x$ B. $\arctan b - \arctan a$ C. 0   D. $\frac{1}{1+x^2}$

7. 设 $\varphi''(x)$ 在 $[a,b]$ 上连续,且 $\varphi'(b) = a, \varphi'(a) = b$,则 $\int_a^b \varphi'(x) \varphi''(x) dx = $ ( ).

   A. $a - b$ B. $\frac{a-b}{2}$ C. $a^2 - b^2$ D. $\frac{a^2 - b^2}{2}$

8. 下列各式中,正确的是( ).

   A. $\int_1^2 \ln x dx \leq \int_1^2 \ln^2 x dx$ B. $\int_0^1 e^{-x} dx \leq \int_0^1 e^{-x^2} dx$

   C. $\int_{\frac{1}{2}}^1 x^2 \ln x dx > 0$ D. $\int_{-1}^1 x^3 \cos^3 x dx > 0$

9. 设 $f(x)$ 的一个原函数为 $\sin x$,则 $\int_0^{\frac{\pi}{2}} xf(x) dx = $ ( ).

   A. $\frac{\pi}{2} + 1$ B. $\frac{\pi}{2}$ C. $\frac{\pi}{2} - 1$ D. 0

10. 下列广义积分收敛的是( ).

A. $\int_1^{+\infty} \cos x \, dx$ B. $\int_1^{+\infty} \frac{1}{x^3} dx$ C. $\int_1^{+\infty} \ln x \, dx$ D. $\int_1^{+\infty} e^x dx$

四、计算题

1. 计算定积分

(1) $\frac{d}{dx} \int_0^1 \frac{x}{\sqrt{1+x^2}} dx$；

(2) $\int_0^{\pi} (1 - \sin^3 \theta) d\theta$；

(3) $\int_{\ln 3}^{\ln 8} \sqrt{1 + e^x} dx$；

(4) $\int_0^{\sqrt{2}} \frac{x}{\sqrt{4-x^2}} dx$；

(5) $\int_0^1 e^{\sqrt{x}} dx$；

(6) $\int_0^4 \cos(\sqrt{x} - 1) dx$；

(7) $\int_0^{10\pi} |\sin x| dx$；

(8) $\int_0^1 \sqrt{(1-x^2)^3} dx$；

(9) $\int_0^{\frac{\pi}{4}} \cos^2 2x \, dx$；

(10) $\int_{-\frac{\pi}{2}}^{\frac{\pi}{2}} \cos^4 \theta \, d\theta$；

(11) $\int_0^{\ln 2} x e^{-x} dx$；

(12) $\int_1^e x \ln x \, dx$；

(13) $\int_0^{\frac{\pi}{4}} \frac{2 + \sin^2 x}{\cos^2 x} dx$；

(14) $\int_{-1}^1 \left(\frac{1}{x^2} - \frac{1}{1+x^2} \right) dx$；

(15) $\int_0^{\frac{1}{2}} \frac{x \, dx}{\sqrt{1-2x^2}}$；

(16) $\int_1^e \frac{4 - \ln x}{x} dx$；

(17) $\int_1^{e^2} \frac{\ln x}{x(\ln^2 x - 1)} dx$；

(18) $\int_0^1 \frac{e^x}{1 + e^x} dx$；

(19) $\int_{-2}^2 x^3 \cos x \, dx$；

(20) $\int_{-x}^x x^4 \sin x \, dx$；

(21) $\int_{-\frac{1}{2}}^{\frac{1}{2}} \frac{\arcsin x}{\sqrt{1-x^2}} dx$；

(22) $\int_{-1}^1 \frac{x^2 \sin^3 x}{(x^4 + 3x^2 - 5)^3} dx$；

(23) $\int_2^{+\infty} \frac{1 - \ln x}{x^2} dx$；

(24) $\int_{-\infty}^{+\infty} \frac{dx}{x^2 + 2x + 2}$；

(25) $\int_{\frac{1}{\pi}}^{\frac{2}{\pi}} \frac{1}{x^2} \sin \frac{1}{x} dx$

(26) $\int_{-\pi}^{\pi} \frac{x^2 \sin x}{1 + x^6} dx$；

(27) $\int_0^{\sqrt{3}} x \sqrt[5]{x^2 + 1} dx$；

(28) $\int_0^{\frac{\pi}{4}} \sec^2 x \tan x \, dx$；

(29) $\int_0^{\frac{\pi}{2}} \sqrt{1 - \sin 2x} \, dx$；

(30) $\int_{-2}^0 \frac{dx}{x^2 + 2x + 2}$；

(31) $\int_0^{\pi} \sqrt{1 + \cos 2x} \, dx$；

(32) $\int_{-\frac{\pi}{2}}^{\frac{\pi}{2}} \cos x \cos 2x \, dx$；

(33) $\int_0^1 t e^{-\frac{t^2}{2}} dt$；

(34) $\int_0^a x^2 \sqrt{a^2 - x^2} \, dx$；

(35) $\int_{\frac{1}{\sqrt{2}}}^1 \frac{\sqrt{1-x^2}}{x^2} dx$；

(36) $\int_0^{\pi} (1 - \sin^3 \theta) d\theta$.

2. 已知 $x e^x$ 为 $f(x)$ 的一个原函数，求 $\int_0^1 x f'(x) dx$.

3. 设 m, n 为正整数，证明：

(1) $\int_0^1 x^m (1-x)^n dx = \int_0^1 x^n (1-x)^m dx$；

(2) 用上述等式计算 $\int_0^1 (1-x)^{50} x \, dx$.

4. 求椭圆 $\frac{x^2}{a^2} + \frac{y^2}{b^2} = 1$ ($a > b > 0$) 的面积 A.

5. 求抛物线 $y^2 = 2x$ 与直线 $y = x - 4$ 所围成的图形的面积.

6. 计算由曲线 $y = \frac{1}{x^2}$，直线 $x = 1, y = 0$ 所围成的图形的面积.

7. 求椭圆 $\dfrac{x^2}{a^2} + \dfrac{y^2}{b^2} = 1$ $(a > b > 0)$ 绕 x 轴旋转而成的旋转体(旋转成椭圆)的体积.

8. 求由抛物线 $y = \sqrt{x}$ 与直线 $y = 0, y = 1$ 和 y 轴围成的平面图形绕 y 轴旋转而成的旋转体的体积.

9. 求由曲线 $y = \dfrac{2}{1 + x^2}, y = x^2$, 直线 $x = -2, x = 2$ 所围成图形的面积.

10. 讨论广义积分 $\displaystyle\int_{e}^{+\infty} \dfrac{1}{x(\ln x)^p} dx$, p 取何值时收敛; p 取何值时发散.

 习题详解

一、判断题

1. $\dfrac{d}{dx} \displaystyle\int_{1}^{2} \dfrac{dx}{1 + x^2} = \dfrac{1}{1 + x^2}$.

答案:错误.

解析:因为定积分是数值,而常数的导数应为 0.

2. $\displaystyle\int_{1}^{2} \left(\dfrac{1}{1 + x^2}\right)' dx = \left[\dfrac{1}{1 + x^2}\right]_{1}^{2} = -\dfrac{3}{10}$.

答案:正确.

解析:用牛顿 – 莱布尼兹公式验证.

3. $\displaystyle\int_{0}^{4\pi} \sin x \, dx = 0$.

答案:正确.

解析:根据定积分的几何意义.

4. $\displaystyle\int_{-2}^{2} \dfrac{\sin^3 x}{2 + \cos x} dx = 0$.

答案:正确.

解析:根据对称区间上奇函数求定积分的性质.

5. $\displaystyle\int_{-2}^{0} 6 \, dx = -12$.

答案:错误.

解析:根据定积分的几何性质判断值应为正.

6. $\displaystyle\int_{-1}^{1} (|x| + x^3) dx = 2\displaystyle\int_{0}^{1} x \, dx$.

答案:正确.

解析:利用对称区间上奇、偶函数求定积分的性质.

二、填空题

1. $\dfrac{d}{dx} \displaystyle\int_{0}^{\pi} x^2 \cos x \, dx = \underline{\qquad}$.

答案: 0.

解析:因为定积分的结果是个常数,则常数的导数为零.

2. $\int_0^1 \mathrm{d}\left(\dfrac{x^3}{3} - x\right) = $ _____ .

答案：$-\dfrac{2}{3}$.

解析：因为 $\int_0^1 \mathrm{d}\left(\dfrac{x^3}{3} - x\right) = \left[\dfrac{x^3}{3} - x\right]_0^1 = -\dfrac{2}{3}$.

3. 如果在区间 $[a,b]$ 上，恒有 $f(x) \leqslant g(x)$，则 $\int_a^b f(x)\mathrm{d}x$ _____ $\int_a^b g(x)\mathrm{d}x$;

答案：$\leqslant$.

解析：由定积分的性质可知.

4. 如果被积函数 $f(x) = 1$，则 $\int_a^b \mathrm{d}x = $ _____ .

答案：$b - a$.

解析：由定积分的性质即知.

5. 如果函数 $f(x)$ 在区间 $[a,b]$ 上有最大值 M 和最小值 m，则 $m(b-a)$ _____ $\int_a^b f(x)\mathrm{d}x$ _____ $M(b-a)$（用其估计定积分的值）.

答案：$\leqslant$，$\leqslant$.

解析：由定积分的性质即知.

6. 如果函数 $f(x)$ 在区间 $[a,b]$ 上连续，则在 $[a,b]$ 内至少有一点 ξ，使得 $\int_a^b f(x)\mathrm{d}x = $ _____，$\xi = \in [a,b]$（定积分中值定理）.

答案：$f(\xi)(b-a)$.

解析：由定积分中值定理可得.

7. $\int_{-\infty}^{+\infty} \dfrac{\mathrm{d}x}{(x+1)^2 + 1} = $ _____ .

答案：π.

解析：因为 $\int_{-\infty}^{+\infty} \dfrac{\mathrm{d}x}{(x+1)^2 + 1} = \int_{-\infty}^{+\infty} \dfrac{\mathrm{d}x}{1+x^2} = \left[\arctan x\right]_{-\infty}^{+\infty}$

$= \arctan(+\infty) - \arctan(-\infty) = \dfrac{\pi}{2} - \left(-\dfrac{\pi}{2}\right) = \pi.$

8. 设 $F(x) = x\int_1^{x^2} \sin t\, \mathrm{d}t$，则 $F'(x) = $ _____ .

答案：$\int_1^{x^2} \sin t\, \mathrm{d}t + 2x^2 \sin x^2$.

解析：因 $F'(x) = \left[x\int_1^{x^2} \sin t\, \mathrm{d}t\right]' = \int_1^{x^2} \sin t\, \mathrm{d}t + x \cdot \sin x^2 \cdot 2x.$

9. 设 $f(x) = \begin{cases} \sqrt{x}, & 0 \leqslant x \leqslant 1 \\ \mathrm{e}^x, & 1 < x \leqslant 2 \end{cases}$，则 $\int_0^2 f(x)\mathrm{d}x = $ _____ .

答案：$\dfrac{2}{3} + \mathrm{e}^2 - \mathrm{e}$.

解析：因为是分段函数，所以有

$$\int_0^2 f(x)\,dx = \int_0^1 \sqrt{x}\,dx + \int_1^2 e^x\,dx = \left[\frac{2}{3}x^{\frac{3}{2}}\right]_0^1 + \left[e^x\right]_1^2 = \frac{2}{3} + e^2 - e.$$

10. $\int_{-\infty}^0 e^{3x}\,dx = $ _____ .

答案: $\dfrac{1}{3}$.

解析: 由于 $\int_{-\infty}^0 e^{3x}\,dx = \dfrac{1}{3}\int_{-\infty}^0 e^{3x}\,d(3x) = \left[\dfrac{1}{3}e^{3x}\right]_{-\infty}^0 = \dfrac{1}{3}$.

三、单项选择题

1. 设 $I_1 = \int_0^{\frac{\pi}{4}} x\,dx, I_2 = \int_0^{\frac{\pi}{4}} \sqrt{x}\,dx, I_3 = \int_0^{\frac{\pi}{4}} \sin x\,dx$,则( ).

   A. $I_1 > I_2 > I_3$ B. $I_1 > I_3 > I_2$ C. $I_3 > I_1 > I_2$ D. $I_2 > I_1 > I_3$

答案: D.

解析: 因为当 $x \in \left[0, \dfrac{\pi}{4}\right]$ 时,有 $\sqrt{x} > x > \sin x$,由定积分的性质知,$I_2 > I_1 > I_3$.

2. 设 $I = \int_{-\frac{\pi}{4}}^{\frac{\pi}{4}} \cos x\,dx$,下列各式中正确的是( ).

   A. $0 \leq I \leq \dfrac{\sqrt{2}}{4}\pi$ B. $\dfrac{\sqrt{2}}{4}\pi \leq I \leq \dfrac{\pi}{2}$ C. $\dfrac{\pi}{2} \leq I \leq \dfrac{3}{4}\pi$ D. $\dfrac{3}{4}\pi \leq I \leq \pi$

答案: B.

解析: 在区间 $\left[-\dfrac{\pi}{4}, \dfrac{\pi}{4}\right]$ 上,因 $\dfrac{\sqrt{2}}{2} \leq \cos x \leq 1$,由估值定理,有

$$\frac{\sqrt{2}}{2}\left(\frac{\pi}{4} + \frac{\pi}{4}\right) \leq I \leq 1 \cdot \left(\frac{\pi}{4} + \frac{\pi}{4}\right),$$

即

$$\frac{\sqrt{2}}{4}\pi \leq I \leq \frac{\pi}{2}.$$

3. 设 $P = \int_0^{\frac{\pi}{2}} \sin^2 x\,dx, Q = \int_0^{\frac{\pi}{2}} \cos^2 x\,dx, R = \dfrac{1}{2}\int_{-\frac{\pi}{2}}^{\frac{\pi}{2}} \sin^2 x\,dx$ 则( ).

   A. $P = Q = R$ B. $P = Q < R$ C. $P < Q < R$ D. $P > Q > R$

答案: A.

解析: 因为 $\sin^2 x$ 是偶函数,所以 $R = \dfrac{1}{2}\int_{-\frac{\pi}{2}}^{\frac{\pi}{2}} \sin^2 x\,dx = \dfrac{1}{2} \cdot 2\int_0^{\frac{\pi}{2}} \sin^2 x\,dx = P$.

4. 设函数 $f(x)$ 在闭区间 $[a,b]$ 上连续,则曲线 $y = f(x)$,直线 $x = a, x = b, y = 0$ 所围成的平面图形的面积等于( ).

   A. $\int_a^b f(x)\,dx$ B. $-\int_a^b f(x)\,dx$ C. $\left|\int_a^b f(x)\,dx\right|$ D. $\int_a^b |f(x)|\,dx$

答案: D.

解析: 由于 $f(x)$ 在闭区间 $[a,b]$ 上可正可负,故应选 $\int_a^b |f(x)|\,dx$.

5. 设 $\int_0^2 xf(x)\,dx = k\int_0^1 xf(2x)\,dx$,则 $k = ($).

   A. 1   B. 2   C. 3   D. 4

答案：D.

解析：令 $x=2t$，则 $dx=2dt$. 且当 $x=0$ 时, $t=0$；当 $x=2$ 时, $t=1$；所以
$$\int_0^2 xf(x)dx = \int_0^1 2tf(2t)2dt = 4\int_0^1 tf(2t)dt = 4\int_0^1 xf(2x)dx, \text{于是 } k=4.$$

6. $\dfrac{d}{dx}\int_a^b \arctan x\, dx = ($ $)$.

   A. $\arctan x$ B. $\arctan b - \arctan a$ C. 0 D. $\dfrac{1}{1+x^2}$

答案：C.

解析：由于定积分表示一个数值，而常数的导数应为零．

7. 设 $\varphi''(x)$ 在 $[a,b]$ 上连续，且 $\varphi'(b)=a, \varphi'(a)=b$，则 $\int_a^b \varphi'(x)\varphi''(x)dx = ($ $)$.

   A. $a-b$ B. $\dfrac{a-b}{2}$ C. a^2-b^2 D. $\dfrac{a^2-b^2}{2}$

答案：D.

解析：因为 $\int_a^b \varphi'(x)\varphi''(x)dx = \int_a^b \varphi'(x)d\varphi'(x) = \left[\dfrac{1}{2}[\varphi'(x)]^2\right]_a^b$
$$= \dfrac{1}{2}\{[\varphi'(b)]^2 - [\varphi'(a)]^2\} = \dfrac{1}{2}(a^2-b^2).$$

8. 下列各式中，正确的是（ ）．

   A. $\int_1^2 \ln x\, dx \le \int_1^2 \ln^2 x\, dx$ B. $\int_0^1 e^{-x}dx \le \int_0^1 e^{-x^2}dx$

   C. $\int_{\frac{1}{2}}^1 x^2 \ln x\, dx > 0$ D. $\int_{-1}^1 x^3 \cos^3 x\, dx > 0$

答案：B.

解析：因为在区间 $[0,1]$ 上，$e^{-x} \le e^{-x^2}$，由定积分的性质即知．

9. 设 $f(x)$ 的一个原函数为 $\sin x$，则 $\int_0^{\frac{\pi}{2}} xf(x)dx = ($ $)$.

   A. $\dfrac{\pi}{2}+1$ B. $\dfrac{\pi}{2}$ C. $\dfrac{\pi}{2}-1$ D. 0

答案：C.

解析：因为 $\int_0^{\frac{\pi}{2}} xf(x)dx = \int_0^{\frac{\pi}{2}} x(\sin x)'dx = \int_0^{\frac{\pi}{2}} xd(\sin x)$
$$= \left[x\sin x\right]_0^{\frac{\pi}{2}} - \int_0^{\frac{\pi}{2}} \sin x\, dx = \dfrac{\pi}{2} - \left[-\cos x\right]_0^{\frac{\pi}{2}} = \dfrac{\pi}{2}-1.$$

10. 下列广义积分收敛的是（ ）．

    A. $\int_1^{+\infty} \cos x\, dx$ B. $\int_1^{+\infty} \dfrac{1}{x^3}dx$ C. $\int_1^{+\infty} \ln x\, dx$ D. $\int_1^{+\infty} e^x dx$

答案：B.

解析：因为 $\int_1^{+\infty} \dfrac{1}{x^3}dx = \left[-\dfrac{1}{2x^2}\right]_1^{+\infty} = \dfrac{1}{2}$；

$\int_1^{+\infty} \cos x\, dx = \lim\limits_{b\to+\infty}\int_1^b \cos x\, dx = \lim\limits_{b\to+\infty}(\sin b - \sin 1)$，极限不存在，故发散；

$$\int_1^{+\infty} \ln x \, dx = \left[x\ln x - x \right]_1^{+\infty} = +\infty$$

$$\int_1^{+\infty} e^x \, dx = \left[e^x \right]_1^{+\infty} = +\infty$$

四、计算题

1. 计算定积分：

(1) $\dfrac{d}{dx} \int_0^1 \dfrac{x}{\sqrt{1+x^2}} dx$；

解：根据定积分的定义知，$\int_0^1 \dfrac{x}{\sqrt{1+x^2}} dx$ 是一个确定的常数，所以其导数为 0，即

$$\frac{d}{dx} \int_0^1 \frac{x}{\sqrt{1+x^2}} dx = 0.$$

(2) $\int_0^{\pi} (1 - \sin^3 \theta) d\theta$；

解：$\int_0^{\pi} (1 - \sin^3 \theta) d\theta = \int_0^{\pi} d\theta - \int_0^{\pi} \sin^3 \theta \, d\theta = \theta \Big|_0^{\pi} + \int_0^{\pi} (1 - \cos^2 x) \sin x \, dx$

$$= \pi + \int_0^{\pi} (1 - \cos^2 x) d(\cos x) = \pi + \left(\cos\theta - \frac{1}{3} \cos^3 \theta \right) \Big|_0^{\pi} = \pi - \frac{4}{3}.$$

(3) $\int_{\ln 3}^{\ln 8} \sqrt{1 + e^x} \, dx$；

解：令 $t = \sqrt{1 + e^x}$，则 $x = \ln(t^2 - 1)$，$dx = \dfrac{2t}{t^2 - 1} dt$。当 $x = \ln 3$ 时，$t = 2$；当 $x = \ln 8$ 时，$t = 3$。

于是

$$\int_{\ln 3}^{\ln 8} \sqrt{1 + e^x} \, dx = \int_2^3 \frac{2t^2}{t^2 - 1} dt = \int_2^3 \left(2 + \frac{2}{t^2 - 1} \right) dt$$

$$= \left(2t + \ln \left| \frac{t-1}{t+2} \right| \right) \Big|_2^3 = 2 + \ln 3 - \ln 2.$$

(4) $\int_0^{\sqrt{2}} \dfrac{x}{\sqrt{4-x^2}} dx$；

解：因为 $x \, dx = -\dfrac{1}{2} d(4 - x^2)$，所以

$$\int_0^{\sqrt{2}} \frac{x}{\sqrt{4-x^2}} dx = -\frac{1}{2} \int_0^{\sqrt{2}} \frac{1}{\sqrt{4-x^2}} d(4-x^2) = -\left[\sqrt{4-x^2} \right]_0^{\sqrt{2}} = 2 - \sqrt{2}.$$

(5) $\int_0^1 e^{\sqrt{x}} \, dx$；

解：令 $\sqrt{x} = t$，则 $x = t^2$，$dx = 2t \, dt$。当 $x = 0$ 时，$t = 0$；$x = 1$ 时，$t = 1$。于是

$$\int_0^1 e^{\sqrt{x}} dx = 2 \int_0^1 t e^t \, dt = 2 \int_0^1 t \, d(e^t) = 2 \left[t e^t \Big|_0^1 - \int_0^1 e^t \, dt \right]$$

$$= 2 \left[e - e^t \Big|_0^1 \right] = 2(e - e + 1) = 2.$$

(6) $\int_0^4 \cos(\sqrt{x} - 1) \, dx$；

解：令 $\sqrt{x} - 1 = t$，则 $dx = 2(t+1) dt$。当 $x = 0$ 时，$t = -1$；当 $x = 4$ 时，$t = 1$。于是

$$\int_0^4 \cos(\sqrt{x}-1)\mathrm{d}x = 2\int_{-1}^1 (t+1)\cos t\,\mathrm{d}t = 2\int_{-1}^1 (t+1)\mathrm{d}(\sin t)$$
$$= 2(t+1)\sin t\Big|_{-1}^1 - 2\int_{-1}^1 \sin t\,\mathrm{d}t = 4\sin 1 + 2\cos x\Big|_{-1}^1 = 4\sin 1.$$

(7) $\int_0^{10\pi} |\sin x|\mathrm{d}x$;

解：由于 $|\sin x|$ 以 π 为周期，据周期函数积分的性质，有
$$\int_0^{10\pi} |\sin x|\mathrm{d}x = 10\int_{-\frac{\pi}{2}}^{\frac{\pi}{2}} |\sin x| = 20\int_0^{\frac{\pi}{2}} \sin x\,\mathrm{d}x = 20\Big[-\cos x\Big]_0^{\frac{\pi}{2}} = 20.$$

或 $$\int_0^{10\pi} |\sin x|\mathrm{d}x = 10\int_0^{\pi} \sin x\,\mathrm{d}x = 10\Big[-\cos x\Big]_0^{\pi} = 20.$$

(8) $\int_0^1 \sqrt{(1-x^2)^3}\,\mathrm{d}x$;

解：令 $x=\sin t$，$\mathrm{d}x = \cos t\,\mathrm{d}t$. 当 $x=0$ 时，$t=0$；当 $x=1$ 时，$t=\frac{\pi}{2}$. 则
$$\int_0^1 \sqrt{(1-x^2)^3}\,\mathrm{d}x = \int_0^{\frac{\pi}{2}} \cos^4 t\,\mathrm{d}t = \int_0^{\frac{\pi}{2}} \left(\frac{1+\cos 2t}{2}\right)^2 \mathrm{d}t$$
$$= \frac{1}{4}\int_0^{\frac{\pi}{2}} (1+2\cos 2t + \cos^2 2t)\mathrm{d}t$$
$$= \frac{1}{4}\int_0^{\frac{\pi}{2}} \mathrm{d}t + \frac{1}{4}\int_0^{\frac{\pi}{2}} \cos 2t\,\mathrm{d}(2t) + \frac{1}{4}\int_0^{\frac{\pi}{2}} \cos^2 2t\,\mathrm{d}t$$
$$= \frac{1}{4}\int_0^{\frac{\pi}{2}} \mathrm{d}t + \frac{1}{4}\int_0^{\frac{\pi}{2}} \cos 2t\,\mathrm{d}(2t) + \frac{1}{4}\int_0^{\frac{\pi}{2}} \frac{1+\cos 4t}{2}\mathrm{d}t$$
$$= \frac{1}{4}t\Big|_0^{\frac{\pi}{2}} + \frac{1}{4}\sin 2t\Big|_0^{\frac{\pi}{2}} + \frac{1}{8}\int_0^{\frac{\pi}{2}} \mathrm{d}t + \frac{1}{32}\int_0^{\frac{\pi}{2}} \cos 4t\,\mathrm{d}4t$$
$$= \frac{\pi}{8} + \frac{\pi}{16} + \frac{1}{32}\Big[\sin 4t\Big]_0^{\frac{\pi}{2}} = \frac{\pi}{8} + \frac{\pi}{16} = \frac{3}{16}\pi.$$

(9) $\int_0^{\frac{\pi}{4}} \cos^2 2x\,\mathrm{d}x$;

解：$\int_0^{\frac{\pi}{4}} \cos^2 2x\,\mathrm{d}x = \int_0^{\frac{\pi}{4}} \frac{1+\cos 4x}{2}\mathrm{d}x = \frac{1}{2}\int_0^{\frac{\pi}{4}} \mathrm{d}x + \frac{1}{8}\int_0^{\frac{\pi}{4}} \cos 4x\,\mathrm{d}(4x)$
$$= \frac{1}{2}x\Big|_0^{\frac{\pi}{4}} + \frac{1}{8}\sin 4x\Big|_0^{\frac{\pi}{4}} = \frac{\pi}{8}.$$

(10) $\int_{-\frac{\pi}{2}}^{\frac{\pi}{2}} \cos^4 \theta\,\mathrm{d}\theta$;

解：$\int_{-\frac{\pi}{2}}^{\frac{\pi}{2}} \cos^4 \theta\,\mathrm{d}\theta = 2\int_0^{\frac{\pi}{2}} \cos^4 \theta\,\mathrm{d}\theta = 2\int_0^{\frac{\pi}{2}} \left(\frac{1+\cos 2\theta}{2}\right)^2 \mathrm{d}\theta$
$$= \frac{1}{2}\int_0^{\frac{\pi}{2}} \mathrm{d}\theta + \frac{1}{2}\int_0^{\frac{\pi}{2}} 2\cos 2\theta\,\mathrm{d}\theta + \frac{1}{2}\int_0^{\frac{\pi}{2}} \frac{1+\cos 4\theta}{2}\mathrm{d}\theta$$
$$= \frac{1}{2}\theta\Big|_0^{\frac{\pi}{2}} + \frac{1}{2}\int_0^{\frac{\pi}{2}} \cos 2\theta\,\mathrm{d}(2\theta) + \frac{1}{4}\int_0^{\frac{\pi}{2}} \mathrm{d}\theta + \frac{1}{16}\int_0^{\frac{\pi}{2}} \cos 4\theta\,\mathrm{d}(4\theta)$$

$$= \frac{1}{2}\theta \Big|_0^{\frac{\pi}{2}} + \frac{1}{2}\sin2\theta \Big|_0^{\frac{\pi}{2}} + \frac{1}{4}\theta \Big|_0^{\frac{\pi}{2}} + \frac{1}{16}\sin4\theta \Big|_0^{\frac{\pi}{2}} = \frac{3}{8}\pi.$$

(11) $\int_0^{\ln 2} x e^{-x} dx$;

解:$\int_0^{\ln 2} x e^{-x} dx = \int_0^{\ln 2} x d(-e^{-x}) = -x e^{-x} \Big|_0^{\ln 2} + \int_0^{\ln 2} e^{-x} dx$

$$= \left[-xe^{-x}\right]_0^{\ln 2} + \int_0^{\ln 2} e^{-x} dx = -\frac{1}{2}\ln 2 - \int_0^{\ln 2} e^{-x} d(-x)$$

$$= -\frac{1}{2}\ln 2 - \left[e^{-x}\right]_0^{\ln 2}$$

$$= -\frac{1}{2}\ln 2 - \frac{1}{2} + 1 = \frac{1}{2}(1 - \ln 2).$$

(12) $\int_1^e x \ln x dx$;

解:$\int_1^e x \ln x dx = \int_1^e \ln x d\left(\frac{1}{2}x^2\right) = \left[\frac{1}{2}x^2 \ln x\right]_1^e - \int_1^e \frac{1}{2}x^2 \cdot \frac{1}{x} dx$

$$= \frac{1}{2}e^2 - \frac{1}{2}\int_1^e x dx = \frac{1}{2}e^2 - \frac{1}{4}[x^2]_1^e = \frac{1}{2}e^2 - \frac{1}{4}e^2 + \frac{1}{4} = \frac{1}{4}(e^2 + 1).$$

(13) $\int_0^{\frac{\pi}{4}} \frac{2 + \sin^2 x}{\cos^2 x} dx$;

解:$\int_0^{\frac{\pi}{4}} \frac{2 + \sin^2 x}{\cos^2 x} dx = 2\int_0^{\frac{\pi}{4}} \sec^2 x dx + \int_0^{\frac{\pi}{4}} \tan^2 x dx$

$$= 2\int_0^{\frac{\pi}{4}} \sec^2 x dx + \int_0^{\frac{\pi}{4}} \sec^2 x dx - \int_0^{\frac{\pi}{4}} dx = 3\int_0^{\frac{\pi}{4}} \sec^2 x dx - \int_0^{\frac{\pi}{4}} dx$$

$$= \left[3\tan x - x\right]_0^{\frac{\pi}{4}} = 3 - \frac{\pi}{4}.$$

(14) $\int_{-1}^1 \left(\frac{1}{x^2} - \frac{1}{1 + x^2}\right) dx$;

解:$\int_{-1}^1 \left(\frac{1}{x^2} - \frac{1}{1 + x^2}\right) dx = \left[-\frac{1}{x} - \arctan x\right]_{-1}^1 = -2 - \frac{\pi}{2}.$

(15) $\int_0^{\frac{1}{2}} \frac{x dx}{\sqrt{1 - 2x^2}}$;

解:$\int_0^{\frac{1}{2}} \frac{x dx}{\sqrt{1 - 2x^2}} = -\frac{1}{4}\int_0^{\frac{1}{2}} \frac{1}{\sqrt{1 - 2x^2}} d(1 - 2x^2)$

$$= -\frac{1}{2}\left[(1 - 2x^2)^{\frac{1}{2}}\right]_0^{\frac{1}{2}} = \frac{1}{2} - \frac{\sqrt{2}}{4}.$$

(16) $\int_1^e \frac{4 - \ln x}{x} dx$;

解:$\int_1^e \frac{4 - \ln x}{x} dx = 4\int_1^e \frac{1}{x} dx - \int_1^e \frac{1}{x} \ln x dx = 4\left[\ln x\right]_1^e - \int_1^e \ln x d(\ln x)$

$$= 4 - \frac{1}{2}[\ln^2 x]_1^e = 4 - \frac{1}{2} = \frac{7}{4}.$$

(17) $\int_1^{e^2} \frac{\ln x}{x(\ln^2 x - 1)} dx$;

解：$\int_1^{e^2} \dfrac{\ln x}{x(\ln^2 x - 1)}dx = \int_1^{e^2} \dfrac{\ln x}{\ln^2 x - 1}d(\ln x) = \dfrac{1}{2}\int_1^{e^2} \dfrac{d(\ln^2 x - 1)}{\ln^2 x - 1}$
$= \dfrac{1}{2}\left[\ln|\ln^2 x - 1|\right]_1^{e^2} = \dfrac{1}{2}\ln 3.$

(18) $\int_0^1 \dfrac{e^x}{1+e^x}dx$；

解：$\int_0^1 \dfrac{e^x}{1+e^x}dx = \int_0^1 \dfrac{d(e^x)}{1+e^x} = \int_0^1 \dfrac{d(1+e^x)}{1+e^x} = \left[\ln(1+e^x)\right]_0^1 = \ln(1+e) - \ln 2.$

(19) $\int_{-2}^{2} x^3 \cos x\,dx$；

解：因为在区间 $[-2,2]$ 上被积函数 $f(x)$ 是奇函数，即
$$f(-x) = (-x)^3 \cos(-x) = -x^3 \cos x = -f(x),$$
所以 $\int_{-2}^{2} x^3 \cos x\,dx = 0.$

(20) $\int_{-x}^{x} x^4 \sin x\,dx$；

解：因为在区间 $[-x,x]$ 上被积函数 $f(x)$ 是奇函数，即
$$f(-x) = (-x)^4 \sin(-x) = -x^4 \sin x = -f(x),$$
所以 $\int_{-x}^{x} x^4 \sin x\,dx = 0.$

(21) $\int_{-\frac{1}{2}}^{\frac{1}{2}} \dfrac{\arcsin x}{\sqrt{1-x^2}}dx$；

解：$\int_{-\frac{1}{2}}^{\frac{1}{2}} \dfrac{\arcsin x}{\sqrt{1-x^2}}dx = \int_{-\frac{1}{2}}^{\frac{1}{2}} \arcsin x\,d(\arcsin x) = \dfrac{1}{2}\left[(\arcsin x)^2\right]_{-\frac{1}{2}}^{\frac{1}{2}} = 0.$

(22) $\int_{-1}^{1} \dfrac{x^2 \sin^3 x}{(x^4 + 3x^2 - 5)^3}dx$；

解：因为在区间 $[-1,1]$ 上被积函数 $f(x)$ 是奇函数，即
$$f(-x) = \dfrac{(-x)^2 \sin^3(-x)}{[(-x)^4 + 3(-x)^2 - 5]^3} = -\dfrac{x^2 \sin^3 x}{(x^4 + 3x^2 - 5)^3} = -f(x),$$
所以 $\int_{-1}^{1} \dfrac{x^2 \sin^3 x}{(x^4 + 3x^2 - 5)^3}dx = 0.$

(23) $\int_2^{+\infty} \dfrac{1 - \ln x}{x^2}dx$；

解：$\int_2^{+\infty} \dfrac{1 - \ln x}{x^2}dx = \int_2^{+\infty} x^{-2}dx - \int_2^{+\infty} \dfrac{\ln x}{x^2}dx = -\dfrac{1}{x}\bigg|_2^{+\infty} - \int_2^{+\infty} \ln x\,d\left(-\dfrac{1}{x}\right)$
$= -\dfrac{1}{x}\bigg|_2^{+\infty} + \dfrac{1}{x}\ln x\bigg|_2^{+\infty} - \int_2^{+\infty} \dfrac{1}{x^2}dx = -\dfrac{1}{x}\bigg|_2^{+\infty} + \dfrac{1}{x}\ln x\bigg|_2^{+\infty} + \dfrac{1}{x}\bigg|_2^{+\infty}$
$= \dfrac{1}{x}\ln x\bigg|_2^{+\infty} = -\dfrac{\ln 2}{2}.$

其中，$\lim\limits_{x \to +\infty} \dfrac{\ln x}{x} = \lim\limits_{x \to +\infty} \dfrac{1}{x} = 0$，该极限用洛必达法则.

(24) $\int_{-\infty}^{+\infty} \dfrac{dx}{x^2 + 2x + 2}$；

解：$\int_{-\infty}^{+\infty} \dfrac{dx}{x^2+2x+2} = \int_{-\infty}^{+\infty} \dfrac{1}{1+(x+1)^2} dx = \int_{-\infty}^{+\infty} \dfrac{1}{1+(x+1)^2} d(x+1)$

$= \arctan(x+1) \Big|_{-\infty}^{+\infty} = \dfrac{\pi}{2} - \left(-\dfrac{\pi}{2}\right) = \pi.$

(25) $\int_{\frac{1}{\pi}}^{\frac{2}{\pi}} \dfrac{1}{x^2} \sin \dfrac{1}{x} dx$;

解：$\int_{\frac{1}{\pi}}^{\frac{2}{\pi}} \dfrac{1}{x^2} \sin \dfrac{1}{x} dx = -\int_{\frac{1}{\pi}}^{\frac{2}{\pi}} \sin \dfrac{1}{x} d\left(\dfrac{1}{x}\right) = \cos \dfrac{1}{x} \Big|_{\frac{1}{\pi}}^{\frac{2}{\pi}} = 1.$

(26) $\int_{-\pi}^{\pi} \dfrac{x^2 \sin x}{1+x^6} dx$;

解：因为在区间$[-\pi, \pi]$上被积函数$f(x)$是奇函数，即

$$f(-x) = \dfrac{(-x)^2 \sin(-x)}{1+(-x)^6} = \dfrac{x^2 \sin x}{1+x^6} = -f(x),$$

所以 $\int_{-\pi}^{\pi} \dfrac{x^2 \sin x}{1+x^6} dx = 0.$

(27) $\int_0^{\sqrt{3}} x \sqrt[5]{x^2+1} dx$;

解：$\int_0^{\sqrt{3}} x \sqrt[5]{x^2+1} dx = \dfrac{1}{2} \int_0^{\sqrt{3}} \sqrt[5]{x^2+1} d(x^2+1)$

$= \dfrac{5}{12}(x^2+1)^{\frac{6}{5}} \Big|_0^{\sqrt{3}} = \dfrac{5}{12}(4\sqrt[5]{4} - 1).$

(28) $\int_0^{\frac{\pi}{4}} \sec^2 x \tan x dx.$

解：$\int_0^{\frac{\pi}{4}} \sec^2 x \tan x dx = \int_0^{\frac{\pi}{4}} \tan x d(\tan x) = \dfrac{1}{2} \tan^2 x \Big|_0^{\frac{\pi}{4}} = \dfrac{1}{2}.$

(29) $\int_0^{\frac{\pi}{2}} \sqrt{1-\sin 2x} dx$;

解：$\int_0^{\frac{\pi}{2}} \sqrt{1-\sin 2x} dx = \int_0^{\frac{\pi}{2}} \sqrt{\sin^2 x - 2\sin x \cos x + \cos^2 x} dx$

$= \int_0^{\frac{\pi}{2}} |\sin x - \cos x| dx = \int_0^{\frac{\pi}{4}} (\cos x - \sin x) dx + \int_{\frac{\pi}{4}}^{\frac{\pi}{2}} (\sin x - \cos x) dx$

$= \left[\sin x + \cos x\right]_0^{\frac{\pi}{4}} + \left[-\cos x - \sin x\right]_{\frac{\pi}{4}}^{\frac{\pi}{2}} = 2(\sqrt{2} - 1).$

(30) $\int_{-2}^{0} \dfrac{dx}{x^2+2x+2}$;

解：$\int_{-2}^{0} \dfrac{dx}{x^2+2x+2} = \int_{-2}^{0} \dfrac{d(x+1)}{(x+1)^2+1} = \arctan(x+1) \Big|_{-2}^{0} = \dfrac{\pi}{2}.$

(31) $\int_0^{\pi} \sqrt{1+\cos 2x} dx$;

解：$\int_0^\pi \sqrt{1+\cos 2x}\,\mathrm{d}x = \int_0^\pi \sqrt{2\cos^2 x}\,\mathrm{d}x = \sqrt{2}\int_0^\pi |\cos x|\,\mathrm{d}x$

$= \sqrt{2}\int_0^{\frac{\pi}{2}} \cos x\,\mathrm{d}x + \sqrt{2}\int_{\frac{\pi}{2}}^\pi (-\cos x)\,\mathrm{d}x = \sqrt{2}\sin x\Big|_0^{\frac{\pi}{2}} - \sqrt{2}\sin x\Big|_{\frac{\pi}{2}}^\pi = 2\sqrt{2}.$

(32) $\int_{-\frac{\pi}{2}}^{\frac{\pi}{2}} \cos x\cos 2x\,\mathrm{d}x;$

解：$\int_{-\frac{\pi}{2}}^{\frac{\pi}{2}} \cos x\cos 2x\,\mathrm{d}x = 2\int_0^{\frac{\pi}{2}} \cos x\cos 2x\,\mathrm{d}x = 2\int_0^{\frac{\pi}{2}} (1-2\sin^2 x)\,\mathrm{d}(\sin x)$

$= 2\int_0^{\frac{\pi}{2}} \mathrm{d}(\sin x) - 4\int_0^{\frac{\pi}{2}} \sin^2 x\,\mathrm{d}(\sin x) = 2\sin x\Big|_0^{\frac{\pi}{2}} - \frac{4}{3}\sin^2 x\Big|_0^{\frac{\pi}{2}} = \frac{2}{3}.$

(33) $\int_0^1 te^{-\frac{t^2}{2}}\,\mathrm{d}t;$

解：$\int_0^1 te^{-\frac{t^2}{2}}\,\mathrm{d}t = -\int_0^1 e^{-\frac{t^2}{2}}\,\mathrm{d}\left(-\frac{t^2}{2}\right) = -e^{-\frac{t^2}{2}}\Big|_0^1 = 1 - e^{-\frac{1}{2}}.$

(34) $\int_0^a x^2\sqrt{a^2-x^2}\,\mathrm{d}x;$

解：令 $x = a\sin t, \mathrm{d}x = a\cos t\,\mathrm{d}t.$ 当 $x = 0$ 时，$t = 0$；当 $x = a$ 时，$t = \frac{\pi}{2}.$ 则

$\int_0^a x^2\sqrt{a^2-x^2}\,\mathrm{d}x = a^4\int_0^{\frac{\pi}{2}} \sin^2 t\cos^2 t\,\mathrm{d}t = \frac{a^4}{4}\int_0^{\frac{\pi}{2}} \sin^2 2t\,\mathrm{d}t$

$= \frac{a^4}{8}\int_0^{\frac{\pi}{2}} \sin^2 2t\,\mathrm{d}(2t) = \frac{a^4}{16}\int_0^{\frac{\pi}{2}} (1-\cos 4t)\,\mathrm{d}(2t)$

$= \frac{a^4}{16}\int_0^{\frac{\pi}{2}} \mathrm{d}(2t) - \frac{a^4}{32}\int_0^{\frac{\pi}{2}} \cos 4t\,\mathrm{d}(4t) = \frac{a^4}{8}t\Big|_0^{\frac{\pi}{2}} - \frac{a^4}{32}\sin 4t\Big|_0^{\frac{\pi}{2}} = \frac{\pi a^4}{16}.$

(35) $\int_{\frac{1}{\sqrt{2}}}^1 \frac{\sqrt{1-x^2}}{x^2}\,\mathrm{d}x;$

解：令 $x = \sin t, \mathrm{d}x = \cos t\,\mathrm{d}t.$ 当 $x = \frac{1}{\sqrt{2}}$ 时，$t = \frac{\pi}{4}$；当 $x = 1$ 时，$t = \frac{\pi}{4}.$ 则

$\int_{\frac{1}{\sqrt{2}}}^1 \frac{\sqrt{1-x^2}}{x^2}\,\mathrm{d}x = \int_{\frac{\pi}{4}}^{\frac{\pi}{2}} \frac{\cos^2 t}{\sin^2 t}\,\mathrm{d}t = \int_{\frac{\pi}{4}}^{\frac{\pi}{2}} \cot^2 t\,\mathrm{d}t$

$= \int_{\frac{\pi}{4}}^{\frac{\pi}{2}} (\csc^2 t - 1)\,\mathrm{d}t = [-\cot t - t]\Big|_{\frac{\pi}{4}}^{\frac{\pi}{2}} = 1 - \frac{\pi}{4}.$

(36) $\int_0^\pi (1-\sin^3\theta)\,\mathrm{d}\theta;$

解：$\int_0^\pi (1-\sin^3\theta)\,\mathrm{d}\theta = \int_0^\pi \mathrm{d}\theta - \int_0^\pi \sin^3\theta\,\mathrm{d}\theta = \pi + \int_0^\pi \sin^2\theta\,\mathrm{d}(\cos\theta)$

$= \pi + \int_0^\pi (1-\cos^2\theta)\,\mathrm{d}(\cos\theta) = \pi + \left[\cos\theta - \frac{1}{3}\cos^3\theta\right]_0^\pi = \pi - \frac{4}{3}.$

2. 已知 xe^x 为 $f(x)$ 的一个原函数，求 $\int_0^1 xf'(x)\,\mathrm{d}x.$

解：由已知条件

$$f(x) = (xe^x)' = e^x + xe^x = e^x(1+x),$$

由分部积分法公式可得

$$\int_0^1 xf'(x)dx = \int_0^1 xd(f(x)) = \left[xf(x)\right]_0^1 - \int_0^1 f(x)dx$$

$$= \left[xe^x(1+x)\right]_0^1 - \left[xe^x\right]_0^1 = 2e - e = e.$$

3. 设 m, n 为正整数,证明:

(1) $\int_0^1 x^m(1-x)^n dx = \int_0^1 x^n(1-x)^m dx$;

(2) 用上述等式计算 $\int_0^1 (1-x)^{50} x dx$.

证明: (1) 从等式两端的被积函数看,应将左端的 x 和 $(1-x)$ 变换成右端的 $(1-x)$ 和 x. 应设 $x = 1 - u, dx = -du$. 当 $x = 0$ 时, $u = 1; x = 1$ 时, $u = 0$. 于是

$$\int_0^1 x^m(1-x)^n dx = -\int_1^0 (1-u)^m u^n du = \int_0^1 (1-u)^m u^n du = \int_0^1 x^n(1-x)^m dx.$$

(2) $\int_0^1 x(1-x)^{50} dx = \int_0^1 x^{50}(1-x) dx = \int_0^1 (x^{50} - x^{51}) dx = \frac{1}{51} - \frac{1}{52} = \frac{1}{2\,652}.$

4. 求椭圆 $\frac{x^2}{a^2} + \frac{y^2}{b^2} = 1 \quad (a > b > 0)$ 的面积 A.

解: 如图所示,建立直角坐标系,根据椭圆的对称性,可先求由 $y = \frac{b}{a}\sqrt{a^2 - x^2}$ 和直线 $x = 0, x = a$ 及 x 轴围成的曲边梯形的面积 A_1,即椭圆在第一象限的面积.

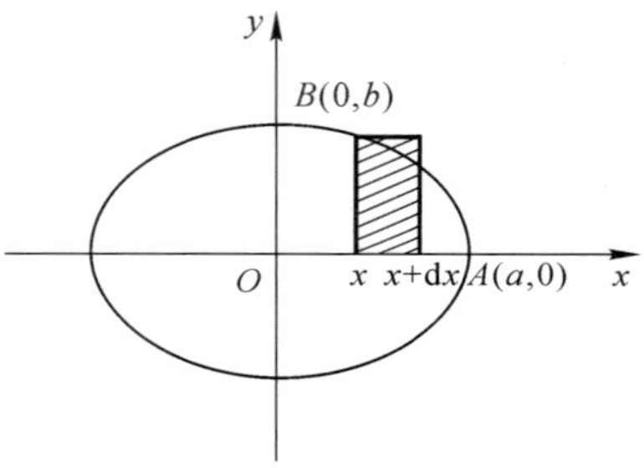

(1) 取积分变量为 x,积分区间为 $[0, a]$.

(2) 在区间 $[0, a]$ 上,任取一小区间 $[x, x + dx]$ 得面积微元,

$$dA_1 = \frac{b}{a}\sqrt{a^2 - x^2} dx.$$

题 4 图

(3) 取积分得椭圆在第一象限的面积

$$A_1 = \int_0^a \frac{b}{a}\sqrt{a^2 - x^2} dx.$$

根据对称性可得

$$A = 4A_1 = 4\int_0^a \frac{b}{a}\sqrt{a^2 - x^2} dx = \frac{4b}{a}\int_0^a \sqrt{a^2 - x^2} dx.$$

由定积分几何意义可知

$$\int_0^a \sqrt{a^2 - x^2} dx = \frac{1}{4}\pi a^2 \quad (圆面积的 \frac{1}{4}),$$

于是

$$A = \frac{4b}{a} \cdot \frac{\pi a^2}{4} = \pi ab.$$

5. 如图所示,求抛物线 $y^2 = 2x$ 与直线 $y = x - 4$ 所围成的图形的面积.

解: 如图建立直角坐标系,解方程组

$$\begin{cases} y^2 = 2x, \\ y = x - 4, \end{cases}$$

得抛物线与直线的交点为 $A(8,4), B(2,-2)$.

由图知,选择 y 为积分变量比较简单.

(1) 取积分变量为 y, 积分区间为 $[-2,4]$.

(2) 在区间 $[-2,4]$ 上, 任取一小区间 $[y, y+\mathrm{d}y]$, 得面积微元

$$\mathrm{d}A = (y+4-\frac{y^2}{2})\mathrm{d}y,$$

(3) 取积分得所求图形面积为

$$A = \int_{-2}^{4}(y+4-\frac{y^2}{2})\mathrm{d}y = \left[\frac{y^2}{2}+4y-\frac{y^3}{6}\right]_{-2}^{4} = 18.$$

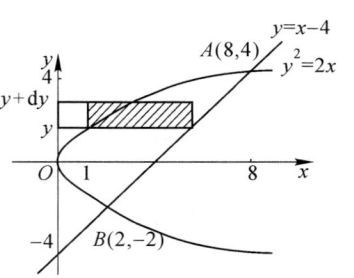

题 5 图

6. 计算由曲线 $y=\dfrac{1}{x^2}$, 直线 $x=1, y=0$ 所围成的图形的面积.

解:如图所示,该图形有一边是开口的. 取 $b>1$, 作直线 $x=b$, 则图中有阴影部分面积是

$$\int_{1}^{b}\frac{1}{x^2}\mathrm{d}x = \left[-\frac{1}{x}\right]_{1}^{b} = 1-\frac{1}{b},$$

由广义积分概念,所求面积

$$A = \int_{1}^{+\infty}\frac{1}{x^2}\mathrm{d}x = \lim_{b\to+\infty}\int_{1}^{b}\frac{1}{x^2}\mathrm{d}x = \lim_{b\to+\infty}\left(1-\frac{1}{b}\right) = 1.$$

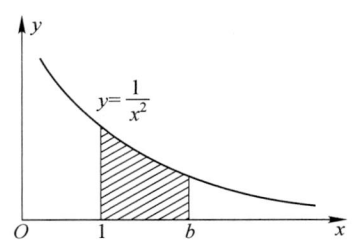

题 6 图

7. 求椭圆 $\dfrac{x^2}{a^2}+\dfrac{y^2}{b^2}=1(a>b>0)$ 绕 x 轴旋转而成的旋转体(旋转长椭球)的体积.

解:如图所示,建立直角坐标系,根据对称性,可先求椭球右半部的体积,右半部是曲边梯形 OAB 绕 x 轴旋转而成的. 曲边 AB 的方程为

$$y = \frac{b}{a}\sqrt{a^2-x^2}.$$

(1) 取积分变量为 x, 积分区间为 $[0,a]$.

(2) 在区间 $[0,a]$ 上, 任取一小区间 $[x, x+\mathrm{d}x]$, 与它对应的薄片体积近似于以 $y=\dfrac{b}{a}\sqrt{a^2-x^2}$ 为底面半径, $\mathrm{d}x$ 为高的小圆柱的体积,于是可得体积微元

$$\mathrm{d}V = \pi\left(\frac{b}{a}\sqrt{a^2-x^2}\right)^2\mathrm{d}x = \frac{\pi b^2}{a^2}(a^2-x^2)\mathrm{d}x.$$

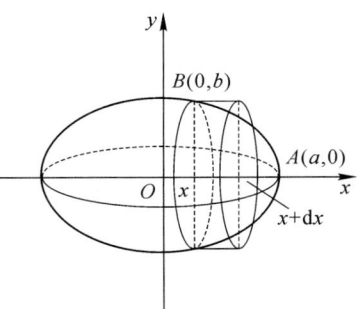

题 7 图

(3) 所求椭球的体积为

$$V = 2\pi\int_{0}^{a}\frac{b^2}{a^2}(a^2-x^2)\mathrm{d}x = 2\pi\frac{b^2}{a^2}\left[a^2 x-\frac{x^3}{3}\right]_{0}^{a} = \frac{4}{3}\pi ab^2.$$

8. 求由抛物线 $y=\sqrt{x}$ 与直线 $y=0, y=1$ 和 y 轴围成的平面图形绕 y 轴旋转而成的旋转体的体积.

解:如图所示建立直角坐标系.

(1) 取积分变量为 y,积分区间为 $[0,1]$.

(2) 在区间 $[0,1]$ 上,任取一小区间 $[y,y+dy]$,与它对应的薄片体积近似于以 $x=y^2$ 为底面半径, dy 为高的小圆柱的体积,于是可得体积微元
$$dV = \pi(y^2)^2 dy.$$

(3) 所求椭球的体积为
$$V = \pi \int_0^1 y^4 dy = \frac{\pi}{5} y^5 \Big|_0^1 = \frac{\pi}{5}.$$

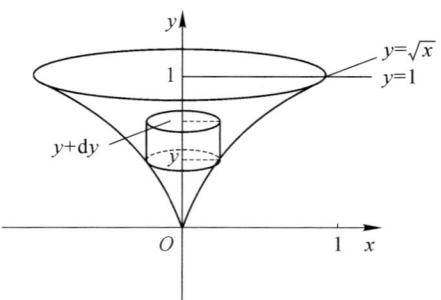

题 8 图

9. 求由曲线 $y = \dfrac{2}{1+x^2}$, $y = x^2$, 直线 $x = -2$, $x = 2$ 所围成图形的面积.

解: 如图所示. 所求面积
$$A = 2\int_0^1 \left(\frac{2}{1+x^2} - x^2\right)dx + 2\int_1^2 \left(x^2 - \frac{2}{1+x^2}\right)dx$$
$$= 2\pi + 4 - 4\arctan 2.$$

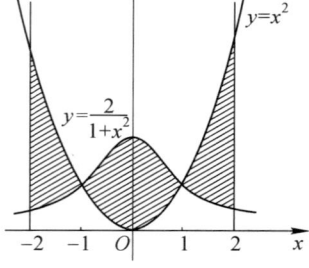

题 9 图

10. 讨论广义积分 $\int_e^{+\infty} \dfrac{1}{x(\ln x)^p} dx$, p 取何值时收敛; p 取何值时发散.

解: 当 $p = 1$ 时,
$$\int_e^{+\infty} \frac{1}{x\ln x} dx = \int_e^{+\infty} \frac{1}{\ln x} d(\ln x) = [\ln(\ln x)]_e^{+\infty} = +\infty.$$

当 $p \neq 1$ 时,
$$\int_e^{+\infty} \frac{1}{x(\ln x)^p} dx = \int_e^{+\infty} \frac{1}{(\ln x)^p} d(\ln x) = \frac{1}{1-p}\left[(\ln x)^{1-p}\right]_e^{+\infty}$$
$$= \begin{cases} +\infty, & p < 1, \\ \dfrac{1}{p-1}, & p > 1. \end{cases}$$

综上,当 $p \leq 1$ 时,广义积分发散;当 $p > 1$ 时,广义积分收敛. 且
$$\int_e^{+\infty} \frac{1}{x(\ln x)^p} dx = \frac{1}{p-1}.$$

第六章　常微分方程

教学要求

（1）会识别一阶齐次线性微分方程和一阶非齐次线性微分方程；能熟练地解一阶齐次线性微分方程和一阶非齐次线性微分方程．

（2）会识别二阶常系数齐次线性微分方程和二阶常系数非齐次线性微分方程．

（3）了解二阶齐次线性微分方程解的结构，理解二阶常系数齐次线性微分方程的特征方程的概念；掌握特征根与二阶常系数齐次线性微分方程通解的关系．

（4）了解二阶非齐次线性微分方程解的结构，了解二阶常系数非齐次线性微分方程的特解 $\bar{y}$ 的形式与 $f(x)$ 形式的关系．

（5）熟悉实际问题中的变化率的导数形式及相关定律，了解利用微分方程解决实际问题的步骤．

知识梳理

一、一阶线性微分方程

形如
$$y' + P(x)y = Q(x) \tag{6-1}$$
的方程称为一阶线性微分方程．当 $Q(x) \equiv 0$ 时，方程(6-1)称为一阶齐次线性微分方程．当 $Q(x)$ 不等于 0 时，方程(6-1)称为一阶非齐次线性微分方程．

一阶齐次线性微分方程
$$y' + P(x)y = 0 \tag{6-2}$$
是可分离变量的微分方程，可化为
$$\frac{\mathrm{d}y}{y} = -P(x)\mathrm{d}x,$$
两端积分，得
$$\ln y = -\int P(x)\mathrm{d}x + \ln C.$$
方程(6-2)的通解为
$$y = C\mathrm{e}^{-\int P(x)\mathrm{d}x}, \tag{6-3}$$
其中 $\int P(x)\mathrm{d}x$ 只取 $P(x)$ 的一个原函数．

求一阶非齐次线性微分方程

$$y' + P(x)y = Q(x)$$

的通解,通常采用如下方法:

(1) 先求出与非齐次线性微分方程(6-1)对应的齐次线性微分方程(6-2)的通解 $y = Ce^{-\int P(x)dx}$;

(2) 把上述通解中的常数 C 变成待定的函数 $C(x)$. 然后将此解代入方程(6-1),求出 $C(x)$,就得到了方程(6-1)的通解.

这种方法称为解微分方程的常数变易法. 具体地,设方程(6-1)的通解为

$$y = C(x)e^{-\int P(x)dx}. \tag{6-4}$$

对式(6-4)两端求导,得

$$y' = C'(x)e^{-\int P(x)dx} - P(x)C(x)e^{-\int P(x)dx}.$$

将 y 和 y' 代入方程(6-1),得

$$C'(x)e^{-\int P(x)dx} = Q(x),$$

即

$$C'(x) = Q(x)e^{\int P(x)dx},$$

两端积分,得

$$C(x) = \int Q(x)e^{\int P(x)dx}dx + C.$$

于是,一阶非齐次线性微分方程(6-1)的通解为

$$y = e^{-\int P(x)dx}\left[\int Q(x)e^{\int P(x)dx}dx + C\right].$$

二、二阶线性微分方程

形如

$$y'' + P(x)y' + Q(x)y = f(x) \tag{6-5}$$

的方程称为二阶线性微分方程.

当 $f(x) \equiv 0$ 时,方程(6-5)成为

$$y'' + P(x)y' + Q(x)y = 0 \tag{6-6}$$

方程(6-6)称为二阶齐次线性微分方程.

当 $f(x)$ 不等于 0 时,方程(6-5)称为二阶非齐次线性微分方程.

当 $P(x)$、$Q(x)$ 分别为常数 p、q 时,方程

$$y'' + py' + qy = 0 \tag{6-7}$$

称为二阶常系数齐次线性微分方程.

方程

$$y'' + py' + qy = f(x) \tag{6-8}$$

称为二阶常系数非齐次线性微分方程.

定理 1 如果 y_1、y_2 是方程(6-6)的两个解,那么,

$$y = C_1 y_1 + C_2 y_2 \tag{6-9}$$

也是方程(6-6)的解,其中 C_1、C_2 为任意常数.

定义 如果 $\dfrac{y_2}{y_1} = k$(k 为常数,$y_1 \neq 0$),那么称 y_1 与 y_2 线性相关;如果 $\dfrac{y_2}{y_1} \neq k$(k 为常数,

$y_1 \neq 0$),那么称 y_1 与 y_2 线性无关.

定理 2　如果 y_1 与 y_2 是方程(6-6)的两个线性无关的特解,那么
$$y = C_1 y_1 + C_2 y_2$$
就是方程(6-6)的通解,其中 C_1 和 C_2 为任意常数.

二阶常系数齐次线性微分方程的通解形式与微分方程对应的特征方程的特征根的情况见表 6-1.

表 6-1

特征方程 $r^2 + pr + q = 0$	特征根	通解形式
	r_1、r_2 为不相同的实根	$y = C_1 e^{r_1 x} + C_2 e^{r_2 x}$
	r_1、r_2 为相同的实根 r	$y = (C_1 + C_2 x) e^{rx}$
	$r_1 = \alpha + \beta i, r_2 = \alpha - \beta i$	$y = e^{\alpha x}(C_1 \cos\beta x + C_2 \sin\beta x)$

二阶常系数非齐次线性微分方程的通解形式为 $y = Y + \bar{y}$. 其中 Y 为方程对应的齐次方程的通解,$\bar{y}$ 为方程的一个特解. $\bar{y}$ 的形式见表 6-2.

表 6-2

$f(x)$ 的形式	特解 $\bar{y}$ 的形式
$f(x) = p_n(x)$	当 $q \neq 0$ 时,$\bar{y} = Q_n(x)$; 当 $q = 0, p \neq 0$ 时,$\bar{y} = Q_{n+1}(x)$
$f(x) = e^{\lambda x}$	当 λ 不是特征根时,$\bar{y} = A e^{\lambda x}$; 当 λ 是特征根,但不是重根时,$\bar{y} = A x e^{\lambda x}$; 当 λ 是特征根,且为重根时,$\bar{y} = A x^2 e^{\lambda x}$
$f(x) = a\cos\omega x + b\sin\omega x$	当 $\pm \omega i$ 不是特征根时,$\bar{y} = A\cos\omega x + B\sin\omega x$; 当 $\pm \omega i$ 是特征根时,$\bar{y} = x(A\cos\omega x + B\sin\omega x)$

应注意的问题是常微分方程的应用是个难点. 首先根据题意列出微分方程,并给出初始条件,然后解微分方程.

练习题

一、填空题

1. 微分方程 $\dfrac{dy}{dx} = 2xy$ 的通解是_____.

2. 微分方程 $y'' + 2y' + y = e^{-x}$ 的通解为 $y = Y + \bar{y}$,其中 $\bar{y}$ 的形式为_____.

3. 二阶常系数齐次线性微分方程的特征根为 $r_{1,2} = -1 \pm \sqrt{3} i$,那么它的微分方程是_____.

4. 作变速直线运动的物体在任一时刻的加速度为 $x^{\frac{3}{2}}$,在求该物体的运动规律 $s = s(t)$ 时,建立的微分方程是_____.

5. $f'(x) + \dfrac{1}{x} f(x) = 1$,$f(x) =$ _____.

6. 微分方程 $y'' - 2y' - 3y = 0$ 的通解是_____.

7. 二阶常系数齐次线性微分方程的特征根为 $r_1=0, r_2=1$，那么微分方程为 _____．

8. $y''+y=2x^2-3$ 的一个特解可设为 _____．

9. 二阶常系数非齐次线性微分方程的右端 $f(x)=ax+b$，特征根为 $r_1=0, r_2=1$，那么方程的一个特解的形式为 _____．

10. 如果二阶常系数齐次线性微分方程的两个线性无关的特解是 e^{-x} 和 e^x，那么微分方程为 _____．

11. 有一质点运动的加速度 $a=-2v-5s$，那么建立的运动方程为 _____．

12. $\bar{y}=-\dfrac{x}{4}\cos 2x$ 是方程 $y''+4y=\sin 2x$ 的一个特解，那么方程的通解为 _____．

二、单项选择题

1. 下列微分方程是线性微分方程的是（　　）．
   A. $y'+y^3=0$ 　　　　　　　　B. $y'+y\cos y=x$
   C. $\dfrac{\mathrm{d}y}{\mathrm{d}x}+xy+x^2=0$ 　　　　D. $\dfrac{\mathrm{d}y}{\mathrm{d}x}-\cos y+y=x$

2. 微分方程 $\left(\dfrac{\mathrm{d}y}{\mathrm{d}x}\right)^3+\dfrac{\mathrm{d}^2y}{\mathrm{d}x^2}+y^4+x^5=0$ 的阶数是（　　）阶．
   A. 二　　　　　B. 三　　　　　C. 四　　　　　D. 五

3. 下列微分方程中属于可分离变量微分方程的是（　　）．
   A. $(xy^2+x)\mathrm{d}x+(x^2y-y)\mathrm{d}y=0$ 　　　B. $\dfrac{\mathrm{d}y}{\mathrm{d}x}=x^2+y^2$
   C. $x\mathrm{d}y+y\mathrm{d}x+1=0$ 　　　　　　　　D. $\dfrac{\mathrm{d}y}{\mathrm{d}x}=x^3-y^3$

4. 下列微分方程中属于二阶常系数非齐次线性微分方程的是（　　）．
   A. $y''-xy=\dfrac{\mathrm{d}y}{\mathrm{d}x}$ 　　　　　　B. $\left(\dfrac{\mathrm{d}y}{\mathrm{d}x}\right)^2+\sqrt{\dfrac{1-y}{1-x}}=0$
   C. $(y')^2+y^2=x^2$ 　　　　　　D. $\dfrac{\mathrm{d}^2y}{\mathrm{d}x^2}+3\dfrac{\mathrm{d}y}{\mathrm{d}x}=2y-x^3$

5. 微分方程 $\dfrac{\mathrm{d}^2y}{\mathrm{d}x^2}+4\dfrac{\mathrm{d}y}{\mathrm{d}x}+4y=0$ 的两个线性无关的特解是（　　）．
   A. e^{2x} 与 e^{-2x} 　　B. e^{2x} 与 $3e^{-2x}$ 　　C. e^{2x} 与 $3e^{2x}$ 　　D. e^{-2x} 与 xe^{-2x}

6. 微分方程 $2y''+3y-4=0$ 对应的齐次方程的特征方程是（　　）．
   A. $2r^2+3r-4=0$ 　　　　　　B. $r^2+3r-2=0$
   C. $r^2-2=0$ 　　　　　　　　　D. $r^2+\dfrac{3}{2}=0$

7. 如果微分方程 $y''+4y=\cos x$ 的一条曲线经过点 $\left(\dfrac{\pi}{2},2\right)$，并且在这点处与直线 $y=2$ 相切，那么这条曲线方程是微分方程的一个特解，这个特解满足的初始条件是（　　）．
   A. $y(0)=0$ 　　　　　　　　　　B. $y\left(\dfrac{\pi}{2}\right)=2, y'(0)=0$
   C. $y\left(\dfrac{\pi}{2}\right)=2, y'\left(\dfrac{\pi}{2}\right)=0$ 　　D. $y\left(\dfrac{\pi}{2}\right)=2, y'\left(\dfrac{\pi}{2}\right)=2$

8. $y_1(x)$ 是微分方程 $y'+P(x)y=Q(x)$ 的一个特解，C 是任意常数，那么方程的通解是（　　）．

A. $y = y_1 + e^{-\int P(x)dx}$ B. $y = y_1 + Ce^{-\int P(x)dx}$

C. $y = y_1 + e^{-\int P(x)dx} + C$ D. $y = y_1 + e^{\int P(x)dx}$

9. 若 $y = C_1 y_1(x) + C_2 y_2(x)$ (C_1, C_2 是任意常数)是 $y'' + P(x)y' + Q(x)y = 0$ 的通解,则 $y_1(x), y_2(x)$ 是该方程的( ).

   A. 两个特解 B. 任意两个解
   C. 两个线性无关的解 D. 两个线性相关的解

10. 方程 $y'' - 6y' + 9y = (x+1)e^{3x}$ 的一个特解形式为( ).

    A. $(Ax+B)e^{3x}$ B. $x(Ax+B)e^{3x}$
    C. $x^2(Ax+B)e^{3x}$ D. $(x+1)e^{3x}$

11. 以 $y_1 = \cos x, y_2 = \sin x$ 为二阶常系数齐次线性微分方程的解,那么这个方程是( ).

    A. $y'' - y = 0$ B. $y'' + y' = 0$ C. $y'' - y' = 0$ D. $y'' + y = 0$

12. 微分方程 $xy' = y + x^3$ 的通解是( ).

    A. $\dfrac{x^3}{4} + \dfrac{C}{x}$ B. $\dfrac{x^3}{2} + Cx$ C. $\dfrac{x^3}{3} + C$ D. $\dfrac{x^3}{4} + Cx$

13. 方程 $y'' - 2y' - 3y = f(x)$ 的一个特解为 $\bar{y}$,那么它的通解为( ).

    A. $y = C_1 e^{-x} + C_2 e^{3x} + \bar{y}$ B. $y = C_1 e^{-x} + C_2 e^{3x}$
    C. $y = C_1 x e^{-x} + C_2 x e^{3x} + \bar{y}$; D. $y = C_1 e^{x} + C_2 e^{-3x} + \bar{y}$

14. 微分方程 $y'' + 3y' - 18y = x^2 e^{3x}$ 的特解形式是( ).

    A. $ax^2 e^{3x}$ B. $ax^4 e^{3x}$
    C. $x(ax^2 + bx + C)e^{3x}$ D. $x^2(ax^2 + bx + C)e^{3x}$

15. 曲线族 $y = C_1 e^x + C_2 e^{-x} + x - 5$ 所满足的微分方程是( ).

    A. $y'' - y = 5 - x$ B. $y' = C_1 e^x + C_2 e^{-x} + 1$
    C. $y'' = C_1 e^x + C_2 e^{-x}$ D. $y'' + y' - x = 0$

三、计算题

1. 已知一物体运动速度 $v = 2\cos t$. 当 $t = \dfrac{\pi}{4}$ 时,所经路程为 $s = 10$,求该物体的运动规律.

2. 求下列可分离变量微分方程的通解或特解:

   (1) $(1+y)dx + (x-1)dy = 0$; (2) $y' = \dfrac{x^3}{y^3}$;

   (3) $dy - y\sin^2 x dx = 0$; (4) $e^{-s}\dfrac{ds}{dt} = 1$;

   (5) $(1+x^2)y' - y\ln y = 0$ (6) $xy' - y = 0, y|_{x=1} = 2$;

   (7) $2y'\sqrt{x} = y, y|_{x=4} = 1$; (8) $y' = e^{2x-y}, y|_{x=0} = 0$;

   (9) $\dfrac{dy}{dx} = y^2 \cos x, y|_{x=0} = 1$; (10) $\cos x \sin y dy = \cos y \sin x dx, y|_{x=0} = \dfrac{\pi}{4}$.

3. 求微分方程 $\dfrac{dy}{dx} + \dfrac{e^{y^2 + 3x}}{y} = 0$ 的通解.

4. 冷却问题:将 100 ℃的物体放在 20 ℃房间里,经过 20 min,测得温度已降到 60 ℃,问还需要多长时间温度降到 30 ℃(已知物体冷却速度与物体温度和环境温度之差成正比)

5. 求微分方程 $x\dfrac{dy}{dx} = y + \sqrt{x^2 + y^2}$ 的通解.

6. 求解微分方程 $(x+1)\dfrac{dy}{dx} - ny = e^x (x+1)^{n+1}$.

7. 求微分方程 $\dfrac{dy}{dx} - \dfrac{6}{x}y = -xy^2$ 的通解.

8. 求微分方程 $yy'' - (y')^2 + (y')^3 = 0$ 的通解.

9. 求一曲线, 使其切线在纵轴上的截距等于切点横坐标的平方, 且该曲线过点 $(1,1)$.

10. 求方程 $y' - \dfrac{2}{x+1}y = (x+1)^2$ 的通解.

11. 求下列方程的通解或特解:
(1) 求 $y' + y = e^{-x}$ 的通解;
(2) 求方程 $y' + \dfrac{2y}{y^2 - 6x} = 0$ 的通解;
(3) 求微分方程 $y' + y\cos x = \sin x\cos x$ 满足初始条件 $y|_{x=0} = 1$ 的特解;
(4) 求方程 $y'' - 5y' - 6y = 0$ 的通解;
(5) 求方程 $y'' + 6y' + 9y = 0$;
(6) 求方程 $y'' + 4y' + 5y = 0$ 的通解;
(7) 求方程 $y'' - 4y' + 3y = 0$ 满足初始条件 $y|_{x=0} = 6, y'|_{x=0} = 10$ 的特解;
(8) 求方程 $y'' + y = x^2 + 1$ 的一个特解;
(9) 求方程 $y'' - 2y' = 3x + 1$ 的通解;
(10) 求方程 $9y'' + 6y' + y = 7e^{2x}$ 的一个特解;
(11) 求方程 $y'' - 3y' + 2y = xe^{2x}$ 的通解;
(12) 求 $y'' - 3y' = \cos 2x$ 的通解;
(13) 求微分方程 $y' + 2xy = xe^{-x^2}$ 的通解;
(14) 求微分方程 $y' = \dfrac{y}{x + y^2}$ 的通解;
(15) 求微分方程 $y' + y\tan x = 2x\cos x$ 满足初始条件 $y(0) = 0$ 的特解;
(16) 求微分方程① $y'' - 9y' = 0$; ② $y'' - 9y = 0$; ③ $y'' + 9y = 0$ 的通解;
(17) 求微分方程 $\dfrac{d^2 s}{dt^2} + 2\dfrac{ds}{dt} + 2s = 0$ 满足初始条件 $s(0) = 2, s'(0) = 0$ 的特解;
(18) 已知 $y = C_1 e^x + C_2 e^{-2x}$ 是 $y'' + y' - 2y = 0$ 的解, 求满足初始条件 $y(0) = 1, y'(0) = 1$ 的特解;
(19) 求微分方程 $y'' - 5y' = -5x^2 + 2x$ 的通解;
(20) 求微分方程 $y'' + ky' + y = e^x$ 的通解(其中 k 是常数).

12. 已知二阶常系数齐次线性微分方程的特征根为 $r_1 = -1, r_2 = 3$, 求此微分方程.

 习题详解

一、填空题

1. 微分方程 $\dfrac{dy}{dx} = 2xy$ 的通解是 _____ .

答案: $y = Ce^{x^2}$.

解析: 直接应用可分离变量的微分方程的通解公式.

2. 微分方程 $y'' + 2y' + y = e^{-x}$ 的通解为 $y = Y + \bar{y}$,其中 $\bar{y}$ 的形式为_____.

答案: $Ax^2 e^{-x}$.

解析: 由常见二阶常系数非齐次线性微分方程的特解形式即知.

3. 二阶常系数齐次线性微分方程的特征根为 $r_{1,2} = -1 \pm \sqrt{3}i$,那么它的微分方程是_____.

答案: $y'' + 2y' + 4y = 0$.

解析: 由于 $r_{1,2} = -1 \pm \sqrt{3}i = \dfrac{-2 \pm 2\sqrt{3}i}{2} = \dfrac{-2 \pm \sqrt{-12}}{2}$,将其与求根公式 $r_{1,2} = \dfrac{-p \pm \sqrt{p^2 - 4q}}{2}$ 对比,可知 $p = 2, q = 4$.

4. 作变速直线运动的物体在任一时刻的加速度为 $x^{\frac{3}{2}}$,在求该物体的运动规律 $s = s(t)$ 时,建立的微分方程是_____.

答案: $s'' = t^{\frac{3}{2}}$.

解析: 因为加速度 a 是路程 s 的二阶导数.

5. $f'(x) + \dfrac{1}{x} f(x) = 1$,$f(x) = $ _____.

答案: $\dfrac{1}{x}\left(\dfrac{x^2}{2} + C\right)$.

解析: 因为该方程为一阶非齐次线性微分方程,使用常数变异法可得方程的解.

6. 微分方程 $y'' - 2y' - 3y = 0$ 的通解是_____.

答案: $y = C_1 e^{-x} + C_2 e^{3x}$.

解析: 对应的特征方程为 $r^2 - 2r + 3 = 0$,
解得特征根为 $r_1 = -1, r_2 = 3$,
则微分方程的通解为 $y = C_1 e^{-x} + C_2 e^{3x}$.

7. 二阶常系数齐次线性微分方程的特征根为 $r_1 = 0, r_2 = 1$,那么微分方程为_____.

答案: $y'' - y' = 0$.

解析: 由微分方程的特征根可得特征方程为
$$r^2 - r = 0.$$

8. $y'' + y = 2x^2 - 3$ 的一个特解可设为_____.

答案: $y = Ax^2 + Bx + C$.

解析: 这是一个二阶常系数非齐次线性微分方程,且 $f(x) = P_n(x) = 2x^2 - 3$,其特征方程为
$$r^2 + 1 = 0,$$
显然
$$q = 1 \neq 0,$$
则微分方程的特解与 $P_n(x) = 2x^2 - 3$ 为同次多项式.

9. 二阶常系数非齐次线性微分方程的右端 $f(x) = ax + b$,特征根为 $r_1 = 0, r_2 = 1$,那么方程的一个特解的形式为_____.

答案: $y = Ax^2 + Bx$.

解析：由微分方程的特征根可知特征方程为
$$r(r-1)=0, \text{即 } r^2 - r = 0,$$
显然 $q = 0, p = 1 \neq 0$,
则微分方程的特解是 $xP_n(x)$ 的多项式,即比 $f(x) = ax + b$ 的最高幂指数高一次.

10. 如果二阶常系数齐次线性微分方程的两个线性无关的特解是 e^{-x} 和 e^x,那么微分方程为_____.

答案：$y'' - y = 0$.

解析：把 $r_1 = -1, r_2 = 1$ 看作特征根,特征方程为 $r^2 - 1 = 0$.

11. 有一质点运动的加速度 $a = -2v - 5s$,那么建立的运动方程为_____.

答案：$\dfrac{d^2 s}{dt^2} + 2\dfrac{ds}{dt} + 5s = 0$.

解析：因为加速度 a 是路程 s 的二阶导数,是速度 v 的一阶导数.

12. $\bar{y} = -\dfrac{x}{4}\cos 2x$ 是方程 $y'' + 4y = \sin 2x$ 的一个特解,那么方程的通解为_____.

答案：$y = C_1 \sin 2x + C_2 \cos 2x - \dfrac{x}{4}\cos 2x$.

解析：因为对应的齐次方程的通解为 $Y = C_1 \sin 2x + C_2 \cos 2x$,由解的结构定理即知.

二、单项选择题

1. 下列微分方程是线性微分方程的是(　　).

    A. $y' + y^3 = 0$　　　　　　　　　　B. $y' + y\cos y = x$

    C. $\dfrac{dy}{dx} + xy + x^2 = 0$　　　　　D. $\dfrac{dy}{dx} - \cos y + y = x$

答案：C.

解析：由线性微分方程的定义即知.

2. 微分方程 $\left(\dfrac{dy}{dx}\right)^3 + \dfrac{d^2 y}{dx^2} + y^4 + x^5 = 0$ 的阶数是(　　)阶.

    A. 二　　　　B. 三　　　　C. 四　　　　D. 五

答案：A.

解析：由于方程中最高阶导数是二阶.

3. 下列微分方程中属于可分离变量微分方程的是(　　).

    A. $(xy^2 + x)dx + (x^2 y - y)dy = 0$　　B. $\dfrac{dy}{dx} = x^2 + y^2$

    C. $xdy + ydx + 1 = 0$　　　　　　　D. $\dfrac{dy}{dx} = x^3 - y^3$

答案：A.

解析：根据可分离变量的微分方程的定义可知,只有 A 可以分离变量.

4. 下列微分方程中属二阶常系数非齐次线性微分方程的是(　　).

    A. $y'' - xy = \dfrac{dy}{dx}$　　　　　　　B. $\left(\dfrac{dy}{dx}\right)^2 + \sqrt{\dfrac{1-y}{1-x}} = 0$

    C. $(y')^2 + y^2 = x^2$　　　　　　　D. $\dfrac{d^2 y}{dx^2} + 3\dfrac{dy}{dx} = 2y - x^3$

答案：D.

解析：根据二阶常系数非齐次微分方程的标准形式可知,只有 D 满足二阶常系数非齐次线性微分方程的形式.

5. 微分方程 $\dfrac{d^2y}{dx^2} + 4\dfrac{dy}{dx} + 4y = 0$ 的两个线性无关的特解是( ).

    A. e^{2x} 与 e^{-2x} B. e^{2x} 与 $3e^{-2x}$ C. e^{2x} 与 $3e^{2x}$ D. e^{-2x} 与 xe^{-2x}

答案：D.

解析：因为可以验证,只有 e^{-2x} 与 xe^{-2x} 都是方程的解,且 $\dfrac{xe^{-2x}}{e^{-2x}} = x \neq$ 常数,即 e^{-2x} 与 xe^{-2x} 线性无关.

6. 微分方程 $2y'' + 3y - 4 = 0$ 对应的齐次方程的特征方程是( ).

    A. $2r^2 + 3r - 4 = 0$ B. $r^2 + 3r - 2 = 0$

    C. $r^2 - 2 = 0$ D. $r^2 + \dfrac{3}{2} = 0$

答案：D.

解析：将微分方程转化为 $2y'' + 3y = 4$,由特征方程的定义即知.

7. 如果微分方程 $y'' + 4y = \cos x$ 的一条曲线经过点 $\left(\dfrac{\pi}{2}, 2\right)$,并且在这点处与直线 $y = 2$ 相切,那么这条曲线方程是微分方程的一个特解,这个特解满足的初始条件是( ).

    A. $y(0) = 0$ B $\left(\dfrac{\pi}{2}\right) = 2, y'(0) = 0$

    C. $y\left(\dfrac{\pi}{2}\right) = 2, y'\left(\dfrac{\pi}{2}\right) = 0$ D. $y\left(\dfrac{\pi}{2}\right) = 2, y'\left(\dfrac{\pi}{2}\right) = 2$

答案：C.

解析：因为曲线过点 $\left(\dfrac{\pi}{2}, 2\right)$,所以有 $y\left(\dfrac{\pi}{2}\right) = 2$；与直线 $y = 2$ 相切,即在该点处导数为零,即 $y'\left(\dfrac{\pi}{2}\right) = 0$.

8. $y_1(x)$ 是微分方程 $y' + P(x)y = Q(x)$ 的一个特解,C 是任意常数,那么方程的通解是( ).

    A. $y = y_1 + e^{-\int P(x)dx}$ B. $y = y_1 + Ce^{-\int P(x)dx}$

    C. $y = y_1 + e^{-\int P(x)dx} + C$ D. $y = y_1 + e^{\int P(x)dx}$

答案：B.

解析：由一阶非齐次线性微分方程通解形式即得.

9. 若 $y = C_1 y_1(x) + C_2 y_2(x)$ (C_1, C_2 是任意常数) 是 $y'' + P(x)y' + Q(x)y = 0$ 的通解,则 $y_1(x), y_2(x)$ 是该方程的( ).

    A. 两个特解   B. 任意两个解

    C. 两个线性无关的解   D. 两个线性相关的解

答案：C.

解析：根据解的结构性定理即知.

10. 方程 $y'' - 6y' + 9y = (x+1)e^{3x}$ 的一个特解形式为( ).

    A. $(Ax + B)e^{3x}$ B. $x(Ax + B)e^{3x}$

C. $x^2(Ax+B)e^{3x}$ D. $(x+1)e^{3x}$

答案：C.

解析：由常见几种二阶常系数非齐次线性微分方程的特解形式即知.

11. 以 $y_1 = \cos x, y_2 = \sin x$ 为二阶常系数齐次线性微分方程的解,那么这个方程是( ).

 A. $y'' - y = 0$ B. $y'' + y' = 0$ C. $y'' - y' = 0$ D. $y'' + y = 0$

答案：B.

解析：把函数 $y_1 = \cos x, y_2 = \sin x$ 分别带入四个选项中的微分方程进行验证即知.

12. 微分方程 $xy' = y + x^3$ 的通解是( ).

 A. $\dfrac{x^3}{4} + \dfrac{C}{x}$ B. $\dfrac{x^3}{2} + Cx$ C. $\dfrac{x^3}{3} + C$ D. $\dfrac{x^3}{4} + Cx$

答案：B.

解析：原微分方程可变为

$$y' - \frac{1}{x}y = x^3,$$

这是一阶非齐次线性微分方程的形式,使用常数变异法可求得通解为

$$y = \frac{x^3}{2} + Cx.$$

13. 方程 $y'' - 2y' - 3y = f(x)$ 的一个特解为 $\bar{y}$,那么它的通解为( ).

 A. $y = C_1 e^{-x} + C_2 e^{3x} + \bar{y}$ B. $y = C_1 e^{-x} + C_2 e^{3x}$
 C. $y = C_1 x e^{-x} + C_2 x e^{3x} + \bar{y}$ D. $y = C_1 e^{-x} + C_2 e^{-3x} + \bar{y}$

答案：A.

解析：原方程对应的二阶常系数齐次线性微分方程的特征方程为

$$r^2 - 2r - 3 = 0,$$

特征根为 $r_1 = -1, r_2 = 3$,

则对应的齐次微分方程的通解为

$$y = C_1 e^{-x} + C_2 e^{3x},$$

由二阶常系数非齐次线性微分方程的解的结构性定理即得.

14. 微分方程 $y'' + 3y' - 18y = x^2 e^{3x}$ 的特解形式是( ).

 A. $ax^2 e^{3x}$ B. $ax^4 e^{3x}$
 C. $x(ax^2 + bx + C)e^{3x}$ D. $x^2(ax^2 + bx + C)e^{3x}$

答案：C.

解析：由常见几种二阶常系数非齐次线性微分方程的特解形式即得.

15. 曲线族 $y = C_1 e^x + C_2 e^{-x} + x - 5$ 所满足的微分方程是( ).

 A. $y'' - y = 5 - x$ B. $y' = C_1 e^x + C_2 e^{-x} + 1$
 C. $y'' = C_1 e^x + C_2 e^{-x}$ D. $y'' + y' - x = 0.$

答案：A.

解析：把函数 $y = C_1 e^x + C_2 e^{-x} + x - 5$ 分别带入四个选项中的微分方程进行验证即知.

三、计算题

1. 已知一物体运动速度 $v = 2\cos t$. 当 $t = \dfrac{\pi}{4}$ 时,所经路程为 $s = 10$,求该物体的运动规

律.

解 因为 $\dfrac{ds}{dt}=2\cos t$,则 $s=2\sin t+C$,

又因 $t=\dfrac{\pi}{4}$ 时,$s=10$,得 $C=10-\sqrt{2}$,即运动规律为

$$s=2\sin t+10-\sqrt{2}.$$

2. 求下列可分离变量微分方程的通解或特解:

(1) $(1+y)dx+(x-1)dy=0$;

解:分离变量

$$\dfrac{1}{1+y}dy=\dfrac{1}{1-x}dx,$$

两边积分 $\quad\displaystyle\int\dfrac{1}{1+y}dy=\int\dfrac{1}{1-x}dx,$

得微分方程通解 $\quad(x-1)(y+1)=C.$

(2) $y'=\dfrac{x^3}{y^3}$;

解:分离变量

$$y^3 dy=x^3 dx,$$

两边积分 $\quad\displaystyle\int y^3 dy=\int x^3 dx,$

得微分方程通解 $\quad y^4=x^4+C.$

(3) $dy-y\sin^2 x dx=0$;

解:分离变量

$$\dfrac{dy}{y}=\sin^2 x dx,$$

两边积分 $\quad\displaystyle\int\dfrac{dy}{y}=\int\sin^2 x dx,$

得微分方程通解 $\quad\ln|y|=\dfrac{1}{2}x-\dfrac{1}{4}\sin 2x+C.$

(4) $e^{-s}\dfrac{ds}{dt}=1$;

解:分离变量

$$e^{-s}ds=dt,$$

两边积分 $\quad\displaystyle\int e^{-s}ds=\int dt,$

得微分方程通解 $\quad e^{-s}=-t-C.$

(5) $(1+x^2)y'-y\ln y=0$;

解:分离变量

$$\dfrac{dy}{y\ln y}=\dfrac{dx}{1+x^2},$$

两边积分 $\quad\displaystyle\int\dfrac{dy}{y\ln y}=\int\dfrac{dx}{1+x^2},$

得微分方程通解 $\quad\ln|\ln y|=\arctan x+C.$

(6) $xy' - y = 0, y|_{x=1} = 2$；

解：分离变量
$$\frac{dy}{y} = \frac{dx}{x},$$

两边积分
$$\int \frac{dy}{y} = \int \frac{dx}{x},$$

得微分方程通解
$$y = Cx,$$

在微分方程通解中代入 $x = 1, y = 2$，得 $c = 2$，

即所求特解为
$$y = 2x.$$

(7) $2y'\sqrt{x} = y, y|_{x=4} = 1$；

解：原方程变为
$$y' - \frac{1}{2\sqrt{x}} y = 0,$$

由一阶齐次线性微分方程的通解形式得
$$y = Ce^{\sqrt{x}},$$

代入 $x = 4, y = 1$，则 $C = e^{-2}$，即所求特解为
$$y = e^{\sqrt{x}-2}.$$

(8) $y' = e^{2x-y}, y|_{x=0} = 0$；

解：分离变量
$$e^y dy = e^{2x} dx,$$

两边积分
$$\int e^y dy = \int e^{2x} dx,$$

得微分方程通解为
$$e^y = \frac{1}{2} e^{2x} + C,$$

因为 $x = 0, y = 0$，则 $C = \frac{1}{2}$，

即所求特解为
$$e^y = \frac{1}{2} e^{2x} + \frac{1}{2}.$$

(9) $\frac{dy}{dx} = y^2 \cos x, y|_{x=0} = 1$；

解：当 $y \neq 0$ 时，有 $\frac{dy}{y^2} = \cos x dx$，所以原方程的通解为
$$y = -\frac{1}{\sin x + C},$$

因为 $y = 0$ 显然满足该微分方程，所以 $y = 0$ 叫做方程的补解．
将初始条件 $x = 0, y = 1$ 代入通解，得 $C = -1$，

可得特解为
$$y = \frac{1}{1 - \sin x}.$$

(10) $\cos x \sin y dy = \cos y \sin x dx, y|_{x=0} = \frac{\pi}{4}$；

解：原方程化为
$$\frac{\sin y}{\cos y} dy = \frac{\sin x}{\cos x} dx,$$

则两边积分得
$$\ln|\cos y| = \ln|\cos x| + \ln C,$$
整理得
$$\cos y = C\cos x,$$
将初始条件因 $x=0, y=\dfrac{\pi}{4}$ 代入上式, 得 $C = \dfrac{\sqrt{2}}{2}$,

即得特解为
$$\sqrt{2}\cos y = \cos x.$$

3. 求微分方程 $\dfrac{dy}{dx} + \dfrac{e^{y^2+3x}}{y} = 0$ 的通解.

解: 变量分离
$$\frac{y}{e^{y^2}}dy = -e^{3x}dx,$$

两边积分
$$\int \frac{y}{e^{y^2}}dy = -\int e^{3x}dx,$$

得微分方程通解为
$$\frac{1}{2}e^{-y^2} = \frac{1}{3}e^{3x} + C.$$

4. 冷却问题: 将 100 ℃ 的物体放在 20 ℃ 房间里, 经过 20 min, 测得温度已降到 60 ℃, 问还需要多长时间温度降到 30 ℃ (已知物体冷却速度与物体温度和环境温度之差成正比).

解: 设时间 t 为自变量, 物体的温度 $T(t)$, 冷却速度为温度关于时间的变化率 $\dfrac{dT}{dt}$, 由冷却定理得
$$\frac{dT}{dt} = -k(T-20), k > 0,$$
其中 k 为比例系数, 负号表示温度下降, 初始条件 $T(0) = 100, T(20) = 60$,

则
$$\frac{dT}{T-20} = -kdt,$$
得
$$\ln(T-20) = -kt + C',$$
整理得
$$T = 20 + e^{-kt+C'} = 20 + Ce^{-kt}$$
因 $t=0, T=100$, 得 $C=80$, 又因 $t=20, T=60$, 得 $k = \dfrac{1}{20}\ln 2$,

得冷却规律为
$$T = 20 + 80e^{-\frac{1}{20}\ln 2 \cdot t},$$
取 $T = 30$, 得 $t = 60$, 于是经过 60 min (再经过 40 min) 温度可降到 30 ℃.

5. 求微分方程 $x\dfrac{dy}{dx} = y + \sqrt{x^2 + y^2}$ 的通解.

解: 方程变形为
$$\frac{dy}{dx} = \frac{y}{x} + \sqrt{1 - \left(\frac{y}{x}\right)^2},$$

令 $\dfrac{y}{x} = u, y = xu$, 则
$$\frac{dy}{dx} = u + x\frac{du}{dx},$$

代入方程得

$$x\frac{\mathrm{d}u}{\mathrm{d}u} = \sqrt{1-u^2},$$

故当 $u \neq \pm 1$ 时,有

$$\frac{\mathrm{d}u}{\sqrt{1-u^2}} = \frac{\mathrm{d}x}{x},$$

得

$$\arcsin u = \ln|x| + C$$

即原方程的通解为

$$y = x\sin(\ln|x| + C),$$

当 $u = \pm 1$ 时,即 $y = \pm x$ 不是方程的解.

6. 求解微分方程 $(x+1)\dfrac{\mathrm{d}y}{\mathrm{d}x} - ny = \mathrm{e}^x(x+1)^{n+1}$.

解:原方程变形为

$$\frac{\mathrm{d}y}{\mathrm{d}x} - \frac{n}{x+1}y = \mathrm{e}^x(x+1)^n,$$

该方程为一阶线性非齐次微分方程,先考虑与其对应的齐次方程 $\dfrac{\mathrm{d}y}{\mathrm{d}x} - \dfrac{n}{x+1}y = 0$ 的通解,变量分离

$$\frac{\mathrm{d}y}{\mathrm{d}x} = \frac{n}{x+1}\mathrm{d}x,$$

两边积分

$$\ln|y| = n\ln|x+1| + \ln C,$$

整理得 $y = C(x+1)^n$ 为齐次方程 $\dfrac{\mathrm{d}y}{\mathrm{d}x} - \dfrac{n}{x+1}y = 0$ 的通解,

设 $y = C(x)(x+1)^n$ 为原方程的解,两端求导得

$$y' = C'(x)(x+1)^n + C(x)n(x+1)^{n-1}.$$

将 y、y' 代入原方程,有

$$[C'(x)(x+1)^n + C(x)n(x+1)^{n-1}] - \frac{n}{x+1}C(x)(x+1)^n = \mathrm{e}^x(x+1)^n.$$

整理得

$$C'(x) = \mathrm{e}^x,\text{则 } C(x) = \mathrm{e}^x + C,$$

即原方程的通解为

$$y = (\mathrm{e}^x + C)(x+1)^n.$$

7. 求微分方程 $\dfrac{\mathrm{d}y}{\mathrm{d}x} - \dfrac{6}{x}y = -xy^2$ 的通解.

解:此属于伯努利方程,变形、代换便可化成一阶线性非齐次微分方程. 方程变形为

$$-\frac{1}{y^2} \cdot \frac{\mathrm{d}y}{\mathrm{d}x} + \frac{6}{xy} = x,$$

则

$$\frac{\mathrm{d}}{\mathrm{d}x}\mathrm{d}\left(\frac{1}{y^2}\right) + \frac{6}{x} \cdot \frac{1}{y} = x,$$

令 $\dfrac{1}{y} = z$,则 $\dfrac{\mathrm{d}z}{\mathrm{d}x} + \dfrac{6}{x}z = x$ 为一阶线性非齐次微分方程,

先求与其对应的齐方程 $\dfrac{\mathrm{d}z}{\mathrm{d}x} + \dfrac{6}{x}z = 0$ 的通解,

因为

$$\frac{\mathrm{d}z}{z} = -6\frac{\mathrm{d}x}{x},\text{故 } z = Cx^{-6},$$

设 $z = C(x)x^{-6}$ 为方程 $\dfrac{\mathrm{d}z}{\mathrm{d}x} + \dfrac{6}{x}z = x$ 的解,

对函数 $z = C(x)x^{-6}$ 求导，得 $z' = C'(x)x^{-6} - 6C(x)x^{-7}$，代入上式有
$$[C'(x)x^{-6} - 6C(x)x^{-7}] + \frac{6}{x}C(x)x^{-6} = x$$

故
$$C'(x) = x^7,$$

则
$$C(x) = \frac{1}{8}x^8 + C,$$

代入函数 $z = C(x)x^{-6}$ 得
$$z = \frac{1}{8}x^2 + \frac{C}{x^6},$$

即原方程的通解为
$$\frac{1}{y} = \frac{1}{8}x^2 + \frac{C}{x^6}.$$

8. 求微分方程 $yy'' - (y')^2 + (y')^3 = 0$ 的通解.

解：因方程缺少自变量 x，则可设 $y' = p$，则 $y'' = p\dfrac{\mathrm{d}p}{\mathrm{d}y}$，代入有
$$yp\frac{\mathrm{d}p}{\mathrm{d}y} - p^2 + p^3 = 0,$$

当 $p \neq 0, p \neq 1$ 时，有
$$\frac{\mathrm{d}p}{p - p^2} = \frac{\mathrm{d}y}{y}, \frac{\mathrm{d}p}{p} + \frac{\mathrm{d}p}{1-p} = \frac{\mathrm{d}y}{y},$$

则有
$$\frac{p}{1-p} = C_1 y, p = \frac{C_1 y}{1 + C_1 y},$$

即
$$\frac{\mathrm{d}y}{\mathrm{d}x} = \frac{C_1 y}{1 + C_1 y},$$

有
$$\left(\frac{1}{C_1 y} + 1\right)\mathrm{d}y = \mathrm{d}x,$$

则原方程的通解为
$$\frac{1}{C_1}\ln|y| + y = x + C_2.$$

可验证 $p = 0, p = 1$ 时，$y = C, y = x$ 也是方程的解为初解.

9. 求一曲线，使其切线在纵轴上的截距等于切点横坐标的平方，且该曲线过点 $(1,1)$.

解：设 (x,y) 为所求曲线上任意一点，过该点的切线方程为 $Y - y = y'(X - x)$，其中 X、Y 为切线的流动坐标. 令 $X = 0$，得切线在 y 轴上的截距为
$$Y = y - xy',$$

则有
$$y - xy' = x^2,$$

即 $y' - \dfrac{y}{x} = -x$ 为一阶线性非齐次方程，可采用常数变易法求得其通解.
$$\frac{xy' - y}{x^2} = -1,$$

故 $\left(\dfrac{y}{x}\right)' = -1$，两端积分得 $\dfrac{y}{x} = -x + C$，

即 $y = -x^2 + cx$，根据初始条件 $y|_{x=1} = 1$，可得 $C = 2$，

则所求曲线方程为 $y = -x^2 + 2x$（该曲线为一抛物线）.

10. 求方程 $y' - \dfrac{2}{x+1}y = (x+1)^2$ 的通解.

解法 1：直接利用公式求通解，这里

$$p(x) = -\frac{2}{x+1}, \quad Q(x) = (x+1)^2,$$

$$y = e^{\int \frac{2}{x+1}dx}\left[\int (x+1)^2 e^{-\int \frac{2}{x+1}dx}dx + C\right] = e^{2\ln(x+1)}\left[\int (x+1)^2 e^{-2\ln(x+1)}dx + C\right]$$

$$= (x+1)^2\left[\int (x+1)^2 \cdot (x+1)^{-2}dx + C\right] = (x+1)^2(x+C).$$

解法 2：运用常数变易法求通解，先求对应的齐次线性微分方程 $y' - \frac{2}{x+1}y = 0$ 的通解．

$$\frac{dy}{y} = \frac{2}{x+1}dx,$$
$$\ln y = 2\ln(1+x) + \ln C,$$
$$y = C(1+x)^2.$$

将上式中的常数 C 换成 $C(x)$ 函数，即设非齐次线性微分方程的通解为

$$y = C(x)(1+x)^2. \tag{1}$$

求一阶导数，得 $\quad y' = C'(x)(1+x)^2 + 2C(x)(1+x),$

将 y、y' 代入原方程，得 $C'(x) = 1$，则

$$C(x) = x + C,$$

将 $C(x)$ 代入(1)得原方程的通解为

$$y = (1+x)^2(x+C).$$

11. 求下列方程的通解或特解：

(1) 求 $y' + y = e^{-x}$ 的通解；

解：先求对应的齐次方程 $y' + y = 0$ 的通解．分离变量，得

$$\frac{dy}{y} = -dx,$$

积分得 $\quad \ln y = -x + C,$

整理得 $\quad y = Ce^{-x},$

令 $C = C(x)$，则原方程的通解为 $\quad y = C(x)e^{-x}, \tag{1}$

求导数得

$$y' = C'(x)e^{-x} - C(x)e^{-x},$$

将 y、y' 代入原方程，得 $C'(x) = 1$，则 $C(x) = x + C,$

将上式代回(1)，得原方程的通解为 $\quad y = e^{-x}(x+C).$

(2) 求方程 $y' + \frac{2y}{y^2 - 6x} = 0$ 的通解；

解：如果把 x 看作自变量，原方程不是一阶线性微分方程，但可以将原方程化为

$$\frac{dx}{dy} - \frac{3}{y}x = -\frac{y}{2}, \tag{1}$$

把 y 看作是自变量，x 是 y 的函数．这样，原方程就是一阶线性微分方程，故对应的齐次方程为 $\frac{dx}{dy} - \frac{3}{y}x = 0$，根据分离变量法可得通解为 $x = Cy^3$．

令 $C = C(x)$，则非齐次方程的通解为

$$x = C(y)y^3,$$

求导数 $\quad x' = C'(y)y^3 + 3C(y)y^2,$

将 x 和 x' 代入方程(1),整理得 $C'(y) = -\dfrac{1}{2y^2}$,则

$$C(y) = \dfrac{1}{2y} + C,$$

故原方程的通解为

$$x = y^3\left(\dfrac{1}{2y} + C\right).$$

(3) 求微分方程 $y' + y\cos x = \sin x\cos x$ 满足初始条件 $y|_{x=0} = 1$ 的特解;

解: 先求出对应的齐次方程 $y' + y\cos x = 0$ 的通解

$$y = Ce^{-\sin x},$$

再设 $C = C(x)$,则 $y = C(x)e^{-\sin x}$,为原方程的通解,将 y 和 y' 代入原方程,得

$$C'(x) = e^{\sin x} \cdot \sin x\cos x,$$

解得 $\quad C(x) = e^{\sin x}(\sin x - 1) + C,$

将 $C(x)$ 代入原方程通解,得

$$y = \sin x - 1 + Ce^{-\sin x},$$

将初始条件 $y|_{x=0} = 1$ 代入通解,得 $C = 2$。所以原方程的特解为

$$y = \sin x - 1 + 2e^{-\sin x}.$$

(4) 求方程 $y'' - 5y' - 6y = 0$ 的通解;

解: 微分方程的特征方程为 $\quad r^2 - 5r - 6 = 0,$

解得特征根为 $\quad r_1 = 6, r_2 = -1,$

所以方程的通解为 $\quad y = C_1 e^{6x} + C_2 e^{-x}.$

(5) 求方程 $y'' + 6y' + 9y = 0$;

解: 微分方程的特征方程为 $\quad r^2 + 6r + 9 = 0,$

解得特征根为 $\quad r_1 = r_2 = -3,$

所以方程的通解为 $\quad y = (C_1 + C_2 x)e^{-3x}.$

(6) 求方程 $y'' + 4y' + 5y = 0$ 的通解;

解: 微分方程的特征方程 $\quad r^2 + 4r + 5 = 0,$

解得特征根为 $\quad r = -2 \pm i,$

所以方程的通解为 $\quad y = e^{-2x}(C_1\cos x + C_2\sin x).$

(7) 求方程 $y'' - 4y' + 3y = 0$ 满足初始条件 $y|_{x=0} = 6, y'|_{x=0} = 10$ 的特解;

解: 微分方程的特征方程 $\quad r^2 - 4r + 3 = 0,$

解得特征根为 $\quad r_1 = 1, r_2 = 3,$

所以方程的通解为 $\quad y = C_1 e^x + C_2 e^{3x},$

将上式求导,得 $\quad y = C_1 e^x + 3C_2 e^{3x},$

再将初始条件 $y'|_{x=0} = 10, y|_{x=0} = 6$ 代入 y'、y,得

$$\begin{cases} C_1 + C_2 = 6, \\ C_1 + 3C_2 = 10, \end{cases}$$

解得 $C_1 = 4, C_2 = 2$,则所求方程满足初始条件的特解为 $y = 4e^x + 2e^{3x}.$

(8) 求方程 $y'' + y = x^2 + 1$ 的一个特解;

解:特征方程为 $r^2 + 1 = 0$,则
$$q = 1 \neq 0,$$
又因为 $f(x) = P_2(x) = x^2 + 1$,所以设 $\bar{y} = Ax^2 + Bx + C$,其中 A、B、C 为待定系数. 从而
$$\bar{y}' = 2Ax + B, \bar{y}'' = 2A,$$
将 $\bar{y}$ 和 $\bar{y}'$ 代入原方程,得
$$Ax^2 + Bx + (2A + C) = x^2 + 1,$$
比较两端同次项系数,得
$$\begin{cases} A = 1, \\ B = 0, \\ 2A + C = 1, \end{cases}$$
解得 $A = 1, B = 0, C = -1,$
于是原方程的一个特解为 $\bar{y} = x^2 - 1.$

(9) 求方程 $y'' - 2y' = 3x + 1$ 的通解;

解:齐次方程 $y'' - 2y' = 0$ 对应的特征方程为
$$r^2 - 2r = 0,$$
解得特征根为 $r_1 = 0, r_2 = 2$,所以齐次方程的通解为 $Y = C_1 + C_2 e^{2x},$

因为 $f(x) = P_1(x) = 3x + 1$,且 $q = 0, p \neq 0$,所以设 $\bar{y} = Ax^2 + Bx + C$,将 $\bar{y}$ 和 $\bar{y}'$ 代入原方程,得
$$-4Ax + (2A - 2B) = 3x + 1,$$
比较两端同次项系数,得
$$\begin{cases} -4A = 3, \\ 2A - 2B = 1, \end{cases}$$
解得 $A = -\dfrac{3}{4}, B = -\dfrac{5}{4}, C$ 可取得任意常数,设 $C = 0$,则原方程的特解为
$$\bar{y} = -\frac{3}{4}x^2 - \frac{5}{4}x,$$
原方程的通解为
$$\bar{y} = C_1 + C_2 e^{2x} - \frac{3}{4}x^2 - \frac{5}{4}x.$$

(10) 求方程 $9y'' + 6y' + y = 7e^{2x}$ 的一个特解;

解:原方程对应的齐次方程的特征方程为
$$9r^2 + 6r + 1 = 0,$$
解得特征根为 $r_1 = r_2 = -\dfrac{1}{3}$,因为 $\lambda = 2$ 不是特征根,所以设 $\bar{y} = Ae^{2x}$. 将 $\bar{y}、\bar{y}'、\bar{y}''$ 代入原方程,得
$$49A = 7, A = \frac{1}{7},$$
则原方程的一个特解为 $\bar{y} = \dfrac{1}{7}e^{2x}.$

(11) 求方程 $y'' - 3y' + 2y = xe^{2x}$ 的通解;

解:原方程对应的齐次方程的特征方程为

$$r^2 - 3r + 2 = 0,$$
解得特征根为 $r_1 = 1, r_2 = 2$,所以齐次方程的通解为
$$Y = C_1 e^x + C_2 e^{2x},$$
因为 $\lambda = 2$ 是特征根,但不是重根,所以设原方程的一个特解为
$$\bar{y} = x(Ax + B) e^{2x},$$
将 $\bar{y}、\bar{y}'、\bar{y}''$ 代入原方程,得 $2Ax + (2A + B) = x$,从而有
$$\begin{cases} 2A = 1, \\ 2A + B = 0, \end{cases}$$
解得 $A = \dfrac{1}{2}, B = -1$,于是特解为 $\bar{y} = \left(\dfrac{1}{2} x^2 - x\right) e^{2x}$,
则原方程的通解为
$$y = C_1 e^x + C_2 e^{2x} + \left(\dfrac{1}{2} x^2 - x\right) e^{2x}.$$

（12）求 $y'' - 3y' = \cos 2x$ 的通解；

解：原方程对应的齐次方程的特征解为
$$r^2 - 3r = 0,$$
解得特征根为 $r_1 = 0, r_2 = 3$,所以齐次方程的通解为
$$Y = C_1 + C_2 e^{3x},$$
因为 $\lambda_{1,2} = \pm 2i$ 不是特征根,所以设原方程的特解为
$$\bar{y} = A\cos 2x + B\sin 2x,$$
将 $\bar{y}、\bar{y}'、\bar{y}''$ 代入原方程,得
$$(-4A - 6B)\cos 2x + (6A - 4B)\sin 2x = \cos 2x,$$
从而得
$$\begin{cases} -4A - 6B = 1, \\ 6A - 4B = 0, \end{cases}$$
解得 $A = -\dfrac{1}{13}, B = -\dfrac{3}{26}$,于是原方程的一个特解为
$$\bar{y} = -\dfrac{1}{13}\cos 2x - \dfrac{3}{26}\sin 2x,$$
则原方程的通解为
$$y = C_1 + C_2 e^{3x} - \dfrac{1}{13}\cos 2x - \dfrac{3}{26}\sin 2x.$$

（13）求微分方程 $y' + 2xy = x e^{-x^2}$ 的通解；

说明：这是一阶非齐次线性微分方程,它的解法有两种:公式法和常数变易法.

解法 1（公式法）：这里 $P(x) = 2x, Q(x) = x e^{-x^2}$ 代入通解公式得
$$\begin{aligned} y &= e^{-\int P(x)dx}\left[\int Q(x) e^{\int P(x)dx} dx + C\right] \\ &= e^{-\int 2x dx}\left[\int x e^{-x^2} e^{\int 2x dx} dx + C\right] \\ &= e^{-x^2}\left[\int x e^{-x^2} e^{x^2} dx + C\right] \\ &= e^{-x^2}\left[\int x dx + C\right] = e^{-x^2}\left(\dfrac{x^2}{2} + C\right). \end{aligned}$$

解法 2(常数变易法):先求原方程对应的齐次方程 $y' + 2xy = 0$ 的通解. 分离变量,得

$$\frac{dy}{y} = -2x dx,$$

两边积分,得 $\ln y = -x^2 + \ln C$,即

$$y = Ce^{-x^2},$$

令 $C = C(x)$,原方程的通解为

$$y = C(x)e^{-x^2} \tag{1}$$

将 y 和 y' 代入原方程,得 $C'(x) = x$,

两边积分,得

$$C(x) = \frac{x^2}{2} + C, \tag{2}$$

将式(2)代入式(1),得原方程的通解为

$$y = -e^{-x^2}\left(\frac{x^2}{2} + C\right).$$

(14) 求微分方程 $y' = \dfrac{y}{x + y^2}$ 的通解;

说明:习惯上以 x 为自变量,y 为函数,这样原方程就不是一阶线性微分方程. 如果换个角度,以 y 为自变量,x 为函数,原方程就可化为一阶线性微分方程

$$\frac{dx}{dy} - \frac{1}{y}x = y,$$

这是以 y 为自变量,x 为函数的一阶非齐次线性微分方程.

解法 1(公式法):这里 $P(y) = -\dfrac{1}{y}, Q(x) = y$,代入通解公式得

$$x = e^{-\int P(y)dy}\left[\int Q(y)e^{\int P(y)dy}dy + C\right] = e^{\int \frac{1}{y}dy}\left[\int y e^{-\int \frac{1}{y}dy}dy + C\right]$$

$$= e^{\ln y}\left[\int y e^{\ln y}dy + C\right] = y\left[\int y \cdot \frac{1}{y}dy + C\right] = y(y + C).$$

解法 2(常数变易法):先求原方程对应的齐次方程 $\dfrac{dx}{dy} - \dfrac{1}{y}x = 0$ 的通解. 分离变量,得

$$\frac{dx}{x} = \frac{dy}{y},$$

两边积分,得 $\ln x = \ln y + \ln C$,即 $x = Cy$.

令 $C = C(x)$,则原方程的通解为

$$x = C(y)y, \tag{1}$$

将 x 和 x' 代入原方程,得 $C'(y) = 1$,

两边积分,得

$$C(y) = y + C, \tag{2}$$

将式(2)代入式(1),得原方程的通解为

$$y = y(y + C).$$

(15) 求微分方程 $y' + y\tan x = 2x\cos x$ 满足初始条件 $y(0) = 0$ 的特解;

说明:这是求一阶非齐次线性微分方程满足初始条件的特解的问题,可先求出非齐次方程的通解,然后将初始条件代入,求出任意常数 C,再将 C 代回到解中,从而求得特解.

解:这里 $P(x) = \tan x, Q(x) = 2x\cos x$,代入通解公式

$$y = \mathrm{e}^{-\int P(x)\mathrm{d}x}\left[\int Q(x)\mathrm{e}^{\int P(x)\mathrm{d}x}\mathrm{d}x + C\right] = \mathrm{e}^{-\int \tan x\mathrm{d}x}\left[\int 2x\cos x\mathrm{e}^{\int \tan x\mathrm{d}x}\mathrm{d}x + C\right]$$

$$= \mathrm{e}^{\ln\cos x}\left[\int 2x\cos x\mathrm{e}^{-\ln\cos x}\mathrm{d}x + C\right] = \cos x\left[\int 2x\cos x \cdot \frac{1}{\cos x}\mathrm{d}x + C\right]$$

$$= \cos x\left[\int 2x\mathrm{d}x + C\right] = \cos x(x^2 + C).$$

将初始条件 $y(0) = 0$ 代入通解,得 $C = 0$. 因此原方程的特解为

$$y = x^2\cos x.$$

(16) 求微分方程① $y'' - 9y' = 0$;② $y'' - 9y = 0$;③ $y'' + 9y = 0$ 的通解;

解:① 特征方程为 $r^2 - 9r = 0$,解得特征根为 $r_1 = 0, r_2 = 9$,因此原方程的通解为

$$y = C_1 + C_2\mathrm{e}^{9x}.$$

② 特征方程为 $r^2 - 9 = 0$,解得特征根为 $r_1 = -3, r_2 = 3$,因此原方程的通解为

$$y = C_1\mathrm{e}^{-3x} + C_2\mathrm{e}^{3x}.$$

③ 特征方程为 $r^2 + 9 = 0$,解得特征根为 $r_1 = -3i, r_2 = 3i$,因此原方程的通解为

$$y = C_1\cos 3x + C_2\sin 3x.$$

说明:以上二阶常系数齐次线性微分方程的特征方程容易写错,如题②常会写成 $r^2 - 9r = 0$,从而导致求得的通解错误.

(17) 求微分方程 $\dfrac{\mathrm{d}^2s}{\mathrm{d}t^2} + 2\dfrac{\mathrm{d}s}{\mathrm{d}t} + 2s = 0$ 满足初始条件 $s(0) = 2$、$s'(0) = 0$ 的特解;

解:特征方程为 $r^2 - 9r = 0$,解得特征根为 $r_1 = -1 - i, r_2 = -1 + i$. 因此原方程的通解为

$$s = \mathrm{e}^{-t}(C_1\cos t + C_2\sin t).$$

$$s' = -\mathrm{e}^{-t}(C_1\cos t + C_1\sin t) + \mathrm{e}^{-t}(-C_1\sin t + C_2\cos t)$$

$$= -\mathrm{e}^{-t}[(C_1 - C_2)\cos t + (C_1 + C_2)\sin t].$$

将初始条件 $s(0) = 2$、$s'(0) = 0$ 代入 s 和 s',得 $C_1 = C_2 = 2$,则得满足初始条件的特解为

$$s = \mathrm{e}^{-t}(2\cos t + 2\sin t).$$

(18) 已知 $y = C_1\mathrm{e}^x + C_2\mathrm{e}^{-2x}$ 是 $y'' + y' - 2y = 0$ 的解,求满足初始条件 $y(0) = 1$、$y'(0) = 1$ 的特解;

解:显然,所给解是已知方程的通解,求特解就是用所给的两个条件确定通解中的任意常数 C_1、C_2. 将初始条件代入得 $C_1 = 1, C_2 = 0$,故所求特解为 $y = \mathrm{e}^x$.

(19) 求微分方程 $y'' - 5y' = -5x^2 + 2x$ 的通解;

解:齐次方程对应的特征方程为 $r^2 - 5r = 0$,解得特征根为 $r_1 = 0, r_2 = 5$,则齐次方程的通解为

$$Y = C_1 + C_2\mathrm{e}^{5x}.$$

因为 $f(x) = P_2(x)$,且 $q = 0$,所以设

$$\bar{y} = Ax^3 + Bx^2 + Cx,$$

将 $\bar{y}'$ 和 $\bar{y}''$ 代入原方程得

$$-15Ax^2 + (6A - 10B)x + 2B - 5C = -5x^2 + 2x,$$

比较两边同次项系数得

$$\begin{cases} -15A = -5, \\ 6A - 10B = 2, \\ 2B - 5C = 0, \end{cases}$$

解得 $A = -\dfrac{1}{3}, B = C = 0$,因此原方程的特解为 $\bar{y} = \dfrac{1}{3}x^3$,故原方程的通解为

$$y = C_1 + C_2 e^{5x} + \dfrac{1}{3}x^3.$$

(20) 求微分方程 $y'' + ky' + y = e^x$ 的通解(其中 k 是常数).

解:齐次方程对应的特征方程为

$$r^2 + kr + 1 = 0,$$

解得特征根为

$$r_{1,2} = \dfrac{-k \pm \sqrt{k^2 - 4}}{2}.$$

(1) 当 $|k| > 2$ 时,有两个不相等的实根 r_1 和 r_2,则齐次方程的通解为

$$Y = C_1 e^{r_1 x} + C_2 e^{r_2 x},$$

因为 $\lambda = 1$ 不是特征根,所以设原方程的特解为

$$\bar{y} = A e^x,$$

把 $\bar{y}$、$\bar{y}'$、$\bar{y}''$ 代入原方程得 $A = \dfrac{1}{k+2}$,因此 $\bar{y} = \dfrac{1}{k+2}e^x$,则原方程的通解为

$$Y = C_1 e^{r_1 x} + C_2 e^{r_2 x} + \dfrac{1}{k+2}e^x.$$

(2) 当 $|k| < 2$ 时,有一对共轭复数根 $r_{1,2} = -\dfrac{k}{2} \pm \dfrac{\sqrt{4-k^2}}{2}i$,则齐次方程的通解为

$$Y = e^{-\frac{k}{2}}\left(C_1 \cos \dfrac{\sqrt{4-k^2}}{2}x + C_2 \sin \dfrac{\sqrt{4-k^2}}{2}x\right),$$

因为 $\lambda = 1$ 不是特征根,所以设原方程的特解为

$$\bar{y} = A e^x,$$

把 $\bar{y}$、$\bar{y}'$、$\bar{y}''$ 代入原方程得 $A = \dfrac{1}{k+2}$,因此 $\bar{y} = \dfrac{1}{k+2}e^x$,则原方程的通解为

$$Y = e^{-\frac{k}{2}}\left(C_1 \cos \dfrac{\sqrt{4-k^2}}{2}x + C_2 \sin \dfrac{\sqrt{4-k^2}}{2}x\right) + \dfrac{1}{k+2}e^x.$$

(3) 当 $k = 2$ 时,有两个相等的实根 $r_{1,2} = -1$,齐次方程的通解为

$$Y = (C_1 + C_2 x)e^{-x},$$

因为 $\lambda = 1$ 不是特征根,所以设原方程的特解为

$$\bar{y} = A e^x,$$

把 $\bar{y}$、$\bar{y}'$、$\bar{y}''$ 代入原方程得 $A = \dfrac{1}{4}$,因此得 $\bar{y} = \dfrac{1}{4}e^x$,则原方程的通解为

$$y = (C_1 + C_2 x)e^{-x} + \dfrac{1}{4}e^x.$$

(4) 当 $k = -2$ 时,有两个相等的实根 $r_{1,2} = 1$,齐次方程的通解为

$$Y = (C_1 + C_2 x)e^x,$$

因为 $\lambda = 1$ 是特征根,且为重根,所以设原方程的特解为

$$\bar{y} = Ax^2 e^x,$$

把 $\bar{y}$、$\bar{y}'$、$\bar{y}''$ 代入原程得 $A = \dfrac{1}{2}$，因此得 $\bar{y} = \dfrac{1}{2}x^2 e^x$，则原方程的通解为

$$y = (C_1 + C_2 x) e^x + \dfrac{1}{2}x^2 e^x.$$

12. 已知二阶常系数齐次线性微分方程的特征根为 $r_1 = -1, r_2 = 3$，求此微分方程.

解法 1：因为特征根为 $r_1 = -1, r_2 = 3$，所以特征方程为
$$(r+1)(r+3) = 0,$$
即 $r^2 - 2r - 3 = 0,$
所以微分方程为
$$y'' - 2y' - 3y = 0.$$

解法 2：设所求微分方程为 $y'' + py' + qy = 0$，对应的特征方程为
$$r^2 + py + q = 0,$$
由一元二次方程根与系数的关系得
$$\begin{cases} r_1 + r_2 = -p, \\ r_1 r_2 = q, \end{cases}$$
把 $r_1 = -1, r_2 = 3$ 代入方程组得 $p = -2, q = -3$，所以微分方程为
$$y'' - 2y' - 3y = 0.$$

第七章 多元函数微分学

教学要求

（1）掌握多元函数的概念．
（2）了解二元函数的极限．
（3）掌握偏导数、全微分及多元隐函数的偏导数的计算，会求二元函数的极值．

知识梳理

一、多元函数的基本概念

自变量不止一个的函数叫做多元函数．以二元函数为主，二元函数的定义域是平面区域．例如：$z=f(x,y)=\sqrt{1-x^2-y^2}$ 的定义域为 xOy 平面上的单位圆及其内部 $x^2+y^2\leqslant 1$，值域是 $[0,1]$，$f(\frac{1}{2},\frac{1}{2})=\sqrt{1-(\frac{1}{2})^2-(\frac{1}{2})^2}=\sqrt{1-\frac{1}{2}}=\frac{\sqrt{2}}{2}$．

二、二元函数的极限

$\lim\limits_{(x,y)\to(x_0,y_0)}f(x,y)$ 比一元函数的极限复杂得多，只有当点 (x,y) 在 xOy 平面以任意方式趋向于 (x_0,y_0) 点时，函数 $f(x,y)$ 总是趋向于一个确定的常数 A，才能称常数 A 为函数 $f(x,y)$ 当 (x,y) 趋向于 (x_0,y_0) 时的极限，记作 $\lim\limits_{(x,y)\to(x_0,y_0)}f(x,y)=A$．

三、多元函数的偏导数

1．二元函数的偏导数

求二元函数 $z=f(x,y)$ 对自变量 x 的导数时，把 y 看作常量，只把 x 作为变量，求导的公式、法则与一元函数类似．

例 7 – 1 求 $z=x^2\sin y$ 的导数．

解： $\dfrac{\partial z}{\partial x}=2x\sin y$，　　$\dfrac{\partial z}{\partial y}=x^2\cos y$．

2．多元复合函数的偏导数

设 $z=f(u,v)$，$u=\varphi(x,y)$，$v=\Psi(x,y)$ 均为可导函数，则

$$\dfrac{\partial z}{\partial x}=\dfrac{\partial z}{\partial u}\cdot\dfrac{\partial u}{\partial x}+\dfrac{\partial z}{\partial v}\cdot\dfrac{\partial v}{\partial x}, \dfrac{\partial z}{\partial y}=\dfrac{\partial z}{\partial u}\cdot\dfrac{\partial u}{\partial y}+\dfrac{\partial z}{\partial v}\cdot\dfrac{\partial v}{\partial y}$$

上式称为链导公式．

例 7 – 2 求 $z=\mathrm{e}^{xy}\ln(x^2+y)$ 的导数．

解： 设 $z=\mathrm{e}^u\ln v$，$u=xy$，$v=x^2+y$，

$$\frac{\partial z}{\partial x} = \frac{\partial z}{\partial u} \cdot \frac{\partial u}{\partial x} + \frac{\partial z}{\partial v} \cdot \frac{\partial v}{\partial x} = y \cdot e^{xy} \ln(x^2+y) + e^{xy} \cdot \frac{2x}{x^2+y};$$

$$\frac{\partial z}{\partial y} = \frac{\partial z}{\partial u} \cdot \frac{\partial u}{\partial y} + \frac{\partial z}{\partial v} \cdot \frac{\partial v}{\partial y} = x \cdot e^{xy} \ln(x^2+y) + e^{xy} \cdot \frac{1}{x^2+y}.$$

3. 高阶偏导数

如果二元函数 $z = f(x,y)$ 的偏导数 $\frac{\partial z}{\partial x} = f_x(x,y)$, $\frac{\partial z}{\partial y} = f_y(x,y)$ 仍然可导,那么它们的偏导数称为函数 $z = f(x,y)$ 的二阶偏导数,记作:

$$\frac{\partial^2 z}{\partial x^2} = \frac{\partial}{\partial x}\left(\frac{\partial z}{\partial x}\right) = f_{xx}, \quad \frac{\partial^2 z}{\partial x \partial y} = \frac{\partial}{\partial y}\left(\frac{\partial z}{\partial x}\right) = f_{xy},$$

$$\frac{\partial^2 z}{\partial y \partial x} = \frac{\partial}{\partial x}\left(\frac{\partial z}{\partial y}\right) = f_{yx}, \quad \frac{\partial^2 z}{\partial y^2} = \frac{\partial}{\partial y}\left(\frac{\partial z}{\partial y}\right) = f_{yy}.$$

例 7-3 求函数 $z = x^3 y - 3x^2 y^3$ 的二阶偏导数.

解: $\frac{\partial z}{\partial x} = 3x^2 y - 6xy^3, \quad \frac{\partial z}{\partial y} = x^3 - 9x^2 y^2,$

$$\frac{\partial^2 z}{\partial x^2} = 6xy - 6y^3, \quad \frac{\partial^2 z}{\partial x \partial y} = 3x^2 - 18xy^2 = \frac{\partial^2 z}{\partial y \partial x}, \quad \frac{\partial^2 z}{\partial y^2} = -18x^2 y.$$

可以证明:当 $\frac{\partial^2 z}{\partial x \partial y}$ 与 $\frac{\partial^2 z}{\partial y \partial x}$ 都连续时,它们一定是相等的.

四、全微分

当二元函数 $z = f(x,y)$ 的两个一阶偏导数 $\frac{\partial z}{\partial x}, \frac{\partial z}{\partial y}$ 不仅存在,而且连续时,二元函数 $z = f(x,y)$ 一定可微分,且 $dz = \frac{\partial z}{\partial x} dx + \frac{\partial z}{\partial y} dy.$

需要特别强调的是,与一元函数不同,二元函数的可导与可微分并不等价,即便二元函数 $z = f(x,y)$ 的两个一阶偏导数 $\frac{\partial z}{\partial x}, \frac{\partial z}{\partial y}$ 在点 (x_0, y_0) 处都存在,也不能保证二元函数 $z = f(x,y)$ 在点 (x_0, y_0) 处可微分. 还有,即便二元函数 $z = f(x,y)$ 的两个一阶偏导数 $\frac{\partial z}{\partial x}, \frac{\partial z}{\partial y}$ 在点 (x_0, y_0) 处都存在,也不能保证二元函数 $z = f(x,y)$ 在点 (x_0, y_0) 处连续(详见有关教材). 而在点 (x_0, y_0) 处二元函数可微分时则一定连续. 也就是说:对二元函数 $z = f(x,y)$,可导未必可微分,而可微分则一定可导.

五、隐函数的求导公式

一个三元方程 $F(x,y,z) = 0$ 所确定的二元隐函数 $z = f(x,y)$ 的偏导数用下列公式计算:

$$\frac{\partial z}{\partial x} = -\frac{F_x}{F_z}, \frac{\partial z}{\partial y} = -\frac{F_y}{F_z},$$

其中,F_x, F_y, F_z 分别是三元函数 $F(x,y,z)$ 对 x,y,z 的偏导数.

例 7-4 求由方程 $x^2 + 2y^2 + 3z^2 - 4 = 0$ 所确定的二元函数 $z = f(x,y)$ 的偏导数.

解: $F(x,y,z) = x^2 + 2y^2 + 3z^2 - 4 = 0,$

$\because F_x = 2x, F_y = 4y, F_z = 6z,$

$\therefore \frac{\partial z}{\partial x} = -\frac{F_x}{F_z} = -\frac{2x}{6z} = -\frac{x}{3z}, \quad \frac{\partial z}{\partial y} = -\frac{F_y}{F_z} = -\frac{4y}{6z} = -\frac{2y}{3z}.$

六、二元函数的极值与最大值、最小值问题

1. 二元函数的极值的定义

如果在(x_0,y_0)的某一邻域内的一切异于(x_0,y_0)的点(x,y)都有$f(x_0,y_0)>f(x,y)$,则称函数$z=f(x,y)$在(x_0,y_0)取极大值$f(x_0,y_0)$;如果在(x_0,y_0)的某一邻域内的一切异于(x_0,y_0)的点(x,y)都有$f(x_0,y_0)<f(x,y)$,则称函数$z=f(x,y)$在(x_0,y_0)取极小值$f(x_0,y_0)$.

2. 二元函数的极值判定定理

可导函数$z=f(x,y)$在(x_0,y_0)取得极值的必要条件是:它的两个一阶偏导数在该点处都为0. 即$f_x(x_0,y_0)=0$,且$f_y(x_0,y_0)=0$. 这时,点(x_0,y_0)叫做函数$z=f(x,y)$的驻点,和一元函数类似,驻点处不一定取得极值.

可导函数$z=f(x,y)$在(x_0,y_0)取得极值的充分条件是

$$B^2-AC<0,$$

式中,$A=\dfrac{\partial^2 z}{\partial x^2}\bigg|_{(x_0,y_0)};B=\dfrac{\partial^2 z}{\partial x\partial y}\bigg|_{(x_0,y_0)};C=\dfrac{\partial^2 z}{\partial y^2}\bigg|_{(x_0,y_0)}$.

而且当$A>0$时取极小值;当$A<0$时取极大值.

当$B^2-AC>0$时,函数$z=f(x,y)$在点(x_0,y_0)处不取得极值;

当$B^2-AC=0$时,函数$z=f(x,y)$在点(x_0,y_0)处可能取得极值也可能不取得极值.

练习题

一、判断题

1. $f(x,y)$的极值点一定是$f(x,y)$的驻点. ( )
2. 点$(0,0)$是函数$z=3-xy$的极值点. ( )
3. 若$z=f(x,y)$在点(x_0,y_0)处的偏导数$\dfrac{\partial z}{\partial x},\dfrac{\partial z}{\partial y}$都存在,则$z=f(x,y)$在点$(x_0,y_0)$处必连续. ( )
4. 若$z=f(x,y)$在点(x_0,y_0)处的偏导数$\dfrac{\partial z}{\partial x},\dfrac{\partial z}{\partial y}$都存在,则$z=f(x,y)$在点$(x_0,y_0)$处全微分$\mathrm{d}z\bigg|_{(x_0,y_0)}$也存在. ( )
5. 函数$f(x,y)=x^2-2x-y$在点$(1,0)$处取得极小值. ( )

二、填空题

1. 若$f(x,y)=\dfrac{x^2-y^2}{xy}$,则其定义域为_____,$f(1,2)=$_____,$f(-x,-y)=$_____.

2. 设$f(x,y)=x^3y+(y-1)\arccos\sqrt{\dfrac{y}{x}}$,则$f'_x\left(\dfrac{1}{2},1\right)=$_____.

3. 设$z=\arctan\dfrac{y}{x}$,则$\dfrac{\partial^2 z}{\partial x\partial y}=$_____.

4. 设函$z=x^2+xy-y^2$数,则$\mathrm{d}z=$_____.

5. 函数$f(x,y)=x^2-4xy+5y^2+2y$的驻点是_____.

6. 函数 $z=f(x,y)$ 在点 (x_0,y_0) 处满足 $\begin{cases}\dfrac{\partial z}{\partial x}=0,\\ \dfrac{\partial z}{\partial x}=0,\end{cases}$ 又设 $A=f''_{xx}(x_0,y_0)$，$B=f''_{xy}(x_0,y_0)$，$C=f''_{yy}(x_0,y_0)$，则

当 $B^2-AC<0$ 时，函数 $z=f(x,y)$ 在点 (x_0,y_0) 处取得_____；

当 $A>0$ 时，取_____，当 $A<0$ 时取_____；

当 $B^2-AC>0$ 时，函数 $z=f(x,y)$ 在点 (x_0,y_0) 处_____；

当 $B^2-AC=0$ 时，函数 $z=f(x,y)$ 在点 (x_0,y_0) 处_____．

7. 函数 $z=x^3-6xy-y^2+2$ 有_____个驻点，其中_____是极值点，在该点处取得极_____值_____．

8. 函数 $z=x^3+xy+y^2-3x-6y$ 的极值点为_____．

9. 设函数 $u=x^{y^z}$，则 $\dfrac{\partial u}{\partial x}=$_____，$\dfrac{\partial u}{\partial y}=$_____，$\dfrac{\partial u}{\partial z}=$_____．

三、单项选择题

1. 设函数 $z=\ln(x^2-y^2)+\arctan(xy)$，则 $\left.\dfrac{\partial z}{\partial x}\right|_{1,0}=(\quad)$．

   A. 2　　　　B. 1　　　　C. $2+\dfrac{\pi}{4}$　　　　D. $1+\dfrac{\pi}{4}$

2. 设 $z=\ln x^2+e^{y^2}$，则 $\dfrac{\partial z}{\partial y}=(\quad)$．

   A. $\dfrac{2}{x}+e^{y^2}$　　　B. $\ln x^2$　　　C. $2ye^{y^2}$　　　D. e^{y^2}

3. 设 $z=e^{xy}+x^2y$，则 $\left.\dfrac{\partial z}{\partial y}\right|_{(1,2)}=(\quad)$．

   A. $e+1$　　　B. e^2+1　　　C. $2e^2+1$　　　D. $2e+1$

4. 设 $z=x^2\sin 3y$，则 $\dfrac{\partial z}{\partial y}=(\quad)$．

   A. $-3x^2\cos 3y$　　B. $-x^2\cos 3y$　　C. $x^2\cos 3y$　　D. $3x^2\cos 3y$

5. 设 $z=\cos(x^2y)$，则 $\dfrac{\partial z}{\partial y}=(\quad)$．

   A. $\sin(x^2y)$　　B. $x^2\sin(x^2y)$　　C. $-\sin(x^2y)$　　D. $-x^2\sin(x^2y)$

6. 设 $z=e^{y^x}$，则 $\dfrac{\partial z}{\partial y}=(\quad)$．

   A. $y^x e^{y^x}$　　B. $y^x e^{y^x}\ln y$　　C. $xy^x e^{y^x}$　　D. $xy^{x-1}e^{y^x}$

7. 设 $z=\ln(x+e^{-y^2})$，则 $\dfrac{\partial z}{\partial x}=(\quad)$．

   A. $\dfrac{1}{x+e^{-y^2}}$　　B. $\dfrac{-2ye^{-y^2}}{x+e^{-y^2}}$　　C. $\dfrac{1-2ye^{-y^2}}{x+e^{-y^2}}$　　D. $\dfrac{e^{-y^2}}{x+e^{-y^2}}$

8. 设 $f(x,y)=\ln\left(x+\dfrac{y}{2x}\right)$，则 $f'_y(1,0)=(\quad)$．

   A. $\dfrac{1}{2}$　　　B. 1　　　C. 2　　　D. 0

9. 设函数 $z = y^x$, 则 $\frac{\partial^2 z}{\partial x \partial y} = ($ $)$.

   A. $xy^{x-1}\ln x$ B. $y^{x-1}(x+\ln y)$ C. $y^{x-1}(x\ln y + 1)$ D. $y^x \ln^2 x$

10. 设 $u = x^2 + 3xy - y^2$, 则 $\frac{\partial^2 u}{\partial x \partial y} = ($ $)$.

    A. -2 B. 2 C. 3 D. 6

11. 设 $z = \sin(x^2 - y^2)$, 则 $\frac{\partial^2 z}{\partial x^2} = ($ $)$.

    A. $-\sin(x^2 - y^2)$ B. $\sin(x^2 - y^2)$
    C. $-4x^2 \sin(x^2 - y^2)$ D. $-4x^2 \sin(x^2 - y^2) + 2\cos(x^2 - y^2)$

12. 设函数 $z = f(x,y) = 3x^2 + 2xy - y^2$, 则 $dz|_{(1,1)} = ($ $)$.

    A. $(6x+2y)dx + (2x-2y)dy$ B. $4dx + 4dy$
    C. $8dx$ D. $(6x-2y)dx + (2x-2y)dy$

13. 设函数 $f(x,y) = \cos(xy)$, 则 $\frac{\partial^2 f}{\partial x^2} = ($ $)$.

    A. $\cos(xy)$ B. $y^2 \cos(xy)$ C. $-y\cos(xy)$ D. $-y^2 \cos(xy)$

14. 设函数 $u = \ln(x^2 + y^2 + z^2)$, 则 $du|_{(1,1,1)} = ($ $)$.

    A. $\frac{1}{3}(dx + dy + dz)$ B. $\frac{2}{3}(dx + dy + dz)$
    C. $dx + dy + dz$ D. $\frac{4}{3}(dx + dy + dz)$

15. 函数 $z = x^y (x > 0, x \neq 1)$, 则 $dz|_{(2,2)} = ($ $)$.

    A. $4(dx + dy)$ B. $4(dx - dy)$ C. $4(dx + \ln 2 dy)$ D. $4(dx - \ln 2 dy)$

16. 若 $u = \sin(y+x) + \sin(y-x)$, 则下列关系式中正确的是($ $).

    A. $\frac{\partial u}{\partial x} = \frac{\partial u}{\partial y}$ B. $\frac{\partial^2 u}{\partial x^2} = \frac{\partial^2 u}{\partial x \partial y}$ C. $\frac{\partial^2 u}{\partial x^2} = \frac{\partial^2 u}{\partial y^2}$ D. $\frac{\partial^2 u}{\partial x \partial y} = \frac{\partial^2 u}{\partial y^2}$

17. 设 $z = u^2 \ln v, u = \varphi(x,y), v = \Psi(y)$ 均为可微函数, 则 $\frac{\partial z}{\partial y} = ($ $)$.

    A. $2u\ln v + \frac{u^2}{v}$ B. $2\varphi_y \ln v + \frac{u^2}{v}$ C. $2u\varphi_y \ln v + \frac{u^2}{v}\Psi_y$ D. $2u\varphi_y \frac{\Psi_y}{v}$

18. 设 $z = \sqrt{1 - x^2 - y^2}$, 则 $dz = ($ $)$.

    A. $\frac{-x}{\sqrt{1-x^2-y^2}}dx$ B. $\frac{-y}{\sqrt{1-x^2-y^2}}dy$
    C. $\frac{1}{\sqrt{1-x^2-y^2}}(dx+dy)$ D. $\frac{-1}{\sqrt{1-x^2-y^2}}(xdx+ydy)$

19. 函数 $f(x,y) = x^2 + xy + y^2 + x - y + 1$ 的驻点为($ $).

    A. $(1,-1)$ B. $(-1,-1)$ C. $(-1,1)$ D. $(1,1)$

20. 设函数 $z = x^2 + y^2 - 2x - 4y$, 则($ $).

    A. 在点 $(1,2)$ 处取最大值 5 B. 在点 $(1,2)$ 处取最小值 -5
    C. 在点 $(0,0)$ 处取最大值 0 D. 在点 $(0,0)$ 处取最小值 0

21. 设函数 $f(x,y)$ 在点 (x_0, y_0) 处具有二阶偏导数, 且在该点 $f'_x(x,y) = 0, f'_y(x,y) = 0$

与 $(f''_{xy})^2 - f''_{xx} \cdot f''_{yy} > 0$,则在该点处函数 $f(x,y)$ ( ).

　　A. 可能取得极值　　B. 取得极大值　　C. 取得极小值　　D. 无极值

22. 点 $(0,0)$ 是函数 $f(x,y) = x^2 - y^2$ 的( ).

　　A. 驻点但不是极值点　B. 极小值点　　C. 极大值点　　D. 非驻点

四、计算题与证明题

1. 设 $z = \sin(xy) + \cos^2(xy)$,求 $\dfrac{\partial z}{\partial x}$.

2. 设 $u = 2\cos^2\left(x - \dfrac{1}{2}y\right)$,求 $\dfrac{\partial u}{\partial x}, \dfrac{\partial u}{\partial y}$.

3. 设 $z = f(x^2, y + 1), x = \sin t, y = t^3$,求 $\dfrac{\mathrm{d}z}{\mathrm{d}t}$.

4. 设 $\mathrm{e}^{x+y}\sin(x+z) = 0$,求 $\dfrac{\partial z}{\partial x}, \dfrac{\partial z}{\partial y}$.

5. 设 $z = \ln(\sqrt{x} + \sqrt{y})$,证明 $x\dfrac{\partial z}{\partial x} + y\dfrac{\partial z}{\partial y} = \dfrac{1}{2}$.

6. 设 $u = \sqrt{x^2 + y^2 + z^2}$,证明: $\left(\dfrac{\partial u}{\partial x}\right)^2 + \left(\dfrac{\partial u}{\partial y}\right)^2 + \left(\dfrac{\partial u}{\partial z}\right)^2 = 1$.

7. 设 $z = f(x^2, y^2)$,其中 $f(u)$ 为可导函数,求证 $y\dfrac{\partial z}{\partial x} - x\dfrac{\partial z}{\partial y} = 0$.

8. 设 $u = x^{\frac{y}{z}}$,求 $\dfrac{\partial u}{\partial x}, \dfrac{\partial u}{\partial y}, \dfrac{\partial z}{\partial z}$.

9. 怎样把一个正数 a 分成三个正数之和,才可使它们的乘积达到最大?

习题详解

一、判断题

1. $f(x,y)$ 的极值点一定是 $f(x,y)$ 的驻点.

答案:错误.

解析:与一元函数类似,一阶偏导数不存在的连续点也可能是极值点. 如 $f(x,y) = \sqrt{x^2 + y^2}$ 在点 $(0,0)$ 处取极小值但非驻点.

2. 点 $(0,0)$ 是函数 $z = 3 - xy$ 的极值点.

答案:错误.

解析:$(0,0)$ 是函数 $z = 3 - xy$ 的驻点,但非 $B^2 - AC > 0$ 极值点.

3. 若 $z = f(x,y)$ 在点 (x_0, y_0) 处的偏导数 $\dfrac{\partial z}{\partial x}, \dfrac{\partial z}{\partial y}$ 都存在,则 $z = f(x,y)$ 在点 (x_0, y_0) 处必连续.

答案:错误.

解析:对多元函数,即使各偏导数在某点都存在,也不能保证函数在该点连续.

4. 若 $z = f(x,y)$ 在点 (x_0, y_0) 处的偏导数 $\dfrac{\partial z}{\partial x}, \dfrac{\partial z}{\partial y}$ 都存在,则 $z = f(x,y)$ 在点 (x_0, y_0) 处全微分 $\mathrm{d}z\bigg|_{(x_0, y_0)}$ 也存在.

答案:错误.

解析：只有当 $z = f(x,y)$ 的偏导数 $\dfrac{\partial z}{\partial x}, \dfrac{\partial z}{\partial y}$ 在点 (x_0, y_0) 处连续时，在该点处的全微分 $dz\big|_{(x_0, y_0)}$ 才存在．

5. 函数 $f(x,y) = x^2 - 2x - y$ 在点 $(1,0)$ 处取得极小值．

答案：错误．

解析：函数 $f(x,y) = x^2 - 2x - y$ 在点 $(1,0)$ 处可导，且 $\dfrac{\partial f}{\partial y} = -1 \neq 0$，$(1,0)$ 不是可微函数 $f(x,y) = x^2 - 2x - y$ 的驻点．在点 $(1,0)$ 处不取得极值．

二、填空题

1. 若 $f(x,y) = \dfrac{x^2 - y^2}{xy}$，则其定义域为_____；$f(1,2) = $_____；$f(-x, -y) = $_____．

答案：$x \neq 0$ 且 $y \neq 0$；$-\dfrac{3}{2}$；$f(x,y)$．

解析：定义域为 $xy \neq 0 \Rightarrow x \neq 0$ 且 $y \neq 0$（xOy 平面两坐标轴以外的区域）

$$f(1,2) = -\dfrac{3}{2}, \quad f(-x, -y) = \dfrac{(-x)^2 - (-y)^2}{(-x)(-y)} = f(x,y).$$

2. 设 $f(x,y) = x^3 y + (y-1)\arccos\sqrt{\dfrac{y}{x}}$，则 $f'_x\left(\dfrac{1}{2}, 1\right) = $_____．

答案：$\dfrac{3}{4}$．

解析：$f'_x\left(\dfrac{1}{2}, 1\right) = f'_x(x,1)\big|_{x=\frac{1}{2}} = (x^3)'\big|_{x=\frac{1}{2}} = 3x^2\big|_{x=\frac{1}{2}} = \dfrac{3}{4}$．

注意：求 $f'_x(x_0, y_0)$ 或 $f'_y(x_0, y_0)$ 时，可先把 y_0 或 x_0 代入求得 $f(x, y_0)$ 或 $f(y, x_0)$，将求偏导转化为求 $f(x, y_0)$ 关于 x 或 $f(x_0, y)$ 关于 y 的一元函数的导数，再把 x_0 或 y_0 代入，即可得到 $f'_x(x_0, y_0)$ 或 $f'_y(x_0, y_0)$．使运算简化．

3. 设 $z = \arctan\dfrac{y}{x}$，则 $\dfrac{\partial^2 z}{\partial x \partial y} = $_____．

答案：$\dfrac{y^2 - x^2}{(x^2 + y^2)^2}$．

解析：
$$\dfrac{\partial z}{\partial x} = \dfrac{1}{1 + \left(\dfrac{y}{x}\right)^2}\left(-\dfrac{y}{x^2}\right) = -\dfrac{y}{x^2 + y^2},$$

$$\dfrac{\partial^2 z}{\partial x \partial y} = \dfrac{\partial}{\partial y}\left(\dfrac{\partial z}{\partial x}\right) = -\dfrac{x^2 + y^2 - 2y^2}{(x^2 + y^2)^2} = \dfrac{y^2 - x^2}{(x^2 + y^2)^2}.$$

4. 设函数 $z = x^2 + xy - y^2$，则 $dz = $_____．

答案：$(2x + y)dx + (x - 2y)dy$．

解析：$dz = \dfrac{\partial z}{\partial x}dx + \dfrac{\partial z}{\partial y}dy = (2x + y)dx + (x - 2y)dy$．

5. 函数 $f(x,y) = x^2 - 4xy + 5y^2 + 2y$ 的驻点是_____．

答案：$(-2, -1)$．

解析：$\begin{cases} f'_x = 2x - 4y = 0 \\ f'_y = 10y - 4x + 2 = 0 \end{cases} \Rightarrow$ 驻点 $(-2, -1)$．

6. 函数 $z=f(x,y)$ 在点 (x_0,y_0) 处满足 $\begin{cases}\dfrac{\partial z}{\partial x}=0,\\ \dfrac{\partial z}{\partial x}=0,\end{cases}$ 又设 $A=f''_{xx}(x_0,y_0)$, $B=f''_{xy}(x_0,y_0)$, $C=f''_{yy}(x_0,y_0)$, 则

当 $B^2-AC<0$ 时, 函数 $z=f(x,y)$ 在点 (x_0,y_0) 处取得_____;

当 $A>0$ 时, 取_____, 当 $A<0$ 时取_____;

当 $B^2-AC>0$ 时, 函数 $z=f(x,y)$ 在点 (x_0,y_0) 处_____;

当 $B^2-AC=0$ 时, 函数 $z=f(x,y)$ 在点 (x_0,y_0) 处_____.

答案: 极值; 极小值; 极大值; 不取得极值; 可能取得极值也可能不取得极值.

解析: 根据二元函数在驻点处取得极值的充分条件.

7. 函数 $z=x^3-6xy-y^2+2$ 有_____个驻点, 其中_____是极值点, 在该点处取得极_____值_____.

答案: 2; $(-6,18)$; 大; 110.

解析: $\begin{cases}\dfrac{\partial z}{\partial x}=3x^2-6y=0\\ \dfrac{\partial z}{\partial y}=-6x-2y=0\end{cases}\Rightarrow$ 驻点 $(0,0)$ 和 $(-6,18)$, 有 2 个驻点.

又 $\dfrac{\partial^2 z}{\partial x^2}=6x$, $\dfrac{\partial^2 z}{\partial x\partial y}=-6$, $\dfrac{\partial^2 z}{\partial y^2}=-2$.

在点 $(0,0)$ 处 $B^2-AC=(-6)^2-0\times(-2)=36>0$ 不取极值.

在点 $(-6,18)$ 处 $B^2-AC=(-6)^2-(-36)\times(-2)=-36<0$, 且 $A=-36<0$ 取极大值
$f(-6,18)=(-6)^3-6\times(-6)\times 18-18^2+2=110$.

8. 函数 $z=x^3+xy+y^2-3x-6y$ 的极值点为_____.

答案: $\left(\dfrac{1}{6},\dfrac{35}{12}\right)$.

解析: $\begin{cases}\dfrac{\partial z}{\partial x}=3x^2+y-3=0\\ \dfrac{\partial z}{\partial y}=x+2y-6=0\end{cases}\Rightarrow$ 驻点 $(0,3)$ 和 $\left(\dfrac{1}{6},\dfrac{35}{12}\right)$,

$\dfrac{\partial^2 z}{\partial x^2}=6x$, $\dfrac{\partial^2 z}{\partial x\partial y}=1$, $\dfrac{\partial^2 z}{\partial y^2}=2$,

在点 $(0,3)$ 处 $B^2-AC=1-0\cdot 2=1>0$ 不取极值. 在点 $\left(\dfrac{1}{6},\dfrac{35}{12}\right)$ 处 $B^2-AC=1-6\times\dfrac{1}{6}\times 2=-1<0$ 取极值.

9. 设函数 $u=x^{y^z}$, 则 $\dfrac{\partial u}{\partial x}=$_____; $\dfrac{\partial u}{\partial y}=$_____; $\dfrac{\partial u}{\partial z}=$_____.

答案: $y^z x^{y^z-1}$; $x^{y^z}\cdot\ln x\cdot z\cdot y^{z-1}$; $x^{y^z}\cdot\ln x\cdot y^z\cdot\ln z$.

解析: $\dfrac{\partial u}{\partial x}=y^z x^{y^z-1}$; $\dfrac{\partial u}{\partial y}=x^{y^z}\cdot\ln x\cdot z\cdot y^{z-1}$; $\dfrac{\partial u}{\partial z}=x^{y^z}\cdot\ln x\cdot y^z\cdot\ln z$.

三、单项选择题

1. 设函数 $z=\ln(x^2-y^2)+\arctan(xy)$, 则 $\left.\dfrac{\partial z}{\partial x}\right|_{(1,0)}=$ (   ).

A. 2   B. 1   C. $2+\dfrac{\pi}{4}$ D. $1+\dfrac{\pi}{4}$

答案：A.

解析：$\dfrac{\partial z}{\partial x}=\dfrac{2x}{x^2-y^2}+\dfrac{y}{1+(xy)^2}$, $\dfrac{\partial z}{\partial x}\bigg|_{(1,0)}=\dfrac{2}{1-0}+\dfrac{0}{1+0}=2$.

2. 设 $z=\ln x^2+\mathrm{e}^{y^2}$, 则 $\dfrac{\partial z}{\partial y}=$ (   ).

   A. $\dfrac{2}{x}+\mathrm{e}^{y^2}$ B. $\ln x^2$ C. $2y\mathrm{e}^{y^2}$ D. e^{y^2}

答案：C.

解析：$\dfrac{\partial z}{\partial y}=\mathrm{e}^{y^2}(y^2)'=2y\mathrm{e}^{y^2}$.

3. 设 $z=\mathrm{e}^{xy}+x^2y$, 则 $\dfrac{\partial z}{\partial y}\bigg|_{(1,2)}=$ (   )

   A. $\mathrm{e}+1$ B. e^2+1 C. $2\mathrm{e}^2+1$ D. $2\mathrm{e}+1$

答案：B.

解析：$\dfrac{\partial z}{\partial y}=x\mathrm{e}^{xy}+x^2$, $\dfrac{\partial z}{\partial y}\bigg|_{(1,2)}=1\cdot\mathrm{e}^2+1$.

4. 设 $z=x^2\sin 3y$, 则 $\dfrac{\partial z}{\partial y}=$ (   ).

   A. $-3x^2\cos 3y$ B. $-x^2\cos 3y$ C. $x^2\cos 3y$ D. $3x^2\cos 3y$

答案：D.

解析：$\dfrac{\partial z}{\partial y}=x^2\cos 3y\cdot 3$.

5. 设 $z=\cos(x^2y)$, 则 $\dfrac{\partial z}{\partial y}=$ (   ).

   A. $\sin(x^2y)$ B. $x^2\sin(x^2y)$ C. $-\sin(x^2y)$ D. $-x^2\sin(x^2y)$

答案：D.

解析：$\dfrac{\partial z}{\partial y}=-x^2\sin(x^2y)$.

6. 设 $z=\mathrm{e}^{y^x}$, 则 $\dfrac{\partial z}{\partial y}=$ (   ).

   A. $y^x\mathrm{e}^{y^x}$ B. $y^x\mathrm{e}^{y^x}\ln y$ C. $xy^x\mathrm{e}^{y^x}$ D. $xy^{x-1}\mathrm{e}^{y^x}$

答案：D.

解析：$\dfrac{\partial z}{\partial y}=\mathrm{e}^{y^x}\cdot x\cdot y^{x-1}$.

7. 设 $z=\ln(x+\mathrm{e}^{-y^2})$, 则 $\dfrac{\partial z}{\partial x}=$ (   ).

   A. $\dfrac{1}{x+\mathrm{e}^{-y^2}}$ B. $\dfrac{-2y\mathrm{e}^{-y^2}}{x+\mathrm{e}^{-y^2}}$ C. $\dfrac{1-2y\mathrm{e}^{-y^2}}{x+\mathrm{e}^{-y^2}}$ D. $\dfrac{\mathrm{e}^{-y^2}}{x+\mathrm{e}^{-y^2}}$

答案：A.

解析：$\dfrac{\partial z}{\partial x}=\dfrac{1}{x+\mathrm{e}^{-y^2}}$.

8. 设 $f(x,y)=\ln(x+\dfrac{y}{2x})$, 则 $f'_y(1,0)=$ (   ).

A. $\dfrac{1}{2}$ B. 1   C. 2   D. 0

答案：A.

解析：$f'_y(x,y) = \dfrac{\frac{1}{2x}}{x+\frac{y}{2x}}$, $f'_y(1,0) = \dfrac{\frac{1}{2}}{1+0} = \dfrac{1}{2}$.

9. 设函数 $z = y^x$，则 $\dfrac{\partial^2 z}{\partial x \partial y} = ($).

   A. $xy^{x-1}\ln x$ B. $y^{x-1}(x+\ln y)$ C. $y^{x-1}(x\ln y + 1)$ D. $y^x \ln^2 x$

答案：B.

解析：$\dfrac{\partial z}{\partial x} = y^x \ln y$, $\dfrac{\partial^2 z}{\partial x \partial y} = xy^{x-1}\ln y + y^x \dfrac{1}{y}$.

10. 设 $u = x^2 + 3xy - y^2$，则 $\dfrac{\partial^2 u}{\partial x \partial y} = ($).

    A. -2 B. 2   C. 3   D. 6

答案：C.

解析：$\dfrac{\partial u}{\partial x} = 2x + 3y, \dfrac{\partial^2 u}{\partial x \partial y} = 3$.

11. 设 $z = \sin(x^2 - y^2)$，则 $\dfrac{\partial^2 z}{\partial x^2} = ($).

    A. $-\sin(x^2 - y^2)$
    B. $\sin(x^2 - y^2)$
    C. $-4x^2 \sin(x^2 - y^2)$
    D. $-4x^2 \sin(x^2 - y^2) + 2\cos(x^2 - y^2)$

答案：D.

解析：$\dfrac{\partial z}{\partial x} = 2x\cos(x^2 - y^2)$,

$\dfrac{\partial^2 z}{\partial x^2} = 2\cos(x^2 - y^2) - 2x\sin(x^2 - y^2)2x = -4x^2\sin(x^2 - y^2) + 2\cos(x^2 - y^2)$.

12. 设函数 $z = f(x,y) = 3x^2 + 2xy - y^2$，则 $dz|_{(1,1)} = ($).
    A. $(6x+2y)dx + (2x-2y)dy$ B. $4dx + 4dy$
    C. $8dx$ D. $(6x-2y)dx + (2x-2y)dy$

答案：C.

解析：$dz = f'_x(x,y)dx + f'_y(x,y)dy = (6x+2y)dx + (2x-2y)dy, dz|_{(1,1)} = 8dx$.

13. 设函数 $f(x,y) = \cos(xy)$，则 $\dfrac{\partial^2 f}{\partial x^2} = ($).

    A. $\cos(xy)$ B. $y^2\cos(xy)$ C. $-y\cos(xy)$ D. $-y^2\cos(xy)$

答案：D.

解析：$\dfrac{\partial f}{\partial x} = -y\sin(xy)$, $\dfrac{\partial^2 f}{\partial x^2} = -y\cos(xy)y = -y^2\cos(xy)$.

14. 设函数 $u = \ln(x^2 + y^2 + z^2)$，则 $du|_{(1,1,1)} = ($).

    A. $\dfrac{1}{3}(dx + dy + dz)$ B. $\dfrac{2}{3}(dx + dy + dz)$

    C. $dx + dy + dz$ D. $\dfrac{4}{3}(dx + dy + dz)$

答案：B.

解析：因为 $du = \frac{\partial u}{\partial x}dx + \frac{\partial u}{\partial y}dy + \frac{\partial u}{\partial z}dz = \frac{2xdx + 2ydy + 2zdz}{x^2 + y^2 + z^2}$,

所以 $du|_{(1,1,1)} = \frac{2(dx + dy + dz)}{3}$.

15. 函数 $z = x^y (x > 0, x \neq 1)$，则 $dz|_{(2,2)} = ($ $)$.

    A. $4(dx + dy)$ B. $4(dx - dy)$ C. $4(dx + \ln 2 dy)$ D. $4(dx - \ln 2 dy)$

答案：C.

解析：因为 $dz = yx^{y-1}dx + x^y \ln x dy$,

所以 $dz|_{(2,2)} = 2 \cdot 2^{2-1}dx + 2^2 \ln 2 dy = 4dx + 4\ln 2 dy = 4(dx + \ln 2 dy)$.

16. 若 $u = \sin(y + x) + \sin(y - x)$，则下列关系式中正确的是（　）.

    A. $\frac{\partial u}{\partial x} = \frac{\partial u}{\partial y}$ B. $\frac{\partial^2 u}{\partial x^2} = \frac{\partial^2 u}{\partial x \partial y}$ C. $\frac{\partial^2 u}{\partial x^2} = \frac{\partial^2 u}{\partial y^2}$ D. $\frac{\partial^2 u}{\partial x \partial y} = \frac{\partial^2 u}{\partial y^2}$

答案：C.

解析：因为 $\frac{\partial u}{\partial x} = \cos(y + x) - \cos(y - x)$, $\frac{\partial u}{\partial y} = \cos(y + x) + \cos(y - x)$,

$\frac{\partial^2 u}{\partial x^2} = -\sin(y + x) - \sin(y - x)$, $\frac{\partial^2 u}{\partial y^2} = -\sin(y + x) - \sin(y - x)$,

$\frac{\partial^2 u}{\partial x \partial y} = -\cos(y + x) - \cos(y - x)$.

17. 设 $z = u^2 \ln v, u = \varphi(x, y), v = \Psi(y)$ 均为可微函数，则 $\frac{\partial z}{\partial y} = ($ $)$.

    A. $2u \ln v + \frac{u^2}{v}$ B. $2\varphi_y \ln v + \frac{u^2}{v}$ C. $2u\varphi_y \ln v + \frac{u^2}{v}\Psi_y$ D. $2u\varphi_y \frac{\Psi_y}{v}$

答案：C.

解析：$\frac{\partial z}{\partial y} = \frac{\partial z}{\partial u} \cdot \frac{\partial u}{\partial y} + \frac{\partial z}{\partial v} \cdot \frac{\partial v}{\partial y} = 2u \cdot \varphi_y \cdot \ln v + u^2 \cdot \frac{1}{v} \cdot \Psi_y$.

18. 设 $z = \sqrt{1 - x^2 - y^2}$，则 $dz = ($ $)$.

    A. $\frac{-x}{\sqrt{1 - x^2 - y^2}}dx$ B. $\frac{-y}{\sqrt{1 - x^2 - y^2}}dy$

    C. $\frac{1}{\sqrt{1 - x^2 - y^2}}(dx + dy)$ D. $\frac{-1}{\sqrt{1 - x^2 - y^2}}(xdx + ydy)$

答案：D.

解析：$dz = \frac{-x}{\sqrt{1 - x^2 - y^2}}dx + \frac{-y}{\sqrt{1 - x^2 - y^2}}dy = \frac{-1}{\sqrt{1 - x^2 - y^2}}(xdx + ydy)$.

19. 函数 $f(x, y) = x^2 + xy + y^2 + x - y + 1$ 的驻点为（　）.

    A. $(1, -1)$ B. $(-1, -1)$ C. $(-1, 1)$ D. $(1, 1)$

答案：C.

解析：$\begin{cases} \frac{\partial z}{\partial x} = 2x + y + 1 = 0, \\ \frac{\partial z}{\partial y} = x + 2y - 1 = 0, \end{cases}$ 解得驻点 $(-1, 1)$.

20. 设函数 $z = x^2 + y^2 - 2x - 4y$，则（　）.

A. 在点(1,2)处取最大值 5　　　　B. 在点(1,2)处取最小值 -5
C. 在点(0,0)处取最大值 0　　　　D. 在点(0,0)处取最小值 0

答案: B.

解析: 因为 $\begin{cases} \dfrac{\partial z}{\partial x} = 2x - 2 = 0, \\ \dfrac{\partial z}{\partial y} = 2y - 4 = 0, \end{cases} \Rightarrow$ 驻点 $(1,2)$,

又 $\dfrac{\partial^2 z}{\partial x^2} = 2$, $\dfrac{\partial^2 z}{\partial x \partial y} = 0$, $\dfrac{\partial^2 z}{\partial y^2} = 2$, $B^2 - AC = 0 - 2 \times 2 = -4 < 0$,

且 $A = 2 > 0$, $z|_{(1,2)} = -5$.

21. 设函数 $f(x,y)$ 在点 (x_0, y_0) 处具有二阶偏导数,且在该点 $f'_x(x,y) = 0$, $f'_y(x,y) = 0$ 与 $(f''_{xy})^2 - f''_{xx} \cdot f''_{yy} > 0$, 则在该点处函数 $f(x,y)$ (　　).

A. 可能取得极值　　B. 取得极大值　　C. 取得极小值　　D. 无极值

答案: D.

解析: 根据二元函数极值的判定法则.

22. 点 $(0,0)$ 是函数的 $f(x,y) = x^2 - y^2$ 的 (　　).

A. 驻点但不是极值点　　B. 极小值点　　C. 极大值点　　D. 非驻点

答案: A.

解析: $\begin{cases} f'_x = 2x = 0, \\ f'_y = -2y = 0, \end{cases}$ 解得驻点 $(0,0)$,

又因为 $f''_{xx} = 2$, $f''_{yy} = -2$, $f''_{xy} = 0$. $B^2 - AC = 0 - 2 \times (-2) = 4 > 0$,

所以,根据极值存在的充分条件可知,函数在驻点 $(0,0)$ 处不取极值,即驻点 $(0,0)$ 不是极值点.

四、计算题与证明题

1. 设 $z = \sin(xy) + \cos^2(xy)$, 求 $\dfrac{\partial z}{\partial x}$.

解: $\dfrac{\partial z}{\partial x} = y\cos(xy) - 2\cos(xy)\sin(xy)y = y\cos(xy) - y\sin(2xy)$.

2. 设 $u = 2\cos^2\left(x - \dfrac{1}{2}y\right)$, 求 $\dfrac{\partial u}{\partial x}, \dfrac{\partial u}{\partial y}$.

解: $\dfrac{\partial u}{\partial x} = -4\cos\left(x - \dfrac{y}{2}\right)\sin\left(x - \dfrac{y}{2}\right) = -2\sin 2\left(x - \dfrac{y}{2}\right)$,

$\dfrac{\partial u}{\partial y} = -4\cos\left(x - \dfrac{y}{2}\right)\sin\left(x - \dfrac{y}{2}\right) \cdot \left(-\dfrac{1}{2}\right) = \sin 2\left(x - \dfrac{y}{2}\right)$.

3. 设 $z = f(x^2, y + 1)$, $x = \sin t$, $y = t^3$, 求 $\dfrac{dz}{dt}$.

解: $\dfrac{dz}{dt} = \dfrac{\partial z}{\partial x} \cdot \dfrac{dx}{dt} + \dfrac{\partial z}{\partial y} \cdot \dfrac{dy}{dt} = 2x f'_x\left(x^2, \dfrac{y}{2}\right) \cdot \cos t + f'_y\left(x^2, \dfrac{y}{2}\right) \times \dfrac{1}{2} \times 3t^2$.

4. 设 $e^{x+y}\sin(x+z) = 0$, 求 $\dfrac{\partial z}{\partial x}, \dfrac{\partial z}{\partial y}$.

解: 设 $F(x,y,z) = e^{x+y}\sin(x+z) = 0$,

$\dfrac{\partial z}{\partial x} = -\dfrac{F'_x}{F'_z} = -\dfrac{e^{x+y}[\sin(x+z) + \cos(x+z)]}{e^{x+y}\cos(x+z)} = -[\tan(x+z) + 1]$,

$$\frac{\partial z}{\partial y} = \frac{-F'_y}{F'_z} = -\frac{e^{x+y}\sin(x+z)}{e^{x+y}\cos(x+z)} = -\tan(x+z).$$

5. 设 $z = \ln(\sqrt{x} + \sqrt{y})$，证明：$x\frac{\partial z}{\partial x} + y\frac{\partial z}{\partial y} = \frac{1}{2}$.

证明：因为 $\frac{\partial z}{\partial x} = \frac{1}{2\sqrt{x}} \cdot \frac{1}{\sqrt{x}+\sqrt{y}}, \frac{\partial z}{\partial y} = \frac{1}{2\sqrt{y}} \cdot \frac{1}{\sqrt{x}+\sqrt{y}}$,

把 $\frac{\partial z}{\partial x}, \frac{\partial z}{\partial y}$ 代入方程得

$$x\frac{\partial z}{\partial x} + y\frac{\partial z}{\partial y} = x \cdot \frac{1}{2\sqrt{x}} \cdot \frac{1}{\sqrt{x}+\sqrt{y}} + y \cdot \frac{1}{2\sqrt{y}} \cdot \frac{1}{\sqrt{x}+\sqrt{y}} = \frac{1}{2}.$$

6. 设 $u = \sqrt{x^2+y^2+z^2}$，证明：$\left(\frac{\partial u}{\partial x}\right)^2 + \left(\frac{\partial u}{\partial y}\right)^2 + \left(\frac{\partial u}{\partial z}\right)^2 = 1$.

证明：因为 $\frac{\partial u}{\partial x} = \frac{x}{\sqrt{x^2+y^2+z^2}}, \frac{\partial u}{\partial y} = \frac{y}{\sqrt{x^2+y^2+z^2}}, \frac{\partial u}{\partial z} = \frac{z}{\sqrt{x^2+y^2+z^2}}$,

所以 $\left(\frac{\partial u}{\partial x}\right)^2 + \left(\frac{\partial u}{\partial y}\right)^2 + \left(\frac{\partial u}{\partial z}\right)^2 = \left(\frac{x}{\sqrt{x^2+y^2+z^2}}\right)^2 + \left(\frac{x}{\sqrt{x^2+y^2+z^2}}\right)^2 + \left(\frac{x}{\sqrt{x^2+y^2+z^2}}\right)^2$

$$= \frac{x^2+y^2+z^2}{x^2+y^2+z^2} = 1.$$

7. 设 $z = f(x^2, y^2)$，其中 $f(u)$ 为可导函数，求证 $y\frac{\partial z}{\partial x} - x\frac{\partial z}{\partial y} = 0$.

证明：$y\frac{\partial z}{\partial x} - x\frac{\partial z}{\partial y} = y \cdot f'(x^2+y^2) \cdot 2x - x \cdot f'(x^2+y^2) \cdot 2y = 0.$

8. 设 $u = x^{\frac{y}{z}}$，求 $\frac{\partial u}{\partial x}, \frac{\partial u}{\partial y}, \frac{\partial u}{\partial z}$.

解：$\frac{\partial u}{\partial x} = \frac{y}{z}x^{\frac{y}{z}-1}$, $\frac{\partial u}{\partial y} = \frac{1}{y}x^{\frac{y}{z}}\ln x$, $\frac{\partial u}{\partial y} = \frac{\partial u}{\partial z} = -\frac{y}{z^2}x^{\frac{y}{z}}\ln x$.

9. 怎样把一个正数 a 分成三个正数之和，才可使它们的乘积达到最大？

解：设这三个正数分别是 x, y, z，它们的乘积为 u，则

$$u = xyz, \quad 又 \quad x+y+z = a \Rightarrow z = a-x-y,$$

故 $u = xy(a-x-y), x>0, y>0, x+y<a$,

$$\frac{\partial u}{\partial x} = y(a-x-y) - xy = y(a-2x-y),$$

$$\frac{\partial u}{\partial y} = x(a-x-y) - xy = x(a-x-2y),$$

令 $\frac{\partial u}{\partial x} = 0, \frac{\partial u}{\partial y} = 0$ 得到唯一的驻点 $\left(\frac{a}{3}, \frac{a}{3}\right)$，则 $z = \frac{a}{3}$,

即把一个正数 a 分成三个相等的正数之和，才可使它们的乘积达到最大.

第八章 无穷级数

教学要求

(1) 理解无穷级数的概念,级数收敛、发散的定义及性质.
(2) 掌握级数收敛、发散的判断法则.
(3) 会求幂级数的收敛半径和收敛区间. 能用直接、间接法将函数展开为幂级数. 会求收敛区间内幂级数的和函数.

知识梳理

一、常数项级数的概念

(1) 设给定一个数列 $u_1, u_2, \cdots, u_n, \cdots$,则和式

$$\sum_{n=1}^{\infty} u_n = u_1 + u_2 + \cdots + u_n + \cdots$$

称为无穷级数. 其中,u_n 叫做级数的一般项.

(2) 对数列 $u_1, u_2, \cdots, u_n, \cdots$,其前 n 项和 $s_n = u_1 + u_2 + \cdots + u_n$. 数列 $s_1, s_2, \cdots s_n$,如果当 $n \to \infty$ 时的极限存在,即有 $\lim\limits_{n \to \infty} s_n = s$,则称级数 $\sum\limits_{n=1}^{\infty} u_n$ 收敛(收敛于 s),否则,称级数 $\sum\limits_{n=1}^{\infty} u_n$ 发散.

等比级数 $a + aq + aq^2 + aq^3 + \cdots + aq^{n-1} + \cdots$ 敛散性的讨论如下:

$$s_n = \frac{a(1-q^n)}{1-q}, \quad \lim_{n \to \infty} s_n = \lim_{n \to \infty} \frac{a(1-q^n)}{1-q} = \begin{cases} \dfrac{a}{1-q}, & |q| < 1, \\ \infty, & |q| \geqslant 1, \end{cases}$$

即等比级数只有当公比的绝对值小于 1 时才收敛. 记住这个重要结论.

二、无穷级数的基本性质

(1) 对于级数 $\sum\limits_{n=1}^{\infty} u_n$,如果在其前面去掉或加上有限项,其敛散性不变.

(2) 对于级数 $\sum\limits_{n=1}^{\infty} u_n$,如果加括号后得到的新级数发散,则原级数发散.

性质(2)可用于判断某级数发散,但若一个级数加括号后得到的新级数收敛,原级数却不一定收敛. 例如,级数 $1 - 1 + 1 - 1 + \cdots$,加括号后得到的新级数 $(1-1) + (1-1) + \cdots$ 虽收敛,但原级数 $1 - 1 + 1 - 1 + \cdots$ 却是发散的.

(3) 若级数 $\sum_{n=1}^{\infty} u_n$ 收敛,则 $\lim_{n\to\infty} u_n = 0$(级数收敛的必要条件).

这是因为 $u_n = s_n - s_{n-1} \Rightarrow \lim_{n\to\infty} u_n = \lim_{n\to\infty}(s_n - s_{n-1}) = s - s = 0$. 这是一个级数收敛必须满足的条件,某级数的一般项不以零为极限,则其必定发散. 例如级数

$$\frac{1}{2} - \frac{2}{3} + \frac{3}{4} - \cdots + (-1)^{n-1}\frac{n}{n+1} + \cdots$$

的一般项是 $u_n = (-1)^{n-1}\frac{n}{n+1}$,当 $n\to\infty$ 时,极限不为零,则它是发散的.

应当强调的是:性质(3)仅是级数收敛的必要条件,不是充分条件. 又如调和级数

$$1 + \frac{1}{2} + \frac{1}{3} + \cdots + \frac{1}{n} + \cdots$$

的一般项 $u_n = \frac{1}{n} \to 0(n\to\infty)$,但它却是发散的. 因为把它的两项,两项,四项,八项,…,2^m 项,… 顺序地括在一起:

$$\left(1 + \frac{1}{2}\right) + \left(\frac{1}{3} + \frac{1}{4}\right) + \left(\frac{1}{5} + \frac{1}{6} + \frac{1}{7} + \frac{1}{8}\right) + \cdots + \left(\frac{1}{2^m+1} + \frac{1}{2^m+2} + \cdots + \frac{1}{2^{m+1}}\right) + \cdots$$

由于

$$1 + \frac{1}{2} > \frac{1}{2}, \quad \frac{1}{3} + \frac{1}{4} > \frac{1}{4} + \frac{1}{4} = \frac{1}{2},$$

$$\frac{1}{5} + \frac{1}{6} + \frac{1}{7} + \frac{1}{8} > \frac{1}{8} + \frac{1}{8} + \frac{1}{8} + \frac{1}{8} = \frac{1}{2},$$

$$\frac{1}{2^m+1} + \frac{1}{2^m+2} + \frac{1}{2^{m+1}} + \cdots + \frac{1}{2^{m+1}} > \frac{1}{2^{m+1}} + \frac{1}{2^{m+1}} + \cdots + \frac{1}{2^{m+1}} = \frac{1}{2},$$

这个加括号的级数前 $(m+1)$ 项的和大于 $\frac{1}{2}(m+1)$,所以这个级数发散,据性质(2)可知,调和级数 $\sum_{n=1}^{\infty} \frac{1}{n}$ 发散.

三、常数项级数审敛法

1. 正项级数审敛法

如果 $u_n \geq 0 (n = 1, 2, \cdots, n, \cdots)$ 则称级数 $\sum_{n=1}^{\infty} u_n$ 为正项级数.

(1) 比较审敛法   对两个正项级数 $\sum_{n=1}^{\infty} u_n$ 和 $\sum_{n=1}^{\infty} v_n$,如果满足(或自某项后满足)$u_n \leq kv_n$,k 为常数,$n \in \mathbf{N}^+$. 那么:

① 当级数 $\sum_{n=1}^{\infty} v_n$ 收敛时,级数 $\sum_{n=1}^{\infty} u_n$ 也收敛;

② 当级数 $\sum_{n=1}^{\infty} u_n$ 发散时,级数 $\sum_{n=1}^{\infty} v_n$ 也发散.

(2) 比值审敛法   设正项级数 $\sum_{n=1}^{\infty} u_n$,$\rho = \lim_{n\to\infty} \frac{u_{n+1}}{u_n}$,则 $\rho < 1$ 时级数收敛,$\rho > 1$ 时级数发散,$\rho = 1$ 时不能确定.

例如,讨论 p 级数 $1 + \frac{1}{2^p} + \frac{1}{3^p} + \cdots + \frac{1}{n^p} + \cdots$ 的敛散性,其中常数 $p > 0$.

当 $p \leqslant 1$ 时,有 $\dfrac{1}{n^p} \geqslant \dfrac{1}{n}$,因调和级数 $\sum\limits_{n=1}^{\infty} \dfrac{1}{n}$ 发散,由比较审敛法可知级数 $\sum\limits_{n=1}^{\infty} \dfrac{1}{n^p}$ 发散.

当 $p > 1$ 时,$\dfrac{1}{n^p} = \int_{n-1}^{n} \dfrac{1}{n^p} \mathrm{d}x$,因为 $n-1 \leqslant x \leqslant n$,所以 $\dfrac{1}{n^p} \leqslant \dfrac{1}{x^p}$,

于是
$$S_n = 1 + \dfrac{1}{2^p} + \dfrac{1}{3^p} + \cdots + \dfrac{1}{n^p} = 1 + \int_{1}^{2} \dfrac{1}{2^p} \mathrm{d}x + \int_{2}^{3} \dfrac{1}{3^p} \mathrm{d}x + \int_{n-1}^{n} \dfrac{1}{n^p} \mathrm{d}x,$$
$$< 1 + \int_{1}^{2} \dfrac{1}{x^p} \mathrm{d}x + \int_{2}^{3} \dfrac{1}{x^p} \mathrm{d}x + \int_{n-1}^{n} \dfrac{1}{x^p} \mathrm{d}x = 1 + \int_{1}^{n} \dfrac{1}{x^p} \mathrm{d}x$$
$$= 1 + \dfrac{1}{(1-p)n^{p-1}} - \dfrac{1}{1-p} = 1 + \dfrac{1}{p-1}\left(1 - \dfrac{1}{n^{p-1}}\right) < 1 + \dfrac{1}{p-1},$$

所以,当 $p > 1$ 时级数 $\sum\limits_{n=1}^{\infty} \dfrac{1}{n^p}$ 收敛. 这也是需要记住的基本结论.

2. 交错级数审敛法(莱布尼兹定理)

(1) 交错级数　级数 $\sum\limits_{n=1}^{\infty} (-1)^n u_n$(其中 $u_n \geqslant 0, n \in \mathbf{N}$)如果满足:

① $u_n \geqslant u_{n+1} (n \in \mathbf{N}^+)$;

② $\lim\limits_{n \leftarrow \infty} u_n = 0.$

则交错级数 $\sum\limits_{n=1}^{\infty} (-1)^n u_n$ 收敛.

(2) 级数 $\sum\limits_{n=1}^{\infty} (-1)^n \dfrac{1}{n}$ 的敛散性的判断　根据莱布尼兹定理可知,这个交错级数满足

① $u_n = \dfrac{1}{n} \geqslant u_{n+1} = \dfrac{1}{n+1} (n \in \mathbf{N}^+)$,

② $\lim\limits_{n \leftarrow \infty} u_n = \lim\limits_{n \to \infty} \dfrac{1}{n} = 0,$

所以级数 $\sum\limits_{n=1}^{\infty} (-1)^n \dfrac{1}{n}$ 收敛.

四、函数项级数

1. 函数项级数的概念

如果给定一个定义在区间 I 上的函数列:$u_1(x), u_2(x), u_3(x), \cdots, u_n(x), \cdots$ 则它们的和式:

$$u_1(x) + u_2(x) + u_3(x) + \cdots + u_n(x) + \cdots \qquad (8-1)$$

称为定义在 I 上的函数项级数;对于每一个确定的 $x_0 \in I$,函数项级数式(8-1)称为常数项级数.

$$u_1(x_0) + u_2(x_0) + u_3(x_0) + \cdots + u_n(x_0) + \cdots \qquad (8-2)$$

如果级数式(8-2)收敛,x_0 就称为函数项级数式(8-1)的收敛点;如果级数(8-2)发散,x_0 就称为函数项级数式(8-1)的发散点. 函数项级数式(8-1)的收敛点的全体称为它的收敛域,发散点的全体称为它的发散域.

函数项级数(1)的收敛域内任意一点处,其收敛式

$$u_1(x) + u_2(x) + u_3(x) + \cdots + u_n(x) + \cdots = s(x),$$

其中,$s(x)$ 称为函数项级数(1)在其收敛域内的和函数.

2. 幂级数及其收敛域

形如
$$a_0 + a_1 x + a_2 x^2 + \cdots + a_n x^n + \cdots \tag{8-3}$$

的函数项级数称为 x 的幂级数.

阿贝尔定理 如果是 $x_0 \neq 0$ 幂级数(3)的收敛点,则对一切满足 $|x| < |x_0|$ 的点 x,幂级数(3)都绝对收敛. 如果 x_0 是幂级数(3)的发散点,则对一切满足 $|x| > |x_0|$ 的点 x,幂级数(3)都发散.

设幂级数 $a_0 + a_1 x + a_2 x^2 + \cdots + a_n x^n + \cdots = \sum\limits_{n=0}^{\infty} a_n x^n$ 的收敛半径为 R,则

$$R = \lim_{n \to \infty} \left| \frac{a_n}{a_{n+1}} \right|,$$

当 $R = 0$ 时,幂级数 $\sum\limits_{n=0}^{\infty} a_n x^n$ 仅在 $x = 0$ 一点处收敛.

当 $R = +\infty$ 时,收敛域为 $(-\infty, +\infty)$.

3. 麦克劳林级数

若函数 $f(x)$ 在 $x = 0$ 点的一个邻域内具有各阶导数,则函数 $f(x)$ 在该邻域内可展成麦克劳林级数

$$f(x) = f(0) + f'(0)x + \frac{f''(0)}{2!}x^2 + \frac{f'''(0)}{3!}x^3 + \cdots + \frac{f^{(n)}(0)}{n!}x^n + \cdots,$$

$f(x)$ 的麦克劳林级数就是 x 的幂级数,$a_n = \dfrac{f^{(n)}(x)}{n!}$,

即
$$f(x) = \sum_{n=0}^{\infty} \frac{f^{(n)}(x)}{n!} x^n.$$

例 8-1 将 $f(x) = e^x$ 展开成为 x 的幂级数,并求其收敛域.

解:因为 $f^{(n)}(x) = e^x$,$f^{(n)}(0) = 1$ $(n = 0, 1, 2, \cdots)$,

所以
$$f(x) = e^x = 1 + x + \frac{x^2}{2!} + \cdots + \frac{x^n}{n!} + \cdots,$$

收敛半径 $R = \lim\limits_{n \to \infty} \left| \dfrac{a_n}{a_{n+1}} \right| = \lim\limits_{n \to \infty} \left| \dfrac{\frac{1}{n!}}{\frac{1}{(n+1)!}} \right| = \lim\limits_{n \to \infty} \dfrac{(n+1)!}{n!} = \lim\limits_{n \to \infty}(n+1) = +\infty$,

所以 $f(x) = e^x = 1 + x + \dfrac{x^2}{2!} + \cdots + \dfrac{x^n}{n!} + \cdots$ 的收敛域为 $(-\infty, +\infty)$.

展开函数 $f(x) = \sin x$ 为 x 的幂级数.

因为 $f^{(n)}(x) = \sin\left(x + \dfrac{n\pi}{2}\right)$,

$f(0) = 0$, $f'(0) = 1$, $f''(0) = 0$, $f'''(0) = -1, \cdots$

$f^{(2n)}(0) = \sin n\pi = 0 \, (n = 0, 1, 2, \cdots)$

$f^{(2n+1)}(0) = \sin\left(n\pi + \dfrac{\pi}{2}\right) = (-1)^n \, (n = 0, 1, 2, \cdots)$,

因此 $\sin x = x - \dfrac{1}{3!}x^3 + \dfrac{1}{5!}x^5 - \dfrac{1}{7!}x^7 + \cdots + \dfrac{(-1)^n}{(2n+1)!}x^{2n+1} + \cdots \; n \in \mathbf{N}$.

可以求得其收敛域为 $(-\infty, +\infty)$.

4. 幂级数的微积分性质

设幂级数 $\sum_{n=0}^{\infty} a_n x^n = s(x)$ 的收敛半径为 R,则在 $(-R,R)$ 内幂级数可以逐项微分或逐项积分,且收敛半径不变.

例 8 – 2 展开函数 $f(x) = \cos x$ 为 x 的幂级数.

解:$\sin x = x - \dfrac{1}{3!}x^3 + \dfrac{1}{5!}x^5 - \dfrac{1}{7!}x^7 + \cdots + \dfrac{(-1)^n}{(2n+1)!}x^{2n+1} + \cdots \quad n \in \mathbf{N}$,

两边求导得

$$\cos x = 1 - \frac{x^2}{2!} + \frac{x^4}{4!} - \frac{x^6}{6!} + \cdots + (-1)^n \frac{x^{2n}}{(2n)!} + \cdots \quad (-\infty, +\infty).$$

这与按 $f(x) = \sum_{n=0}^{\infty} \dfrac{f^{(n)}(0)}{n!}x^n$ 的方式得到的结果是一致的.

5. 泰勒级数

若函数 $f(x)$ 在 $x = x_0$ 点处的一个邻域内具有各阶导数,则函数 $f(x)$ 在该邻域内可展成泰勒级数

$$f(x) = f(x_0) + f'(x_0)(x - x_0) + \frac{f''(x_0)}{2!}(x - x_0)^2 + \cdots + \frac{f^{(n)}(x_0)}{n!}(x - x_0)^n + \cdots,$$

泰勒级数可以看作是麦克劳林级数的推广.

练习题

一、判断题

1. 如果 $\lim\limits_{n \to \infty} a_n = 0$,则级数 $\sum_{n=1}^{\infty} a_n$ 收敛. ( )

2. 如果级数 $\sum_{n=1}^{\infty} a_n$ 发散,则对任意常数 k,级数 $\sum_{n=1}^{\infty} k a_n$ 都发散. ( )

3. 如果级数 $\sum_{n=1}^{\infty} a_n$ 收敛,且 $a_n \neq 0$,则级数 $\sum_{n=1}^{\infty} \dfrac{1}{a_n}$ 必发散. ( )

4. 级数的敛散性不因增加或减少有限项而改变. ( )

5. 若级数 $\sum_{n=1}^{\infty} a_n$ 绝对收敛,则 $\sum_{n=1}^{\infty} a_n$ 必为正项级数. ( )

二、填空题

1. 等比级数 $\sum_{n=1}^{\infty} a q^{n-1}$(常数 $a \neq 0$)当_____时收敛,当_____时发散.

2. p 级数 $\sum_{n=1}^{\infty} \dfrac{1}{n^p}$ 当_____时收敛,当_____时发散.

3. 设 $0 \leq u_n \leq v_n$,若 $\sum_{n=1}^{\infty} v_n$ 收敛,则 $\sum_{n=1}^{\infty} u_n$ 必_____;若 $\sum_{n=1}^{\infty} u_n$ 发散,则 $\sum_{n=1}^{\infty} v_n$ 必_____;而若 $\sum_{n=1}^{\infty} u_n$ 收敛,则 $\sum_{n=1}^{\infty} v_n$ _____;若 $\sum_{n=1}^{\infty} v_n$ 发散,则 $\sum_{n=1}^{\infty} u_n$ _____.

4. 设正项级数 $\sum_{n=1}^{\infty} u_n, \rho = \lim\limits_{n \to \infty} \dfrac{u_{n+1}}{u_n}$. 则当 $\rho < 1$ 时级数_____,$\rho > 1$ 时级数_____,$\rho = $

1 时级数_____.

5. 如果级数 $\sum_{n=1}^{\infty} u_n$ 收敛,而级数 $\sum_{n=1}^{\infty} |u_n|$ 发散,则称级数 $\sum_{n=1}^{\infty} u_n$ _____;如果级数 $\sum_{n=1}^{\infty} u_n$ 收敛,而级数 $\sum_{n=1}^{\infty} |u_n|$ 也收敛,则称级数 $\sum_{n=1}^{\infty} u_n$ _____.

6. 如果 $x_0 \neq 0$ 是幂级数 $\sum_{n=0}^{\infty} a_n x^n$ 的收敛点,则对一切满足 $|x| < |x_0|$ 的点 x,幂级数 $\sum_{n=0}^{\infty} a_n x^n$ 都_____. 如果 x_0 是幂级数 $\sum_{n=0}^{\infty} a_n x^n$ 的发散点,则对一切满足 $|x| > |x_0|$ 的点 x,幂级数 $\sum_{n=0}^{\infty} a_n x^n$ 都_____.

7. 设幂级数 $\sum_{n=0}^{\infty} a_n x^n = s(x)$ 的收敛半径为 R,则在 $(-R, +R)$ 内,幂级数可以逐项微分或逐项积分,且收敛半径_____. 但当 R 为一非零常数时,端点 $x = \pm R$ 处的敛散性可能发生_____.

8. $\sin x$ 的麦克劳林级数展开式为_____.

9. $\cos x$ 的麦克劳林级数展开式为_____.

10. 当 $|x| < 1$ 时,幂级数 $1 - x^2 + x^3 - x^4 + \cdots$ 的和函数为_____.

三、单项选择题

1. 若级数 $\sum_{n=1}^{\infty} a_n$ 收敛,则( ).

   A. $\lim_{n \to \infty} a_n = \infty$ B. $\lim_{n \to \infty} a_n = 1$ C. $\lim_{n \to \infty} a_n = 0$ D. $\lim_{n \to \infty} a_n \neq 0$

2. 若 $\lim_{n \to \infty} u_n = 0$,则无穷级数 $\sum_{n=1}^{\infty} u_n$ ( ).

   A. 条件收敛   B. 绝对收敛
   C. 发散   D. 不能确定是否收敛或发散

3. 级数 $\sum_{n=1}^{\infty} \dfrac{n}{1+n}$ ( ).

   A. 收敛   B. 绝对收敛   C. 敛散性无法判断   D. 发散

4. 下列级数中发散的是( ).

   A. $\sum_{n=1}^{\infty} \dfrac{(-1)^n}{\sqrt{n(n-1)}}$ B. $\sum_{n=1}^{\infty} \dfrac{(-1)^n}{r^n} (|r| > 1)$
   C. $\sum_{n=1}^{\infty} \dfrac{1}{\ln(n+1)}$ D. $\sum_{n=1}^{\infty} \dfrac{1}{3^{n-1}}$

5. 级数 $\sum_{n=1}^{\infty} (\ln x)^n$ 的收敛范围是( ).

   A. $x < e$ B. $x > \dfrac{1}{e}$ C. $\dfrac{1}{e} \leq x \leq e$ D. $\dfrac{1}{e} < x < e$

6. 下列级数中收敛的是( ).

   A. $\sum_{n=1}^{\infty} \dfrac{n}{n+1}$ B. $\sum_{n=1}^{\infty} \dfrac{1}{n\sqrt{n+1}}$ C. $\sum_{n=1}^{\infty} \dfrac{1}{2(n+1)}$ D. $\sum_{n=1}^{\infty} \dfrac{1}{(n+1)^{\frac{1}{2}}}$

7. 在下列级数中,发散的是( ).

   A. $\sum\limits_{n=1}^{\infty} \dfrac{2}{3^n}$
   B. $\sum\limits_{n=1}^{\infty} \dfrac{(-1)^{n-1}}{\sqrt{n}}$
   C. $\sum\limits_{n=1}^{\infty} \dfrac{n^2}{3n^4+1}$
   D. $\sum\limits_{n=1}^{\infty} \dfrac{1}{\sqrt[3]{n(n+1)}}$

8. 级数 $\sum\limits_{n=1}^{\infty}(\lg x)^n$ 的收敛区间是( ).

   A. $(-1,1)$ B. $(-10,10)$ C. $\left(-\dfrac{1}{10},\dfrac{1}{10}\right)$ D. $\left(\dfrac{1}{10},10\right)$

9. 级数 $\sum\limits_{n=1}^{\infty}\ln\left(1+\dfrac{1}{n}\right)$ ( ).

   A. 收敛 B. 绝对收敛 C. 不一定发散 D. 发散

10. 设正项级数 $\sum\limits_{n=1}^{\infty}a_n$ 收敛,则下列级数中一定收敛的是( ).

    A. $\sum\limits_{n=1}^{\infty}\dfrac{1}{a_n}$
    B. $\sum\limits_{n=1}^{\infty}\sqrt{a_n}$
    C. $\sum\limits_{n=1}^{\infty}(a_n+1)$
    D. $\sum\limits_{n=1}^{\infty}(-1)^n a_n$

11. 下列级数中,条件收敛的是( ).

    A. $\sum\limits_{n=1}^{\infty}(-1)^{n-1}\left(\dfrac{2}{3}\right)^n$
    B. $\sum\limits_{n=1}^{\infty}(-1)^{n-1}\dfrac{n}{\sqrt{n^2+2}}$
    C. $\sum\limits_{n=1}^{\infty}(-1)^{n-1}\dfrac{1}{\sqrt[3]{n}}$
    D. $\sum\limits_{n=1}^{\infty}(-1)^{n-1}\dfrac{1}{\sqrt{5n^3}}$

12. 级数 $\sum\limits_{n=2}^{\infty}\dfrac{(-1)^n}{\ln n}$ ( ).

    A. 绝对收敛 B. 条件收敛 C. 发散 D. 敛散性不能确定

13. 如果级数 $\sum\limits_{n=1}^{\infty}a_n$ 收敛,则下列结论正确的是( ).

    A. $\sum\limits_{n=1}^{\infty}a_n$ 绝对收敛
    B. $\sum\limits_{n=1}^{\infty}|a_n|$ 一定发散
    C. $\sum\limits_{n=1}^{\infty}|a_n|$ 一定收敛
    D. $\sum\limits_{n=1}^{\infty}|a_n|$ 可能收敛,也可能发散

14. 下列级数中条件收敛的是( ).

    A. $\sum\limits_{n=1}^{\infty}(-1)^{n+1}\dfrac{1}{\sqrt{n}}$
    B. $\sum\limits_{n=1}^{\infty}(-1)^{n+1}\dfrac{n}{3^{n+1}}$
    C. $\sum\limits_{n=1}^{\infty}(-1)^{n+1}\dfrac{\sin\dfrac{\pi}{n+1}}{\pi^n}$
    D. $\sum\limits_{n=1}^{\infty}(-1)^{n+1}\dfrac{1}{n^{\pi}}$

15. 设 $\lim\limits_{n\to\infty}a_n \neq 0$,则级数 $\sum\limits_{n=1}^{\infty}a_n$ ( ).

    A. 绝对收敛 B. 条件收敛 C. 收敛 D. 发散

16. 关于级数 $\sum\limits_{n=1}^{\infty}\dfrac{(-1)^{n+1}}{n^p}$ 收敛性的正确答案是( )

    A. $p>1$ 时条件收敛
    B. $0<p\leqslant 1$ 时绝对收敛

C. $0 < p \leqslant 1$ 时条件收敛　　　　D. $0 < p \leqslant 1$ 时发散

17. 下列级数中,绝对收敛的是(　　).

    A. $\sum\limits_{n=1}^{\infty} \dfrac{(-1)^{n-1}}{\sqrt{n}}$
    B. $\sum\limits_{n=1}^{\infty} (-1)^{n-1} \dfrac{n}{2n-1}$

    C. $\sum\limits_{n=1}^{\infty} (-1)^{n+1} \dfrac{1}{3^{\frac{n}{2}}}$
    D. $\sum\limits_{n=1}^{\infty} (-1)^{n-1} \dfrac{1}{\ln(n+1)}$

18. 下列级数中,收敛的是(　　).

    A. $\sum\limits_{n=1}^{\infty} \dfrac{1}{\ln(1+n)}$
    B. $\sum\limits_{n=1}^{\infty} (-1)^n \dfrac{1}{\ln(1+n)}$

    C. $\sum\limits_{n=1}^{\infty} (-1)^{n-1} \dfrac{n}{2n+1}$
    D. $\sum\limits_{n=1}^{\infty} \dfrac{n}{2n+1}$

19. 下列级数中,条件收敛的是(　　).

    A. $\sum\limits_{n=1}^{\infty} (-1)^{n-1} \left(\dfrac{2}{3}\right)^n$
    B. $\sum\limits_{n=1}^{\infty} \dfrac{(-1)^{n-1}}{\sqrt{n}}$

    C. $\sum\limits_{n=1}^{\infty} (-1)^{n-1} \dfrac{n}{2n+1}$
    D. $\sum\limits_{n=1}^{\infty} (-1)^{n-1} \dfrac{1}{\sqrt{5n^3}}$

20. 设幂级数 $\sum\limits_{n=1}^{\infty} a_n (x-3)^n$ 在 $x = 0$ 处收敛,则该幂级数在 $x = 5$ 处一定(　　).

    A. 绝对收敛　　B. 条件收敛　　C. 发散　　D. 敛散性不能确定

21. 设 $\sum\limits_{n=1}^{\infty} a_n (x-2)^n$ 在 $x = -2$ 处收敛,则此幂级数在 $x = 5$ 处(　　).

    A. 发散　　B. 条件收敛　　C. 绝对收敛　　D. 收敛性不能确定

22. 幂级数 $\sum\limits_{n=1}^{\infty} \dfrac{n!}{2^n} x^n$ 的收敛半径 $R = ($ 　　).

    A. $\dfrac{1}{2}$　　B. 2　　C. 0　　D. $+\infty$

23. 幂级数 $\sum\limits_{n=2}^{\infty} \dfrac{(x-3)^n}{n-n^3}$ 的收敛区间是(　　).

    A. $[2,4]$　　B. $[2,-4]$　　C. $(-2,4)$　　D. $[-2,4]$

24. 幂级数 $\sum\limits_{n=1}^{\infty} \dfrac{(x-3)^n}{n \cdot 3^n}$ 的收敛域是(　　).

    A. $(-3,3)$　　B. $[0,6]$　　C. $[-3,3]$　　D. $[0,6]$

25. 级数 $\sum\limits_{n=1}^{\infty} \left(\dfrac{2}{x}\right)^n$ 的收敛区间是(　　).

    A. $(-\infty, -2)(2, +\infty)$　　B. $(-2,2)$　　C. $[-2,2]$　　D. $(0, +\infty)$

26. 幂级数 $\sum\limits_{n=1}^{\infty} (-1)^{n-1} \dfrac{(x-1)^n}{n}$ 的收敛区间是(　　).

    A. $(0,2]$　　B. $(-1,1]$　　C. $[-2,0]$　　D. $(-\infty, +\infty)$

27. 函数 $\ln(1+x)$ 的展开式 $\ln(1+x) = \sum\limits_{n=1}^{\infty} (-1)^{n-1} \dfrac{x^n}{n}$ 的收敛区间是(　　).

    A. $(-1,1)$　　B. $[-1,1]$　　C. $(-1,1]$　　D. $[-1,1)$

28. 级数 $\sum_{n=1}^{\infty} \dfrac{1}{3^n}$ 的和 $s = (\quad)$.

   A. 1　　　　　B. $\dfrac{1}{2}$　　　　　C. 3　　　　　D. $\dfrac{3}{2}$

29. 级数 $\sum_{n=1}^{\infty} (-1)^n \dfrac{5}{2^n}$ 的和等于 $(\quad)$.

   A. $\dfrac{5}{3}$　　　　　B. $-\dfrac{5}{3}$　　　　　C. 5　　　　　D. -5

30. 幂级数 $\sum_{n=1}^{\infty} \dfrac{x^n}{n!}$ 的和函数为 $(\quad)$.

   A. $e^x - 1$　　　　B. e^x　　　　C. $e^x + 1$　　　　D. $\sin x$

31. 幂级数 $\sum_{n=1}^{\infty} \dfrac{x^n}{2^n n!}$ 的和函数为 $(\quad)$.

   A. $e^{\frac{x}{2}}$　　　B. $e^{\frac{x}{2}} - e^{-\frac{x}{2}}$　　　C. $e^{\frac{x}{2}} - 1$　　　D. $e^{\frac{x}{2}} + 1$

32. 函数 $f(x) = x^2 e^{x^2}$ 展开成为 x 的幂级数是 $(\quad)$.

   A. $\sum_{n=1}^{\infty} (-1)^n \dfrac{x^{2n-1}}{(2n-1)!}, -\infty < x < +\infty$　　　B. $\sum_{n=0}^{\infty} \dfrac{x^{2n}}{n!}, -\infty < x < +\infty$

   C. $\sum_{n=0}^{\infty} \dfrac{x^{2n}}{n!}, -\infty < x < +\infty$　　　D. $\sum_{n=0}^{\infty} \dfrac{x^{2(n+1)}}{n!}, -\infty < x < +\infty$

33. 函数 $f(x) = \dfrac{1}{3+x}$ 的 x 的幂级数展开式是 $(\quad)$.

   A. $\dfrac{1}{3} \sum_{n=0}^{\infty} (-1)^n x^n, (-1, 1)$　　　B. $\sum_{n=0}^{\infty} (-1)^n \left(\dfrac{x}{3}\right)^n, [-3, 3]$

   C. $\dfrac{1}{3} \sum_{n=0}^{\infty} (-1)^n \left(\dfrac{x}{3}\right)^n, (-3, 3)$　　　D. $\dfrac{1}{3} \sum_{n=0}^{\infty} \left(\dfrac{x}{3}\right)^n, (-3, 3)$

四、计算题

1. 求幂级数 $\sum_{n=1}^{\infty} (-1)^{n-1} \dfrac{x^n}{n}$ 的收敛区间.

2. 求幂级数 $\sum_{n=0}^{\infty} \dfrac{x^n}{n+1}$ 的收敛区.

3. 求幂级数 $\sum_{n=1}^{\infty} n x^n$ 的收敛区间.

4. 求幂级数 $\sum_{n=1}^{\infty} \dfrac{x^n}{\sqrt[3]{n} \cdot 3^n}$ 的收敛域.

5. 将函数 $f(x) = \dfrac{1}{x}$ 展开成 $(x-3)$ 的幂级数.

6. 将函数 $y = \dfrac{1}{3-x}$ 展开 $(x-1)$ 的幂级数.

7. 将函数 $f(x) = \dfrac{1}{x^2 - 3x + 2}$ 展开为 x 的幂级数.

8. 将函数 $f(x) = \arctan x$ 展开为 x 的幂级数.

习题详解

一、判断题

1. 如果 $\lim\limits_{n\to\infty} a_n = 0$,则级数 $\sum\limits_{n=1}^{\infty} a_n$ 收敛.

答案: 错误.

解析: 因为 $\lim\limits_{n\to\infty} a_n = 0$ 只是级数 $\sum\limits_{n=1}^{\infty} a_n$ 收敛的必要条件.

2. 如果级数 $\sum\limits_{n=1}^{\infty} a_n$ 发散,则对任意常数 k,级数 $\sum\limits_{n=1}^{\infty} k a_n$ 都发散.

答案: 错误.

解析: 因为当 $k=0$ 时收敛.

3. 如果级数 $\sum\limits_{n=1}^{\infty} a_n$ 收敛,且 $a_n \neq 0$,则级数 $\sum\limits_{n=1}^{\infty} \dfrac{1}{a_n}$ 必发散.

答案: 正确.

解析: 因为 $\sum\limits_{n=1}^{\infty} a_n$ 收敛,根据级数收敛的必要条件知 $\lim\limits_{n\to\infty} a_n = 0$,所以有 $\lim\limits_{n\to\infty} \dfrac{1}{a_n} = \infty$,故级数 $\sum\limits_{n=1}^{\infty} \dfrac{1}{a_n}$ 发散.

4. 级数的敛散性不因增加或减少有限项而改变.

答案: 正确.

解析: 增加或减少有限项只可能改变级数的和.

5. 若级数 $\sum\limits_{n=1}^{\infty} a_n$ 绝对收敛,则 $\sum\limits_{n=1}^{\infty} a_n$ 必为正项级数.

答案: 错误.

解析: 级数绝对收敛的概念一般是对非正项级数而言的,正项级数如收敛必绝对收敛.

二、填空题

1. 等比级数 $\sum\limits_{n=1}^{\infty} a q^{n-1}$(常数 $a \neq 0$)当_____时收敛,当_____时发散.

答案: $|q|<1$,$|q|\geq 1$.

解析: 根据等比数列求和公式,取 $n\to\infty$ 的极限运算结果.

2. p 级数 $\sum\limits_{n=1}^{\infty} \dfrac{1}{n^p}$ 当_____时收敛,当_____时发散.

答案: $p>1$,$p\leq 1$.

解析: 根据 $p-$ 级数的敛散性可求结果.

3. 设 $0 \leq u_n \leq v_n$,若 $\sum\limits_{n=1}^{\infty} v_n$ 收敛,则 $\sum\limits_{n=1}^{\infty} u_n$ 必_____;若 $\sum\limits_{n=1}^{\infty} u_n$ 发散,则 $\sum\limits_{n=1}^{\infty} v_n$ 必_____;而若 $\sum\limits_{n=1}^{\infty} u_n$ 收敛,则 $\sum\limits_{n=1}^{\infty} v_n$ _____;若 $\sum\limits_{n=1}^{\infty} v_n$ 发散,则 $\sum\limits_{n=1}^{\infty} u_n$ _____.

答案:收敛;发散;敛散性不能确定;敛散性不能确定.

解析:根据比较审敛法可得.

4. 设正项级数 $\sum_{n=1}^{\infty} u_n$,$\rho = \lim_{n \to \infty} \frac{u_{n+1}}{u_n}$. 则当 $\rho < 1$ 时级数_____,$\rho > 1$ 时级数_____,$\rho = 1$ 时级数_____.

答案:收敛;发散;不能确定.

解析:根据比值审敛法(达朗贝尔判别法)可知.

5. 如果级数 $\sum_{n=1}^{\infty} u_n$ 收敛,而级数 $\sum_{n=1}^{\infty} |u_n|$ 发散,则称级数 $\sum_{n=1}^{\infty} u_n$ _____;如果级数 $\sum_{n=1}^{\infty} u_n$ 收敛,而级数 $\sum_{n=1}^{\infty} |u_n|$ 也收敛,则称级数 $\sum_{n=1}^{\infty} u_n$ _____.

答案:条件收敛;绝对收敛.

解析:根据相关定义可知.

6. 如果 $x_0 \neq 0$ 是幂级数 $\sum_{n=0}^{\infty} a_n x^n$ 的收敛点,则对一切满足 $|x| < |x_0|$ 的点 x,幂级数 $\sum_{n=0}^{\infty} a_n x^n$ 都_____. 如果 x_0 是幂级数 $\sum_{n=0}^{\infty} a_n x^n$ 的发散点,则对一切满足 $|x| > |x_0|$ 的点 x,幂级数 $\sum_{n=0}^{\infty} a_n x^n$ 都_____.

答案:绝对收敛;发散.

解析:根据级数绝对收敛定义可知.

7. 设幂级数 $\sum_{n=0}^{\infty} a_n x^n = s(x)$ 的收敛半径为 R,则在 $(-R, +R)$ 内,幂级数可以逐项微分或逐项积分,且收敛半径_____. 但当 R 为一非零常数时,端点 $x = \pm R$ 处的敛散性可能发生_____.

答案:不变;变化.

解析:根据幂级数和函数的性质可知.

8. $\sin x$ 的麦克劳林级数展开式为_____.

答案:$\sum_{n=0}^{\infty} \frac{(-1)^n}{(2n+1)!} x^{2n+1} = x - \frac{1}{3!}x^3 + \frac{1}{5!}x^5 + \cdots$.

解析:根据展开式定义.

9. $\cos x$ 的麦克劳林级数展开式为_____.

答案:$\sum_{n=0}^{\infty} (-1)^n \frac{x^{2n}}{(2n)!} = 1 - \frac{x^2}{2!} + \frac{x^4}{4!} + \cdots$.

解析:根据展开式定义.

10. 当 $|x| < 1$ 时,幂级数 $1 - x^2 + x^3 - x^4 + \cdots$ 的和函数为_____.

答案:$\sum_{n=0}^{\infty} \frac{1}{1-x^2}$.

解析:将 $\frac{1}{1-x} = 1 + x + x^2 + \cdots + x^n + \cdots (-1,1)$ 中的 x 换成 $-x^2$ 即得.

三、单项选择题

1. 若级数 $\sum_{n=1}^{\infty} a_n$ 收敛,则( ).

   A. $\lim_{n\to\infty} a_n = \infty$ B. $\lim_{n\to\infty} a_n = 1$ C. $\lim_{n\to\infty} a_n = 0$ D. $\lim_{n\to\infty} a_n \neq 0$

   答案:C.

   解析:根据级数收敛的必要条件.

2. 若 $\lim_{n\to\infty} u_n = 0$,则无穷级数 $\sum_{n=1}^{\infty} u_n$ ( ).

   A. 条件收敛 B. 绝对收敛
   C. 发散 D. 不能确定是否收敛或发散

   答案:D.

   解析:$\lim_{n\to\infty} u_n = 0$ 只是级数 $\sum_{n=1}^{\infty} u_n$ 收敛的必要条件,不能确定.

3. 级数 $\sum_{n=1}^{\infty} \frac{n}{1+n}$ ( ).

   A. 收敛 B. 绝对收敛 C. 敛散性无法判断 D. 发散

   答案:D.

   解析:因为 $\lim_{n\to\infty} \frac{n}{n+1} = 1 \neq 0$,所以 $\sum_{n=1}^{\infty} \frac{n}{1+n}$ 发散.

4. 下列级数中发散的是( ).

   A. $\sum_{n=1}^{\infty} \frac{(-1)^n}{\sqrt{n(n-1)}}$ B. $\sum_{n=1}^{\infty} \frac{(-1)^n}{r^n} (|r|>1)$

   C. $\sum_{n=1}^{\infty} \frac{1}{\ln(n-1)}$ D. $\sum_{n=1}^{\infty} \frac{1}{3^{n-1}}$

   答案:C.

   解析:当 $n \geq 1$ 时,有 $\ln(n+1) < n+1$,所以 $\frac{1}{\ln(n+1)} > \frac{1}{n+1}$,又 $\sum_{n=1}^{\infty} \frac{1}{n+1}$ 可看作是发散的调和级数 $\sum_{n=1}^{\infty} \frac{1}{n}$ 只去掉了第一项,而 $\sum_{n=1}^{\infty} \frac{1}{n+1}$ 发散,根据比较审敛法可知 $\sum_{n=1}^{\infty} \frac{1}{\ln(n+1)}$ 发散.

5. 级数 $\sum_{n=1}^{\infty} (\ln x)^n$ 的收敛范围是( ).

   A. $x < e$ B. $x > \frac{1}{e}$ C. $\frac{1}{e} \leq x \leq e$ D. $\frac{1}{e} < x < e$

   答案:D.

   解析:根据等比级数收敛、发散的结论,只有当 $|\ln x| < 1$ 才收敛.

6. 下列级数中收敛的是( ).

   A. $\sum_{n=1}^{\infty} \frac{n}{n+1}$ B. $\sum_{n=1}^{\infty} \frac{1}{n\sqrt{n+1}}$ C. $\sum_{n=1}^{\infty} \frac{1}{2(n+1)}$ D. $\sum_{n=1}^{\infty} \frac{1}{(n+1)^{\frac{1}{2}}}$

   答案:B.

解析：因为 $\dfrac{1}{n\sqrt{n+1}} < \dfrac{1}{n\sqrt{n}} = \dfrac{1}{n^{\frac{3}{2}}}$，而级数 $\sum\limits_{n=1}^{\infty} \dfrac{1}{n^{\frac{3}{2}}}$ 是收敛的 p 级数，且 $p = \dfrac{3}{2} > 1$，所以该级数收敛，根据比较审敛法可知，级数 $\sum\limits_{n=1}^{\infty} \dfrac{1}{n\sqrt{n+1}}$ 收敛.

7. 在下列级数中，发散的是( ).

　　A. $\sum\limits_{n=1}^{\infty} \dfrac{2}{3^n}$　　　　B. $\sum\limits_{n=1}^{\infty} \dfrac{(-1)^{n-1}}{\sqrt{n}}$　　　　C. $\sum\limits_{n=1}^{\infty} \dfrac{n^2}{3n^4+1}$　　　　D. $\sum\limits_{n=1}^{\infty} \dfrac{1}{\sqrt[3]{n(n+1)}}$

答案：D.

解析：因为 $\dfrac{1}{\sqrt[3]{n(n+1)}} < \dfrac{1}{\sqrt[3]{n^2}} = \dfrac{1}{n^{\frac{2}{3}}}$，而 $\sum\limits_{n=1}^{\infty} \dfrac{1}{n^{\frac{2}{3}}}$ 是 p 级数，此时 $p = \dfrac{2}{3} < 1$，所以是发散的，根据比较审敛法知，级数 $\sum\limits_{n=1}^{\infty} \dfrac{1}{\sqrt[3]{n(n+1)}}$ 发散.

8. 级数 $\sum\limits_{n=1}^{\infty} (\lg x)^n$ 的收敛区间是 ( ).

　　A. $(-1,1)$　　　　B. $(-10,10)$　　　　C. $\left(-\dfrac{1}{10}, \dfrac{1}{10}\right)$　　　　D. $\left(\dfrac{1}{10}, 10\right)$

答案：D.

解析：参照第 5 题.

9. 级数 $\sum\limits_{n=1}^{\infty} \ln\left(1 + \dfrac{1}{n}\right)$ ( ).

　　A. 收敛　　　　B. 绝对收敛　　　　C. 不一定发散　　　　D. 发散

答案：D.

解析：因为 $s_n = \sum\limits_{n=1}^{\infty} \ln\left(1 + \dfrac{1}{n}\right) = \sum\limits_{n=1}^{\infty} \ln \dfrac{n+1}{n}$
$= \ln 2 - \ln 1 + \ln 3 - \ln 2 + \ln 4 - \ln 3 + \cdots + \ln(n+1) - \ln n$
$= \ln(n+1) \to \infty$ 当时 $n \to \infty$ 时），

根据级数收敛、发散的定义可知，级数 $\sum\limits_{n=1}^{\infty} \ln\left(1 + \dfrac{1}{n}\right)$ 发散.

10. 设正项级数 $\sum\limits_{n=1}^{\infty} a_n$ 收敛，则下列级数中一定收敛的是( ).

　　A. $\sum\limits_{n=1}^{\infty} \dfrac{1}{a_n}$　　　　B. $\sum\limits_{n=1}^{\infty} \sqrt{a_n}$　　　　C. $\sum\limits_{n=1}^{\infty} (a_n + 1)$　　　　D. $\sum\limits_{n=1}^{\infty} (-1)^n a_n$

答案：D.

解析：因为级数 $\sum\limits_{n=1}^{\infty} a_n$ 收敛，而 $\sum\limits_{n=1}^{\infty} |(-1)^n a_n| = \sum\limits_{n=1}^{\infty} a_n$，所以级数 $\sum\limits_{n=1}^{\infty} (-1)^n a_n$ 是绝对收敛，则级数 $\sum\limits_{n=1}^{\infty} (-1)^n a_n$ 收敛.

11. 下列级数中，条件收敛的是( ).

　　A. $\sum\limits_{n=1}^{\infty} (-1)^{n-1} \left(\dfrac{2}{3}\right)^n$　　　　　　　　B. $\sum\limits_{n=1}^{\infty} (-1)^{n-1} \dfrac{n}{\sqrt{n^2+2}}$

C. $\sum_{n=1}^{\infty}(-1)^{n-1}\dfrac{n}{\sqrt[3]{n}}$ D. $\sum_{n=1}^{\infty}(-1)^{n-1}\dfrac{1}{\sqrt{5n^3}}$

答案：C.

解析：根据莱布尼兹审敛法知 $\sum_{n=1}^{\infty}(-1)^{n-1}\dfrac{1}{\sqrt[3]{n}}$ 收敛，而 $\sum_{n=1}^{\infty}\left|(-1)^{n-1}\dfrac{1}{\sqrt[3]{n}}\right|=\sum_{n=1}^{\infty}\dfrac{1}{\sqrt[3]{n}}$ 是发散的 p 级数，则级数 $\sum_{n=1}^{\infty}(-1)^{n-1}\dfrac{1}{\sqrt[3]{n}}$ 是条件收敛.

12. 级数 $\sum_{n=2}^{\infty}\dfrac{(-1)^n}{\ln n}$ （   ）.

　　A. 绝对收敛　　　B. 条件收敛　　　C. 发散　　　D. 敛散性不能确定

答案：B.

解析：根据莱布尼兹审敛法 $\sum_{n=2}^{\infty}\dfrac{(-1)^n}{\ln n}$ 收敛，而 $\sum_{n=2}^{\infty}\left|\dfrac{(-1)^n}{\ln n}\right|=\sum_{n=2}^{\infty}\dfrac{1}{\ln n}$ 是发散的，所以级数 $\sum_{n=2}^{\infty}\dfrac{(-1)^n}{\ln n}$ 是条件收敛.

13. 如果级数 $\sum_{n=1}^{\infty}a_n$ 收敛，则下列结论正确的是（   ）.

　　A. $\sum_{n=1}^{\infty}a_n$ 绝对收敛　　　　　　　B. $\sum_{n=1}^{\infty}|a_n|$ 一定发散

　　C. $\sum_{n=1}^{\infty}|a_n|$ 一定收敛　　　　　　D. $\sum_{n=1}^{\infty}|a_n|$ 可能收敛，也可能发散

答案：D.

解析：如果 $a_n=\dfrac{(-1)^n}{n}$，而 $\sum_{n=1}^{\infty}(-1)^n\dfrac{1}{n}$ 是条件收敛的，则 A 错；

如果级数 $\sum_{n=1}^{\infty}a_n$ 是收敛的正项级数，则 $\sum_{n=1}^{\infty}|a_n|$ 收敛，即 B 错；

如果级数 $\sum_{n=1}^{\infty}a_n$ 是条件收敛的交错级数，则 $\sum_{n=1}^{\infty}|a_n|$ 发散，即 C 错.

14. 下列级数中条件收敛的是（   ）.

　　A. $\sum_{n=1}^{\infty}(-1)^{n+1}\dfrac{1}{\sqrt{n}}$　　　　　　B. $\sum_{n=1}^{\infty}(-1)^{n+1}\dfrac{n}{3^{n+1}}$

　　C. $\sum_{n=1}^{\infty}(-1)^{n+1}\dfrac{\sin\dfrac{\pi}{n+1}}{\pi^n}$　　　　D. $\sum_{n=1}^{\infty}(-1)^{n+1}\dfrac{1}{\sqrt{n^n}}$

答案：A.

解析：根据莱布尼兹审敛法 $\sum_{n=1}^{\infty}(-1)^{n+1}\dfrac{1}{\sqrt{n}}$ 收敛，而 $\sum_{n=1}^{\infty}\dfrac{1}{\sqrt{n}}$ 发散，则 $\sum_{n=1}^{\infty}(-1)^{n+1}\dfrac{1}{\sqrt{n}}$ 是条件收敛.

15. 设 $\lim_{n\to\infty}a_n\ne 0$，则级数 $\sum_{n=1}^{\infty}a_n$（   ）.

　　A. 绝对收敛　　　B. 条件收敛　　　C. 收敛　　　D. 发散

答案:D.

解析:级数 $\sum\limits_{n=1}^{\infty} a_n$ 收敛的必要条件不满足.

16. 关于级数 $\sum\limits_{n=1}^{\infty} \dfrac{(-1)^{n-1}}{n^p}$ 收敛性的正确答案是(　　).

   A. $p > 1$ 时条件收敛　　　　　　　　B. $0 < p \leqslant 1$ 时绝对收敛
   C. $0 < p \leqslant 1$ 时条件收敛　　　　　D. $0 < p \leqslant 1$ 时发散

答案:C.

解析:当 $0 < p \leqslant 1$ 时,根据莱布尼兹审敛法知 $\sum\limits_{n=1}^{\infty} \dfrac{(-1)^{n-1}}{n^p}$ 收敛,而 $\sum\limits_{n=1}^{\infty} \dfrac{1}{n^p}$ $0 < p \leqslant 1$ 时发散,所以,级数 $\sum\limits_{n=1}^{\infty} \dfrac{(-1)^{n-1}}{n^p}$ 是条件收敛.

17. 下列级数中,绝对收敛的是(　　).

   A. $\sum\limits_{n=1}^{\infty} \dfrac{(-1)^{n-1}}{\sqrt{n}}$ 　　　　　　　　　B. $\sum\limits_{n=1}^{\infty} (-1)^{n-1} \dfrac{n}{2n-1}$
   C. $\sum\limits_{n=1}^{\infty} (-1)^{n+1} \dfrac{1}{3^{\frac{n}{2}}}$ 　　　　　　　D. $\sum\limits_{n=1}^{\infty} (-1)^{n-1} \dfrac{1}{\ln(n+1)}$

答案:C.

解析:因为级数 $\sum\limits_{n=1}^{\infty} (-1)^{n+1} \dfrac{1}{3^{\frac{n}{2}}} = \sum\limits_{n=1}^{\infty} (-1)^{n+1} \dfrac{1}{\sqrt{3}^n} = \sum\limits_{n=1}^{\infty} (-1)\left(-\dfrac{1}{\sqrt{3}}\right)^n$ 是公比为 $-\dfrac{1}{\sqrt{3}}$ 的等比级数,绝对收敛.

18. 下列级数中,收敛的是(　　).

   A. $\sum\limits_{n=1}^{\infty} \dfrac{1}{\ln(1+n)}$ 　　　　　　　　B. $\sum\limits_{n=1}^{\infty} (-1)^n \dfrac{1}{\ln(1+n)}$
   C. $\sum\limits_{n=1}^{\infty} (-1)^{n-1} \dfrac{n}{2n+1}$ 　　　　　D. $\sum\limits_{n=1}^{\infty} \dfrac{n}{2n+1}$

答案:B.

解析:根据莱布尼兹审敛法知 $\sum\limits_{n=1}^{\infty} (-1)^n \dfrac{1}{\ln(1+n)}$ 收敛.

19. 下列级数中,条件收敛的是(　　).

   A. $\sum\limits_{n=1}^{\infty} (-1)^{n-1} \left(\dfrac{2}{3}\right)^n$ 　　　　　　　B. $\sum\limits_{n=1}^{\infty} \dfrac{(-1)^{n-1}}{\sqrt{n}}$
   C. $\sum\limits_{n=1}^{\infty} (-1)^{n-1} \dfrac{n}{2n+1}$ 　　　　　D. $\sum\limits_{n=1}^{\infty} (-1)^{n-1} \dfrac{1}{\sqrt{5n^3}}$

答案:B.

解析:根据莱布尼兹审敛法得 $\sum\limits_{n=1}^{\infty} \dfrac{(-1)^{n-1}}{\sqrt{n}}$ 收敛.

20. 设幂级数 $\sum\limits_{n=1}^{\infty} c_n(x-3)^n$ 在 $x = 0$ 处收敛,则该幂级数在 $x = 5$ 处一定(　　).

   A. 绝对收敛　　　B. 条件收敛　　　C. 发散　　　D. 敛散性不能确定

答案:A.

解析:根据幂级数的性质:在收敛点以内必收敛,在发散点以外必发散. 而级数 $\sum_{n=1}^{\infty} c_n (x-3)^n$ 的收敛半径至少是3,所以在(0,6)内绝对收敛,则该幂级数在 $x=5$ 处一定绝对收敛.

21. 设 $\sum_{n=1}^{\infty} a_n (x-2)^n$ 在 $x=-2$ 处收敛,则此幂级数在 $x=5$ 处(   ).

    A. 发散 B. 条件收敛 C. 绝对收敛 D. 收敛性不能确定

答案:C.

解析:解法同20题.

22. 幂级数 $\sum_{n=0}^{\infty} \frac{n!}{2^n} x^n$ 的收敛半径 $R=(\quad)$.

    A. $\frac{1}{2}$ B. 2 C. 0 D. $+\infty$

答案:C.

解析:因为 $\lim_{n\to\infty} \left|\frac{a_n}{a_{n+1}}\right| = \lim_{n\to\infty} \frac{n!}{2^n} \cdot \frac{2^{n+1}}{(n+1)!} = \lim_{n\to\infty} \frac{2}{n+1} = 0$,所以收敛半径 $R=0$.

23. 幂级数 $\sum_{n=2}^{\infty} \frac{(x-3)^n}{n-n^3}$ 的收敛区间是(   ).

    A. [2,4] B. [2,-4] C. (-2,4) D. [-2,4]

答案:A.

解析:设 $u=x-3$,幂级数 $\sum_{n=1}^{\infty} \frac{u^n}{n-n^3}$ 的收敛半径为

$$R = \lim_{n\to\infty} \left|\frac{n+1-(n+1)^3}{n-n^3}\right| = 1,$$

即收敛半径的 $R=1$,收敛区间为 $|u|<1$,即 $2<x<4$. 当 $x=2$ 时,级数 $\sum_{n=2}^{\infty} (-1)^n \frac{1}{n-n^3}$ 收敛;当 $x=4$ 时,级数 $\sum_{n=1}^{\infty} \frac{1}{n-n^3}$ 收敛. 所以,级数 $\sum_{n=2}^{\infty} \frac{(x-3)^n}{n-n^3}$ 的收敛区间是[2,4].

24. 幂级数 $\sum_{n=1}^{\infty} \frac{(x-3)^n}{n \cdot 3^n}$ 的收敛域是(   ).

    A. (-3,3) B. [0,6] C. [-3,3] D. [0,6)

答案:D.

解析:设 $u=x-3$,幂级数 $\sum_{n=1}^{\infty} \frac{u^n}{n-n^3}$ 的收敛半径为

$$R = \lim_{n\to\infty} \left|\frac{(n+1) \cdot 3^{n+1}}{n \cdot 3^n}\right| = 3,$$

所以收敛半径 $R=3$,故收敛区间为 $|u|<3$,即 $0<x<6$. 当 $x=0$ 时,级数 $\sum_{n=1}^{\infty} \frac{(0-3)^n}{n \cdot 3^n}$ 收敛;当 $x=6$ 时,级数 $\sum_{n=1}^{\infty} \frac{(6-3)^n}{n \cdot 3^n}$ 发散,所以幂级数 $\sum_{n=1}^{\infty} \frac{u^n}{n-n^3}$ 的收敛域为[0,6).

25. 级数 $\sum_{n=1}^{\infty} \left(\dfrac{2}{x}\right)^n$ 的收敛区间是( ).

    A. $(-\infty, -2) \cup (2, \infty)$ B. $(-2, 2)$ C. $[-2, 2]$ D. $(0, +\infty)$

答案: A.

解析: 当 $\left|\dfrac{2}{x}\right| < 1$ 时, $\sum_{n=1}^{\infty} \left(\dfrac{2}{x}\right)^n$ 是收敛的等比级数, 所以有 $|x| > 2$, 即 $x > 2$ 或 $x < -2$.

26. 幂级数 $\sum_{n=1}^{\infty} (-1)^{n-1} \dfrac{(x-1)^n}{n}$ 的收敛区间是( ).

    A. $(0, 2]$ B. $(-1, 1]$ C. $[-2, 0]$ D. $(-\infty, +\infty)$

答案: A.

解析: 可以求得收敛半径为 $R = 1$, 即 $|x-1| < 1$, 故 $0 < x < 2$. 当 $x = 0$ 时, 级数 $\sum_{n=1}^{\infty} (-1)^{n-1} \dfrac{(0-1)^n}{n} = \sum_{n=1}^{\infty} \dfrac{(-1)^{2n-1}}{n}$ 发散; 当 $x = 2$ 时, 级数 $\sum_{n=1}^{\infty} (-1)^{n-1} \dfrac{(2-1)^n}{n} = \sum_{n=1}^{\infty} \dfrac{(-1)^{n-1}}{n}$ 收敛, 故级数 $\sum_{n=1}^{\infty} (-1)^{n-1} \dfrac{(n-1)^n}{n}$ 的收敛区间是 $0 < x \leq 2$.

27. 函数 $\ln(1+x)$ 的展开式 $\ln(1+x) = \sum_{n=1}^{\infty} (-1)^{n-1} \dfrac{x^n}{n}$ 的收敛区间是 ( ).

    A. $(-1, 1)$ B. $[-1, 1]$ C. $(-1, 1]$ D. $[-1, 1)$

答案: C.

解析: 因为收敛半径为 1, 当 $x = -1$ 时, $\sum_{n=1}^{\infty} (-1)^{n-1} \dfrac{(-1)^n}{n} = \sum_{n=1}^{\infty} \dfrac{(-1)^{2n-1}}{n}$ 发散, 当 $x = 1$ 时, $\sum_{n=1}^{\infty} \dfrac{(-1)^{n-1}}{n}$ 收敛.

28. 级数 $\sum_{n=1}^{\infty} \dfrac{1}{3^n}$ 的和 $s = ($ $)$.

    A. 1   B. $\dfrac{1}{2}$ C. 3   D. $\dfrac{3}{2}$

答案: D.

解析: 由无穷递缩等比数列求和公式得 $s = \dfrac{a_1}{1-q} = \dfrac{\frac{1}{3}}{1-\frac{1}{3}} = \dfrac{3}{2}$.

29. 级数 $\sum_{n=1}^{\infty} (-1)^n \dfrac{5}{2^n}$ 的和等于 ( ).

    A. $\dfrac{5}{3}$ B. $-\dfrac{5}{3}$ C. 5   D. -5

答案: B.

解析: 由无穷递缩等比数列求和公式得 $s = \dfrac{a_1}{1-q} = \dfrac{-\frac{5}{2}}{1-\left(-\frac{1}{2}\right)} = -\dfrac{5}{3}$.

30. 幂级数 $\sum_{n=1}^{\infty} \dfrac{x^n}{n!}$ 的和函数为( ).

A. $e^x - 1$ B. e^x C. $e^x + 1$ D. $\sin x$

答案：A.

解析：因为 $e^x = \sum_{n=0}^{\infty} \frac{x^n}{n!} = 1 + \sum_{n=1}^{\infty} \frac{x^n}{n!}$，所以 $e^x - 1 = \sum_{n=1}^{\infty} \frac{x^n}{n!}$.

31. 幂级数 $\sum_{n=1}^{\infty} \frac{x^n}{2^n n!}$ 的和函数为（　　）.

A. $e^{\frac{x}{2}}$ B. $e^{\frac{x}{2}} - e^{-\frac{x}{2}}$ C. $e^{\frac{x}{2}} - 1$ D. $e^{\frac{x}{2}} + 1$

答案：C.

解析：因为 $e^{\frac{x}{2}} = \sum_{n=0}^{\infty} \frac{\left(\frac{x}{2}\right)^n}{n!} = 1 + \sum_{n=1}^{\infty} \frac{x^n}{2^n n!}$，所以 $e^{\frac{x}{2}} - 1 = \sum_{n=1}^{\infty} \frac{x^n}{2^n n!}$.

32. 函数 $f(x) = x^2 e^{x^2}$ 展开成为 x 的幂级数是（　　）.

A. $\sum_{n=1}^{\infty} (-1)^n \frac{x^{2n-1}}{(2n-1)!}, -\infty < x < +\infty$ B. $\sum_{n=0}^{\infty} \frac{x^{n+2}}{n!}, -\infty < x < +\infty$

C. $\sum_{n=0}^{\infty} \frac{x^{2n}}{n!}, -\infty < x < +\infty$ D. $\sum_{n=0}^{\infty} \frac{x^{2(n+1)}}{n!}, -\infty < x < +\infty$

答案：D.

解析：$f(x) = x^2 e^{x^2} = x^2 \sum_{n=0}^{\infty} \frac{(x^2)^n}{n!} = \sum_{n=0}^{\infty} \frac{x^{2n+2}}{n!}$.

33. 函数 $f(x) = \frac{1}{3+x}$ 的 x 的幂级数展开式是（　　）.

A. $\frac{1}{3} \sum_{n=0}^{\infty} (-1)^n x^n, (-1,1)$ B. $\sum_{n=0}^{\infty} (-1)^n \left(\frac{x}{3}\right)^n, [-3,3]$

C. $\frac{1}{3} \sum_{n=0}^{\infty} (-1)^n \left(\frac{x}{3}\right)^n, (-3,3)$ D. $\frac{1}{3} \sum_{n=0}^{\infty} \left(\frac{x}{3}\right)^n, (-3,3)$

答案：C.

解析：因为 $\frac{1}{1-x} = \sum_{n=0}^{\infty} x^n \quad -1 < x < 1$，

所以 $f(x) = \frac{1}{3+x} = \frac{1}{3} \cdot \frac{1}{1+\frac{x}{3}} = \frac{1}{3} \cdot \frac{1}{1-\left(-\frac{x}{3}\right)} = \frac{1}{3} \sum_{n=0}^{\infty} (-1)^n \left(\frac{x}{3}\right)^n$.

四、计算题

1. 求幂级数 $\sum_{n=1}^{\infty} (-1)^{n-1} \frac{x^n}{n}$ 的收敛区间.

解：收敛半径 $R = \lim_{n \to \infty} \left|\frac{a_n}{a_{n+1}}\right| = \lim_{n \to \infty} \frac{n+1}{n} = 1$，而当 $x = -1$ 时，级数 $\sum_{n=1}^{\infty} (-1)^{n-1} \frac{(-1)^n}{n} = \sum_{n=1}^{\infty} \frac{(-1)^{2n-1}}{n} = \sum_{n=1}^{\infty} \frac{-1}{n}$ 发散；当 $x = 1$ 时，级数 $\sum_{n=1}^{\infty} (-1)^{n-1} \frac{1}{n}$ 收敛，所以级数 $\sum_{n=1}^{\infty} (-1)^{n-1} \frac{1}{n}$ 的收敛区间为 $(-1, 1]$.

2. 求幂级数 $\sum_{n=0}^{\infty} \frac{x^n}{n+1}$ 的收敛区间.

解：收敛半径 $R = \lim\limits_{n\to\infty}\left|\dfrac{a_n}{a_{n+1}}\right| = \lim\limits_{n\to\infty}\dfrac{n+2}{n+1} = 1$，当 $x = -1$ 时，级数 $\sum\limits_{n=1}^{\infty}\dfrac{(-1)^n}{n+1}$ 收敛，当 $x = 1$ 时，级数 $\sum\limits_{n=1}^{\infty}\dfrac{1}{n+1}$ 发散，所以级数 $\sum\limits_{n=0}^{\infty}\dfrac{x^n}{n+1}$ 的收敛区间为 $[-1,1)$.

3. 求幂级数 $\sum\limits_{n=1}^{\infty} nx^n$ 的收敛区间.

解：收敛半径 $R = \lim\limits_{n\to\infty}\left|\dfrac{a_n}{a_{n+1}}\right| = \lim\limits_{n\to\infty}\dfrac{n}{n+1} = 1$，当 $x = -1$ 时，级数 $\sum\limits_{n=1}^{\infty} n(-1)^n$ 发散；当 $x = 1$ 时，级数 $\sum\limits_{n=1}^{\infty} n$ 也发散，所以级数 $\sum\limits_{n=1}^{\infty} nx^n$ 的收敛区间为 $(-1,1)$.

4. 求幂级数 $\sum\limits_{n=1}^{\infty}\dfrac{x^n}{\sqrt[3]{n}\cdot 3^n}$ 的收敛域.

解：收敛半径 $R = \lim\limits_{n\to\infty}\left|\dfrac{a_n}{a_{n+1}}\right| = \lim\limits_{n\to\infty}\dfrac{\sqrt[3]{n+1}\cdot 3^{n+1}}{\sqrt[3]{n}\cdot 3^n} = 3$，

当 $x = -3$ 时，级数 $\sum\limits_{n=1}^{\infty}\dfrac{(-3)^n}{\sqrt[3]{n}\cdot 3^n} = \sum\limits_{n=1}^{\infty}\dfrac{(-1)^n}{\sqrt[3]{n}}$ 收敛；当 $x = 3$ 时，级数 $\sum\limits_{n=1}^{\infty}\dfrac{3^n}{\sqrt[3]{n}\cdot 3^n} = \sum\limits_{n=1}^{\infty}\dfrac{1}{\sqrt[3]{n}}$ 发散，所以该幂级数的收敛域为 $[-3,3)$.

5. 将函数 $f(x) = \dfrac{1}{x}$ 展开成 $(x-3)$ 的幂级数.

解：因为 $\dfrac{1}{1+x} = \sum\limits_{n=0}^{\infty}(-1)^n x^n \quad (1 < x < 1)$，所以

$$f(x) = \dfrac{1}{x} = \dfrac{1}{x-3+3} = \dfrac{1}{3}\cdot\dfrac{1}{1+\dfrac{x-3}{3}} = \dfrac{1}{3}\sum_{n=0}^{\infty}(-1)^n\left(\dfrac{x-3}{3}\right)^n = \sum_{n=0}^{\infty}(-1)^n\dfrac{(x-3)^n}{3^{n+1}},$$

收敛域为 $\left|\dfrac{x-3}{3}\right| < 1 \Rightarrow 0 < x < 6$，即 $(0,6)$.

6. 将函数 $y = \dfrac{1}{3-x}$ 展开 $(x-1)$ 的幂级数.

解：因为 $\dfrac{1}{1-x} = \sum\limits_{n=0}^{\infty} x^n \quad (-1 < x < 1)$，所以

$$y = \dfrac{1}{3-x} = \dfrac{1}{2-(x-1)} = \dfrac{1}{2}\cdot\dfrac{1}{1-\dfrac{x-1}{2}} = \dfrac{1}{2}\sum_{n=0}^{\infty}\left(\dfrac{x-1}{2}\right)^n = \sum_{n=0}^{\infty}\dfrac{(x-1)^n}{2^{n+1}},$$

收敛域为 $\left|\dfrac{x-1}{2}\right| < 1 \Rightarrow -1 < x < 3$，即 $(-1,3)$.

7. 将函数 $f(x) = \dfrac{1}{x^2-3x+2}$ 展开为 x 的幂级数.

解：$f(x) = \dfrac{1}{x^2-3x+2} = \dfrac{1}{(x-1)(x-2)} = \dfrac{(x-1)-(x-2)}{(x-1)(x-2)}$

$= \dfrac{1}{x-2} - \dfrac{1}{x-1} = \dfrac{1}{1-x} - \dfrac{1}{2-x} = \dfrac{1}{1-x} - \dfrac{1}{2}\cdot\dfrac{1}{1-\dfrac{x}{2}}$

$= \sum\limits_{n=0}^{\infty} x^n - \dfrac{1}{2}\sum\limits_{n=0}^{\infty}\left(\dfrac{x}{2}\right)^n = \sum\limits_{n=0}^{\infty} x^n - \sum\limits_{n=0}^{\infty}\dfrac{x^n}{2^{n+1}} = \sum\limits_{n=0}^{\infty}\left(1-\dfrac{1}{2^{n+1}}\right)x^n$

$$= \sum_{n=0}^{\infty} \frac{2^{n+1}-1}{2^{n+1}} x^n,$$

收敛域为 $(-1,1)$，它是级数 $\sum_{n=0}^{\infty} x^n$ 与 $\sum_{n=0}^{\infty} \frac{x^n}{2^{n+1}}$ 的收敛域的交集．

8. 将函数 $f(x) = \arctan x$ 展开为 x 的幂级数．

解：因为 $\dfrac{1}{1-x} = 1 + x + x^2 + \cdots + x^n + \cdots = \sum_{n=0}^{\infty} x^n (-1 < x < 1)$，所以

$$\begin{aligned}
\arctan x &= \int_0^x \frac{1}{1+x^2} dx = \int_0^x \frac{1}{1-(-x^2)} dx \\
&= \int_0^x (1 - x^2 + x^4 - x^6 + \cdots + (-x^2)^n + \cdots) dx \\
&= \left[x - \frac{x^3}{3} + \frac{x^5}{5} - \frac{x^7}{7} + \cdots + \frac{(-1)^n x^{2n+1}}{2n+1} + \cdots \right]_0^x \\
&= x - \frac{x^3}{3} + \frac{x^5}{5} - \frac{x^7}{7} + \cdots + \frac{(-1)^n x^{2n+1}}{2n+1} + \cdots \\
&= \sum_{n=0}^{\infty} (-1)^n \frac{x^{2n+1}}{2n+1} \quad (-1 < x < 1).
\end{aligned}$$

参 考 文 献

1. 邓俊谦．应用数学基础．上海：华东师范大学出版社，2004
2. 艾国兴．高等职业院校招生考试指导．北京：首都师范大学出版社，2004
3. 高存明．数学及解题指导．北京：人民教育出版社，2003
4. 刘书田．高等数学．北京：北京大学出版社，2004
5. 刘书田．微积分．北京：北京大学出版社，2005
6. 陆庆乐．高等数学．西安：西安交通大学出版社，2000
7. 宣立新，朱卓宁．实用工程数学．北京．高等教育出版社，2003
8. 常兆光，王清河，施宝正．概率论与数理统计．北京：石油工业出版社，2003
9. 陈小柱，张立卫．线性代数 概率统计习题全解．大连：大连理工大学出版社，1998
10. 袁荫棠，范培华．经济数学基础 概率统计．北京：世界图书出版公司北京公司，2002
11. 赵树嫄．线性代数．北京：中国人民大学出版社，2005
12. 同济大学应用数学系主编．高等数学（上、下册）．北京：高等教育出版社，2002
13. 杨景嶷等主编．数学．徐州：中国矿业大学出版社，1997
14. 阎章杭等主编．应用数学基础（上、下册）．北京：化学工业出版社，2004